高职高专生物技术类专业系列教材

酒类生产技术

王家东　王荣荣　主　编

内容提要

本书是根据教育部《关于加强高职高专教育教材建设的若干意见》的精神,充分考虑到我国现阶段高职高专特点、人才培养目标,结合学科发展及食品类专业的需要,按照工学结合的模式、项目教学法编写而成。

全书对白酒、啤酒、葡萄酒、黄酒和果酒主要酒类的生产技术作了较为详细的阐述。每个项目设有项目导读、知识目标、能力目标、任务要求、项目小结和复习思考题等,并在项目任务中插入技能训练、理论链接、知识拓展,完善了发酵产品的知识体系。本书力求内容丰富、简明扼要、特色突出与科学实用。

本书适合于高职高专食品生物技术、食品加工技术类专业使用,也可供其他相关专业学生选修使用。

图书在版编目(CIP)数据

酒类生产技术/王家东,王荣荣主编.—重庆:重庆大学
出版社,2014.11(2023.9 重印)
高职高专生物技术类专业系列规划教材
ISBN 978-7-5624-8515-5

Ⅰ.①酒… Ⅱ.①王…②王… Ⅲ.①酿酒—高等职业教育—教材 Ⅳ.①TS261.4

中国版本图书馆 CIP 数据核字(2014)第 183271 号

酒类生产技术

王家东 王荣荣 主 编

策划编辑:屈腾龙
责任编辑:陈 力 姜 凤 版式设计:屈腾龙
责任校对:邹 忌 责任印制:赵 晟

*

重庆大学出版社出版发行
出版人:陈晓阳
社址:重庆市沙坪坝区大学城西路 21 号
邮编:401331
电话:(023)88617190 88617185(中小学)
传真:(023)88617186 88617166
网址:http://www.cqup.com.cn
邮箱:fxk@cqup.com.cn(营销中心)
全国新华书店经销
POD:重庆新生代彩印技术有限公司

*

开本:787mm×1092mm 1/16 印张:13.75 字数:345 千
2014 年 11 月第 1 版 2023 年 9 月第 4 次印刷
ISBN 978-7-5624-8515-5 定价:39.00 元

高职高专生物技术类专业系列规划教材
※ 编委会 ※

（排名不分先后，以姓名拼音为序）

总 主 编　王德芝

编委会委员　陈春叶　池永红　迟全勃　党占平　段鸿斌

范洪琼　范文斌　辜义洪　郭立达　郭振升

黄蓓蓓　李春民　梁宗余　马长路　秦静远

沈泽智　王家东　王伟青　吴亚丽　肖海峻

谢必武　谢　昕　袁　亮　张　明　张媛媛

郑爱泉　周济铭　朱晓立　左伟勇

高职高专生物技术类专业系列规划教材
※ 参加编写单位 ※

（排名不分先后，以拼音为序）

北京农业职业学院　　　　　　湖北生态工程职业技术学院
重庆三峡医药高等专科学校　　湖北生物科技职业学院
重庆三峡职业学院　　　　　　江苏农牧科技职业技术学院
甘肃酒泉职业技术学院　　　　江西生物科技职业技术学院
甘肃林业职业技术学院　　　　辽宁经济职业技术学院
广东轻工职业技术学院　　　　内蒙古包头轻工职业技术学院
河北工业职业技术学院　　　　内蒙古呼和浩特职业学院
河南漯河职业技术学院　　　　内蒙古医科大学
河南三门峡职业技术学院　　　山东潍坊职业学院
河南商丘职业技术学院　　　　陕西杨凌职业技术学院
河南信阳农林学院　　　　　　四川宜宾职业技术学院
河南许昌职业技术学院　　　　四川中医药高等专科学校
河南职业技术学院　　　　　　云南农业职业技术学院
黑龙江民族职业学院　　　　　云南热带作物职业学院
湖北荆楚理工学院

总　序

大家都知道,人类社会已经进入了知识经济的时代。在这样一个时代中,知识和技术,比以往任何时候都扮演着更加重要的角色,发挥着前所未有的作用。在产品(与服务)的研发、生产、流通、分配等任何一个环节,知识和技术都居于中心位置。

那么,在知识经济时代,生物技术前景如何呢?

有人断言,知识经济时代以如下六大类高新技术为代表和支撑。它们分别是电子信息、生物技术、新材料、新能源、海洋技术、航空航天技术。是的,生物技术正是当今六大高新技术之一,而且地位非常"显赫"。

目前,生物技术广泛地应用于医药和农业,同时在环保、食品、化工、能源等行业也有着广阔的应用前景,世界各国无不非常重视生物技术及生物产业。有人甚至认为,生物技术的发展将为人类带来"第四次产业革命";下一个或者下一批"比尔·盖茨"们,一定会出在生物产业中。

在我国,生物技术和生物产业发展异常迅速,"十一五"期间(2006—2010年)全国生物产业年产值从6 000亿元增加到16 000亿元,年均增速达21.6%,增长速度几乎是我国同期GDP增长速度的2倍。到2015年,生物产业产值将超过4万亿元。

毫不夸张地讲,生物技术和生物产业正如一台强劲的发动机,引领着经济发展和社会进步。生物技术与生物产业的发展,需要大量掌握生物技术的人才。因此,生物学科已经成为我国相关院校大学生学习的重要课程,也是从事生物技术研究、产业产品开发人员应该掌握的重要知识之一。

培养优秀人才离不开优秀教师,培养优秀人才离不开优秀教材,各个院校都无比重视师资队伍和教材建设。生物学科经过多年的发展,已经形成了自身比较完善的体系。现已出版的生物系列教材品种也较丰富,基本满足了各层次各类型教学的需求。然而,客观上也存在一些不容忽视的不足,如现有教材可选范围窄,有些教材质量参差不齐,针对性不强,缺少行业岗位必需的知识技能等。尤其是目前生物技术及其产业发展迅速,应用广泛,知识更新快,新成果、新专利急剧涌现,教材作为新知识、新技术的载体应与时俱进,及时更新,才能满足行业发展和企业用人提出的现实需求。

正是在这种时代及产业背景下,为深入贯彻落实《国家中长期教育改革和发展规划纲要(2010—2020年)》和《教育部 农业部 国家林业局关于推动高等农林教育综合改革的若干意见》(教高[2013]9号)等有关指示精神,重庆大学出版社结合高职高专的发展及专业

教学基本要求,组织全国各地的几十所高职院校,联合编写了这套"高职高专生物技术类专业系列规划教材"。

从"立意"上讲,这套教材力求定位准确、涵盖广阔,编写取材精练、深度适宜、份量适中、案例应用恰当丰富,以满足教师的科研创新、教育教学改革和专业发展的需求;注重图文并茂,深入浅出,以满足学生就业创业的能力需求;教材内容力争融入行业发展,对接工作岗位,以满足服务产业的需求。

编写一套系列教材,涉及教材种类的规划与布局、课程之间的衔接与协调、每门课程中的内容取舍、不同章节的分工与整合……其中的繁杂与辛苦,实在是"不足为外人道"。

也正是这种繁杂与辛苦,凝聚着所有编者为这套教材付出的辛勤劳动、智慧、创新和创意。教材编写团队成员遍布全国各地,结构合理、实力较强,在本学科专业领域具有较深厚的学术造诣和丰富的教学和生产实践经验。

希望这套教材能体现出时代气息及产业现状,成为一套将新理念,新成果、新技术融入其中的精品教材,让教师使用时得心应手,学生使用时明理解惑,为培养生物技术的专业人才,促进生物技术产业发展做出自己的贡献。

是为序。

全国生物技术职业教育教学指导委员会委员

信阳农林学院生物学教授

高职高专生物技术类专业系列规划教材总主编　王德芝

2014 年 5 月

前言

　　《酒类生产技术》是高职高专食品生物技术、食品加工技术类专业开设的一门重要的专业技术课程。本书主要介绍了白酒、啤酒、葡萄酒、黄酒、果酒等酒种的分类、原料选择、生产工艺流程及操作要求、产品包装等方面的内容,具有很强的职业性、实践性和操作性。

　　本书在编写过程中,力争切实体现现代职业教育理念,坚持"创新与实用"的原则,注重理论与实践相结合,强调新颖可读。全书共5个项目,其内容包括白酒、啤酒、葡萄酒、黄酒和果酒主要酒类的生产技术。每个项目设有项目导读、知识目标、能力目标、任务要求、项目小结和复习思考题等,并在项目任务中插入技能训练、理论链接、知识拓展。

　　通过本课程的理论学习与技能训练,可使学生了解几大酒种生产的基本概念、生产原理,掌握其生产工艺流程及操作流程,并能灵活运用所学知识和技能分析、解决常见酒类生产中的一般性技术问题,同时培养学生的职业、责任意识与团队合作精神。

　　本书由信阳农林学院王家东、王荣荣担任主编,信阳农林学院黄雅琴、汪金萍、张继英担任副主编。全书编写分工如下:项目1由汪金萍编写,项目2由王家东编写,项目3由王荣荣编写,项目4由黄雅琴编写,项目5由张继英编写。

　　本书可作为高职高专食品生物技术专业、食品加工技术类专业使用,也可供从事食品发酵的教学、科研、技术人员阅读参考。

　　本书的编写得到了重庆大学出版社和参编者所在单位领导的大力支持和帮助,在编写过程中引用和借鉴了一些国内外专家学者的文献资料和论著,在此表示衷心的感谢。

　　由于编者水平有限,书中难免有不足之处,恳请广大同行和读者批评指正。

编　者

2014 年 6 月

前言

编者

2014年6月

目 录 CONTENTS

项目1
白酒生产技术

📖【项目导读】

中国白酒是世界著名的蒸馏酒,为世界八大蒸馏酒(白兰地、威士忌、伏特加、金酒、朗姆酒、龙舌兰酒、日本清酒、中国白酒)之一。白酒是以曲类、酒母为糖化发酵剂,利用淀粉质原料,经蒸煮、糖化、发酵、蒸馏、陈酿和勾兑而酿制而成的,又称烧酒、老白干、烧刀子。酒质无色(或微黄)透明,气味芳香纯正,入口绵甜爽净,酒精含量较高,经储存老熟后,具有以酯类为主体的复合香味。

📖【知识目标】

➤熟悉白酒的种类及其特点;

➤白酒酿造中酒曲的种类、特点及制作方法;

➤掌握各类白酒的生产技术、关键控制点。

📖【能力目标】

➤能够熟练操作白酒酿造的各项技能;

➤能够分析白酒生产中的影响因素,并学会应用本项目所学基本理论分析解决生产实践中的相关问题;

➤能熟悉白酒相关的质量标准,了解白酒的发展方向。

任务 1.1 　大曲的制作

[任务要求]

掌握大曲的特点、大曲的种类和大曲制作的一般工艺。

[技能训练]

1.1.1 　原料准备

大麦、小麦、豌豆、高粱、水等。

1.1.2 　器材准备

1）人工踩曲坯的用具及设备（以某酒厂为例）

拌和机、和面机、曲模、踩曲用石板、运坯小推车。

2）机械制曲的设备和装置

液压成坯机、气动式压坯机、弹簧冲压式成坯机、微机控温培养大曲装置。

1.1.3 　工艺流程

小麦→润水→堆积→磨碎→加水拌和→装入曲模→踏曲→入制曲室培养→翻曲→堆曲→出曲→入库储藏→成品曲。

1.1.4 　操作要点

1）润麦

润麦须掌握润麦的水量、水温和时间 3 项条件。一般应遵守"水少、温高、时间短，水大、温低、时间长"的原则。一般都按粮水比 100∶3～100∶8 计，时间以不超过 12 h 为好。润麦的水温夏天保持在 40 ℃ 左右，冬天以 80 ℃ 左右为宜。润麦时在操作上要注意翻造堆积，翻造旨在使每粒粮食都均匀地吸收水分，要求是"水洒均，翻造匀"。

润麦后的标准是：表面收汗，内心带硬，口咬不粘牙，尚有干脆响声。如不收汗，说明水温低；如咬之无声，则说明用水过多或时间过长，即通常所说的"发粑了"。

2）粉碎

粉碎的目的是释放淀粉，吸收水分，增大黏性。小麦的粉碎度对大曲的发酵和质量有很大的影响，小麦粉碎的感官标准是："烂心不烂皮""梅花瓣"。若粉碎过细，则曲粉吸水强、透气性差。由于曲粉黏着紧，发酵时水分不易挥发，顶点品温难以达到，曲坯升酸多，霉菌和酵母菌在透气（氧分）不足、水分大的环境中极不易代谢，因此，让细菌占绝对优势，且在顶点品温达不到时水分挥发难，容易造成"窝水曲"。另一种情形是"粉细、水大、坯变形"，即曲坯变形后影响入房后的摆放和堆积，使曲坯倒伏造成"水毛"（毛霉）大量滋生，所以粉碎不能太细。粉碎粗时,曲料吸水差、黏着力不强、曲坯易掉边缺角、表面粗糙穿衣不好,发酵时水分挥发快、热曲时间短、中挺不足、后火无力,此种曲粗糙无衣,曲熟皮厚,香单、色黄,因而粗粉也不利。

3)拌料

拌料主要包括配料和拌料方式两个环节。配料是指小麦、水、老曲和辅料的比例,拌料是使原料粉子均匀地吃足水分。

拌料方式有手工拌料和机械拌料两种。手工拌料是两人对立,以每锅 30 kg 麦粉加老曲、水均匀地拌和。一般时间为 1.5 min,曲料含水量约为 38%,标准是"手捏成团不粘手"。手工拌料的特点是操作复杂,体力劳动强,但易控制。机械拌料特点是操作简单,但控制难度较人工大。拌料的标准与人工拌料相同,只是含水量一般在 36% 左右。拌料用水的温度以"清明前后用冷水,霜降前后用热水"为原则。热水温度应控制在 60 ℃ 以内。如水温过高则会加速淀粉糊化或在拌料时淀粉糊化,发酵时过早地生成酸、糖被消耗掉,造成大曲发酵不良,并且大曲的成型也差,俗语称"烫浆"。若水温太低(特别是冬天),则会给大曲的发酵造成困难。因为低温曲坯中的微生物不活跃、繁殖代谢缓慢、曲坯不升温,无法进行正常的物质交换。

4)成型

成型分人工踩制成型和机械压制成型两种。机械成型又分一次成型和多次(5 次)成型。另按曲坯成型的型式有"平板曲"和"包包曲"之分。现分别介绍如下:

(1)人工踩制

曲箱尺寸一般为(30～33)cm×(18～21)cm×(6～7)cm。人工踩制可由一人完成或合伙完成。一人完成即将曲料装入曲箱,按先中后边踩 3 遍,首先用脚掌从中心踩一遍,再用脚跟沿边踩一遍,要求"紧、干、光"。上面完成后将曲箱翻转,再将下面踩一遍,完毕又翻转至原来的面重复踩一遍,即完成一块曲坯。合伙踩曲即由 3～5 人共同完成,1 人装料后往下交,每人只踩一面一遍,一人踩完交给另一人踩,如此 4～5 次完成。无论采用哪种方式都具有"百脚一坯"的特点,即一块曲要踩压 100 次才成型。人工踩曲讲究一个"溜"字,用脚掌、脚跟将曲坯表面反复溜光以提浆于曲表,给以后的"穿衣"创造条件,最终曲坯皮张薄。踩完后,将曲坯倒出置于一旁晾置,此时曲坯温度为 25～30 ℃,待曲表收汗曲坯由微黄色变为微乳白色时可立即入房。

(2)机制成型

机制成型有一个发展过程,最初的机制曲是没有间断的连续长条曲坯,用人工将其切断。后发展到单独成型且机型较多,有多次成型的。毫无疑问机械化制曲适合于大生产,速度快,成型好,产量高,不费力。但缺点是提浆不起;另一点是拌料时间短,麦粉吃水时间不长,曲料不滋润等,均有待于完善。

两种成型的曲坯均要求"表面光滑,不掉边缺角,四周紧中心稍松"。

5)曲坯入室

曲坯入室(房)后,安放的形式有斗形、人字形、一字形 3 种。斗形是较为广泛采用的一种,也是最早使用的一种,即每 4 块曲为一个方向,曲端对准另一组曲的侧面均匀地排列,4 组 16 块为一斗。

曲坯入房后,应在曲上面盖上草帘、谷草之类的覆盖物。为了增大环境湿度,应每100块曲洒水7～10 kg,并根据季节确定水的温度,原则上用什么水制曲就洒什么水。但冬天气温太低时,可洒80 ℃以上热水,借以提高环境温度和增大湿度。夏天太热时,洒清水可以降低或调节曲坯温度。洒水时要均匀地洒于覆盖物上,以不渗透曲面为宜;如无覆盖物,可向地上和墙面洒适量水。曲坯入室完毕后,将门窗关闭。同时要做好记录,此时曲坯进入发酵阶段。

6) 培养管理

大曲的培养管理就是给不同微生物提供不同的环境,从而达到各种物质储备于大曲之中的目的,最终给大曲的多种功能打下基础,是大曲质量的关键环节。不管哪种香型曲,均把这个阶段放在首位,大曲的制作技术也在于此。

(1) 低温培菌期(前缓)

其目的是让霉菌、酵母菌等大量生长繁殖。时间为3～5 d,品温为30～40 ℃,相对湿度大于90%。控制方法:关启门窗或取走遮盖物、翻曲。

由于低温高湿特别适宜微生物生长,所以入房后24 h微生物便开始发育。24～48 h是大曲"穿衣"的关键时刻。所谓"穿衣"就是上霉,是大曲表面生长针头大小的白色圆点的现象。穿衣的菌类对大曲并不十分重要,甚至无用或有弊的也无妨,但它却是微生物生长繁殖旺盛与否的反映,且穿衣后这些菌的菌丝布满曲表,形成一张有力的保护网,充分保证了曲坯皮张的厚薄程度。若穿衣好则皮张薄,反之则厚。应该说,这些菌在保证大曲的质量上立下了头功。

低温培菌要求曲坯品温的上升要缓慢,即"前缓"。在夏天最热阶段品温难以控制,如气温在30 ℃以上时曲坯入房就达到了培养的温度,此时要"缓",采取加大曲坯水分,降低室内温度,将曲坯上覆盖的谷草(帘)加厚,并加大洒水量等措施,以控制或延长"前缓"过程。又如冬天"前缓"太慢时可按加热的方式操作,以加速反应进程不至于影响下一轮的培养。

在低温阶段翻曲有两种情形:一是按工艺规定的时间,如48 h原地翻一次,或72 h翻一次;二是以曲坯的培养过程为依据进行翻曲,这些操作的依据是:曲坯品温是否达标(含湿度)、前缓时间是否够、曲坯的干硬度。上述翻曲的原则概括起来就是:"定温定时看表里"。一般来说,曲不宜勤翻,因每翻一次曲都是对曲坯(堆)的一次降温过程。有些厂家规定翻曲不开门窗,也就是为了保持现有的曲坯(堆)品温不变。曲坯培养讲究"多热少凉"和"不闪火",因为如霉菌之类的微生物,当温度超过40 ℃时会生长停止,降下温度则又可复活继续生长繁殖。但复活时间要在10 h以上,所以一旦曲坯"闪火",将会直接影响主要菌的生长。

翻曲的方法是:取开谷草(帘),将曲全堆将底翻面,硬度大的放在下面,四周翻中间,每层之间以竹竿相隔楞放,上块曲对准下层空隙,形成"品"字形,视不同情况留出适宜的曲间距离。再重新盖上谷草之类的覆盖物,关闭门窗进入第二阶段的发酵。

(2) 高温转化期(中挺)

其目的是让已大量生成的菌代谢产生香味物质。品温50～65 ℃,相对湿度大于90%,时间5～7 d,操作方法为开门窗排潮。

由低温进入高温时,曲堆温度每天以5～10 ℃的幅度上升,一般在曲坯堆积后(5层)3 d,即可达到顶点温度。在这期间曲坯散发出大量水分和CO_2,绝大多数微生物停止生长,以孢子的形式休眠。此时经过低温阶段,以霉菌为主的微生物生长繁殖已达到了顶峰,各种功能已基本形成,特别是能够分解蛋白质之类的功能菌、酶在进入高温后,利用原料中的养料形成酒体香味的前驱物质的能力已经具备。因此,高温阶段要求顶点温度要够,且时间要长,特别是热曲时间绝不能闪失,其间须注重排潮。排潮时间应在每天的上午 9:00、中午 12:00、下午 3:00 几个时间段,每次排潮时间不能超过 40 min。随着水分的挥发曲中物质的形成,曲堆品温开始下降,当曲块含水量在 20% 以内时就开始进入后火生香期。

（3）后火排潮生香期（后缓落）

其目的是以后火促进曲心少量多余的水分挥发和香味物质的呈现。品温不低于 45 ℃,相对湿度小于 80%,时间为 9 ~ 12 d,措施是继续保温、垒堆。

当高温转化后品温仍在 40 ℃ 以上时,可按翻曲程序翻第 3 次曲进入后火生香期。除垒堆曲块层数多 2 层(7 ~ 9 层)外,其余要求和操作同其他各次翻曲。此时曲块尚有 5% ~ 8% 的水分需要排出,视具体情况曲间距离稍靠拢一些,目的在于保温。后火不可过小,不然会导致"软心",严重的会存窝水直接影响质量,一般来讲,"后火不足,曲无香"。所谓后火生香并非此时大曲才生成香味物质,而是高温转化以后的香味物质在此阶段呈现。这与保温得当与否有关,因为在无保温措施下,曲心少量的水分挥发不出来,细菌就会借机繁殖消耗营养物质,使曲软霉酸、色黑起层、无香无力。但若后火期间品温能保持 5 d 不降,则即可达到要求。并且降温也要注意不可太快,应控制缓慢下降,所以此阶段称为"后缓落"。当时间达到要求和品温降至常温(30 ℃ 左右)时,可进入下一轮的"打拢"养曲阶段,此时应进行第 4 次翻曲。

7）打拢

打拢即将曲块翻转过来集中而不留距离,并保持常温,只需注意曲堆不要受外界气温干扰即可。其方法同前,但层数增加为 9 ~ 11 层。经 15 ~ 30 d 后,曲即可入库储存。

8）成品曲

（1）入库曲

从开始制作到成曲入库,共约需 60 d,然后还需储存 3 个月以上方可投产使用,所以大曲制作比大曲酒的生产周期还长。曲块入库前,应将曲库清扫干净铺上糠壳和草席,并保证曲库通风良好。入库时,按曲库的设置留出相应间距,两端和顶部应用草席之类的覆盖物将曲堆遮盖好,以免受空气中微生物的直接侵入而被污染。

（2）出库曲

当储存期满后,即可将曲坯出库粉碎后用于酿酒生产。

[**理论链接**]

1.1.5 酒曲的概述

1）大曲

大曲是以小麦、大麦和豌豆等为原料,经破碎、加水拌料、压成砖块状的曲坯后,在一定的温度和湿度下培养而成。大曲中含有霉菌、酵母、细菌等多种微生物及它们产生的多种酶类,在酿酒发酵过程中起糖化剂和发酵剂的作用,生成种类繁多的代谢产物,形成大曲白酒的各种风味成分。

2）小曲

小曲也称酒药、白药、酒饼等,是用米粉或米糠为原料添加少量中药材或辣蓼草,接种曲

母人工控制培养温度而制成。因为呈颗粒状或饼状,习惯称为小曲。小曲中主要含有根霉菌、毛霉菌和酵母菌等微生物,其中根霉的糖化能力很强,并具有一定的酒化酶活性,它常作为小曲白酒或黄酒的糖化发酵剂。

在有些小曲的制作过程中常添加一些中药材,目的是促进酿酒微生物的生长繁殖,并增加酒的香味。经研究,为了降低制曲成本防止盲目使用中药材,目前已减少甚至不加中药材制出无药小曲或无药糠曲,同样也获得了良好的效果。

3)麸曲

麸曲以麸皮为主要原料接种霉菌扩大培养而成,它主要用于麸曲白酒的生产,作为糖化剂使用。利用麸曲代替大曲和小曲来生产白酒,是20世纪50年代出现的一种新方法,其主要优点是麸曲糖化力强,原料淀粉的利用率高达80%以上,在节粮方面有显著的效果,且麸曲白酒发酵周期短,原料适用面广,易于实现机械化生产。

1.1.6　大曲的特点

1)用生料制曲

用生料制曲有利于保存原料中的水解酶类,使它们在酿造过程中仍能发挥作用,而且有助于那些直接利用生料的微生物得以富集、生长、繁殖。

2)自然接种

大曲制造主要是利用自然界存在的微生物。一般来说,春秋季酵母比例大,夏季霉菌比例大,冬季细菌比例大。故踩曲选在春末或夏初直至中秋前后为宜,但最佳季节为春末夏初。自然接种为大曲提供了丰富的微生物类群,各种微生物所产生的不同酶系也就形成了大曲的多种生化特性。

3)糖化剂

大曲既是糖化剂,也是酿酒原料的一部分。酿酒过程中,大曲中的微生物和酶对原料进行糖化发酵,同时大曲本身所含的营养成分也被分解利用。在制曲过程中,微生物分解原料所形成的代谢产物,如阿魏酸、氨基酸等也是形成大曲酒特有香味的前体物质,与酿酒过程中形成的其他代谢产物一起形成了大曲酒的各种香气和香味物质。

4)强调使用陈曲

大曲在储存过程中,会使大量产酸细菌失活或死亡,这样可避免发酵过程中过多的产酸。同时在储存过程中酵母也会减少,从而可使曲的活性适当钝化,避免在酿酒中前火过猛升酸过快。

1.1.7　大曲的类型

1)高温大曲

培养制曲的最高温度达60℃以上。高温制曲的特点是"堆曲",即用稻草隔开的曲块堆放在一起,以提高曲块的培养温度。酱香型大曲酒多用高温大曲,浓香型大曲酒也有使用高温大曲的趋势。一般认为,高温大曲是提高大曲酒酒香的一项重要技术措施。

2)中高温大曲或称偏高温大曲(也称浓香型中温大曲)

制曲培养温度在50~59℃。很多生产浓香型大曲酒的工厂将偏高温大曲与高温大曲按比例配合使用,使酒质醇厚,有较高的出酒率。

3)中温大曲(也称清香型中温大曲)

制曲培养温度为 45 ~ 50 ℃,一般不高于 50 ℃。制曲工艺着重于"排列",操作严谨,保温、保潮、保湿各阶段环环相扣,控制品温最高不超过 50 ℃。

[**知识拓展**]

1.1.8 高温大曲的生产工艺

高温大曲主要用于生产酱香型白酒,以茅台酒为典型。高温大曲一般是以纯小麦为原料培养而成的,酱香浓郁,直接影响白酒的香味。

1)工艺流程

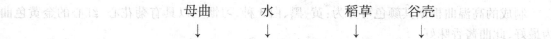

小麦→润料→磨碎→粗麦粉→拌和→踩曲→曲坯→堆积培养→出房→储存→成品区。

2)工艺操作

(1)原料预处理

小麦经除尘、除杂后,加入 2% ~3% 的水,水温 60 ~80 ℃,拌匀并润湿 3 ~4 h 后用钢磨粉碎,把小麦皮压成"梅花瓣"薄片。粉碎度要求粗粒及麦皮不可通过 20 目筛,而细粉要求通过 20 目筛,混粉中细粉要占 40% ~50%。

(2)拌料踩曲

拌曲料时,一般加水量为原料量的 37% ~40%。母曲应选用前一年的优质曲,母曲用量夏季为 4% ~5%,冬季为 5% ~8%。踩曲有人工踩曲和机械压制两种,目前多用踩曲机压制成砖状,曲坯要求松而不散。

(3)堆积培养

高温大曲着重于"堆",覆盖严密,以保温保潮为主。堆积培养时要注意以下几个环节:

①堆曲。压制好的曲坯首先要放置 2 ~3 h,即常说的"收汗"。曲坯表面略干,待变硬后方可运入曲室培养。曲坯入室前先在靠墙及地面上铺一层厚约 15 cm 的稻草起保温作用,然后将曲坯三横三竖相间排列,坯间距为 2 ~3 cm,并用稻草隔开,每层也同样用一层稻草隔开,草层厚约 7 cm。上下排列也同样应错开,以达到通风保温的作用,促进霉衣生长,一直排列到 4 ~5 层。一行曲坯排列好后,紧挨着开始排列第二行曲坯,最后留一行空位置作翻曲用。

②翻曲。曲堆经覆盖稻草洒水以后,要马上关闭曲室的门窗保温保湿,使微生物繁殖品温逐渐上升。曲堆内温度达 63 ℃左右时,夏季需 5 ~6 d,冬季需 7 ~9 d。当曲坯表面霉衣已长出,即可进行第 1 次翻曲。第 1 次翻曲后再过 7 ~8 d,可进行第 2 次翻曲。翻曲的时间要掌握好,时间过早或过迟都不利制曲。翻曲过早曲坯品温偏低,致使成品大曲中白色曲多;翻曲过晚黑色曲多;翻曲时间适中黄色曲多,成品曲质量佳。目前,主要是依靠曲坯温度及品尝来确定翻曲时间。曲坯温度应为 60 ℃左右,口尝曲坯具有香味即可翻曲。第 1 次翻曲为高温制曲的关键,生产中应十分注意。翻曲目的:一是调温、调湿;二是促使每块曲坯均匀成熟与干燥。翻曲时应注意尽量将曲坯间湿草取出,地面及曲坯间垫上干草。为促使曲坯的成熟

与干燥,便于空气流通,可将坯间的行距加大竖直堆曲。曲坯经翻曲后,菌丝开始从曲坯表面向内生长,曲的干燥过程即为霉菌、酵母菌由曲坯表面向内部逐渐生长的过程。此过程要注意曲坯水分含量不要过高,如水分过高则会推迟霉菌的生长速度。

③拆曲。翻曲后曲块品温要下降8~12℃,6~7 d后逐渐回到最高点,而后品温又逐渐下降,曲块逐渐干燥。翻曲14~16 d后,可略微打开门窗换气通风。经40~50 d,曲块品温可与室温接近,曲块绝大部分已干燥,这时即可拆曲。拆曲时如发现有的曲堆下层的曲块过湿含水分大于15%,则应置通风处促使曲坯干燥。

④储存。刚拆出的大曲要经过3~4个月的储存方可称为成品曲,也称陈曲。陈曲的特点是在比较干燥的条件下,能使制曲时潜入的大量产酸细菌大部分致死或失去繁殖能力,从而使微生物活性相对钝化,用于酿酒时不致酸度升高太快。使用陈曲酿酒发酵温度缓慢上升,酿出的酒香味好。

制成的高温曲根据其颜色可分为:黄、黑、白3种,习惯上以具有菊花心、红心的金黄色曲为最好,此曲酱香味好。

1.1.9　中高温大曲的生产工艺

1)工艺流程

60%大麦+40%豌豆→混合粉碎→加水拌和→踩曲→曲坯→入曲房培养→出曲房→储存→成品曲。

2)工艺操作

(1)配料及粉碎

浓香型中温曲使用的原料有小麦、大麦、豌豆等。其比例因厂而异,如五粮液大曲用100%的小麦,泸州特曲用97%的小麦加3%的高粱粉,洋河大曲用50%的小麦、40%的大麦、10%的豌豆,将原料按比例混合均匀后进行粉碎。采用纯小麦制曲时,在粉碎前进行润料,要求把小麦粉碎成烂心不烂皮的梅花瓣状。原料的粉碎大多数采用附有振动筛的辊式粉碎机或钢板磨。应控制适当的粉碎度,如粉碎过粗制成的曲坯空隙大,水分容易蒸发热量散失快,使曲坯过早干涸和裂口影响微生物的繁殖;过细则细粉太多制成的曲坯过于黏稠,水分、热量均不易散失,微生物繁殖时通气不好,培养后容易引起酸败及发生"烧曲"现象。

(2)拌和踩曲

原料粉碎后,加水拌和进行曲坯压制。因为各类微生物对水分的要求不尽相同,所以在制大曲工艺过程中控制曲料水分是一个关键。如加水量过多曲坯容易生长毛霉、黑曲霉等,曲坯升温快易引起酸败细菌的大量繁殖,原料受损,并会降低成品曲的质量。当加水量过少时曲坯不易黏合,造成散落过多增加碎曲数量,而且曲坯干得过快,致使有益微生物没有充分繁殖的机会,也会影响成品曲的质量。

踩曲的目的是将粉碎后的曲料压制成砖块状的固体培养基,使其在合适的环境中充分生长繁殖酿酒所需要的各种微生物。传统的是人工踩曲,目前各厂都用机械制曲。曲坯要求四角齐整,厚薄均匀质量一致,表面光滑齐整具有一定的硬度。

(3)入室安曲保温培养

浓香型中高温大曲着重于"堆",覆盖严密,以保潮为主。在入室安曲之前,在曲室地面上撒新鲜稻壳一层,厚薄以不露地面为度。安置的方法是将曲坯楞起,每四块为一斗,曲与曲间距为 3～4 cm。从里到外,一斗一斗地纵横拉开,依次排列,在曲与四壁的空隙处塞以稻草,在曲坯上加盖蒲草席,再在蒲草席上盖 15～30 cm 厚的稻草保温。最后约百块曲坯洒水 7 kg,在冬季需洒 90 ℃ 左右的热水,夏季洒 16～20 ℃ 的凉水。洒毕关闭门窗,保持室内的温度、湿度。

培养过程中曲坯升温的快慢,视季节与室温的高低而不同。在品温上升到 40 ℃ 左右,曲坯表面已遍布白斑及菌丝时应勤检查。如表面水分已蒸发到一定程度且已带硬,即翻第一次曲。翻曲方法是底翻面,周围的翻中间,中间的翻至周围。硬度大的翻至下层,曲与曲间的距离保持在 4～4.5 cm,全部并列楞置叠砌 2～3 层。上层的曲坯对准下层两块坯间的缝隙,每排曲层之间用曲竿或隔篾两块垫起,以使上下层之间有一定的间隔并稳固曲堆。堆完后仍然如前法加盖蒲草席和稻草,并关闭门窗保温,要求品温不超过 55～60 ℃,随时用减薄盖草和开启门窗法调节温度。以后每隔 1～2 d 翻曲一次,翻法同第一次,并可视曲坯的变硬程度而逐渐叠高。如发现曲心水分已大部蒸发品温下降时,可进行最后一次翻曲,即所谓打拢。翻法如前,只是将曲坯靠拢不留间隔,并可叠至 6～7 层。打拢后的品温是逐渐下降的,要特别注意保温,避免品温下降过快致后火太小,产生红心、生心或窝水等。

（4）出曲储存

曲坯从入室到成熟（干透）需 30 多天,成熟后即可出曲,储存于干燥通风的曲房,成曲应有曲香,无霉酸气味,表皮越薄越好,表面和断面应布满白色菌丝,断面有黄色或红色斑点为佳。

1.1.10 中温大曲的生产工艺

清香型中温大曲有 3 种:清茬曲、后火曲、红心曲,在酿酒时可按比例混合使用。

1）工艺流程

大麦、豌豆混合→粉碎→加水拌和→机械制坯→入房培养→上霉→晾霉→潮火→干火→后火→晾架→出房→储存→成品。

2）工艺操作

（1）配料及粉碎

清香型中温大曲选用 60% 的大麦及 40% 的豌豆,然后均匀混合粉碎。粉碎为未通过 20 目筛的粗粉及通过 20 目筛的细粉,其中冬季使用时粗、细粉之比为 4:1,夏季使用时粗、细粉之比为 7:3。

（2）踩曲

原料粉碎后,使用踩曲机将加水搅拌后的曲料压制成曲坯,曲坯要求含水分 36%～39%,曲坯重 3.2～3.5 kg。曲坯为长方体,外形规格均匀如一,四角无缺。

（3）曲坯培养

清香型中温大曲的培养着重于"排列",各工艺阶段明显且较有规律,曲坯培养共分 7 个阶段。

①排列阶段。曲坯入曲室温度应在 15～20 ℃,夏季应更低。曲室地面铺撒稻壳或谷糠,曲坯侧放稻壳之上排列成行,行距 3～4 cm,曲坯间距 2～3 cm,夏季排列空隙应大些。每层曲

坯上放置苇秆或竹竿,上面再放一层曲坯如此3层,形成"品"字排列。

②长霉阶段。曲坯入室稍加风干后,即在曲坯表面盖席子或麻袋保温,夏季可在覆盖物上喷洒凉水防止水分蒸发,然后关闭门窗使温度上升,一般24 h之后曲坯便开始长霉,即曲坯表面有白色霉菌丝斑点出现。夏、冬季各经36 h和72 h后,曲坯品温上升至38~39 ℃。应使品温上升速度慢些这样便于上霉,此时曲坯表面还出现根霉菌丝和拟内孢霉的粉状霉点,乳白色或乳黄色的酵母菌落。

③晾霉阶段。曲坯品温上升至38~39 ℃时,需打开门窗通风换气排湿降温,并把曲坯上覆盖物揭开,将上、下层曲坯对调,拉开曲坯排列的间距以降低曲坯的水分和温度,达到控制曲坯表面微生物生长勿使菌丛过厚,以使其曲面干燥,曲块形状固定,这在制曲操作上称之"晾霉"。晾霉应及时,过迟、过早都不利于微生物生长繁殖。晾霉终温28~32 ℃,为防止曲皮干裂,室内不允许有较大对流风。晾霉一般需要2~3 d,每天翻曲一次,曲坯层数应依次增到4~5层。

④起潮火阶段。晾霉2~3 d后,曲坯表面不黏手了,此时应关闭门窗进入潮火阶段。入室后第5天至第6天后曲坯升温,品温上升到36~38 ℃后要再次翻曲,抽去苇秆,曲坯由5层增到6层,曲坯排列成"人"字形,每1~2 d翻曲一次,并需放潮两次,昼夜窗户两关两启,迫使曲坯品温两升两降,然后曲坯品温升至46 ℃左右后即进入大火阶段。此时曲坯增至七层,此阶段需4~5 d。

⑤大火阶段。大火阶段应通过门窗的开闭来进行调温,使曲坯品温严格控制在30~48 ℃,45 ℃左右为理想的品温。此阶段需7~8 d,并要求每天翻曲一次。此阶段结束时应有50%~70%的曲块已成熟。此时微生物生长仍然处于旺盛期,菌丝由表及里在曲坯中生长,水分及热量由里及表向曲坯外散发,微生物在曲坯中处于良好条件下生长繁殖。

⑥后火阶段。此阶段品温逐渐下降到32~33 ℃,直至曲块不发热并日趋干燥,最理想时间需3~5 d,使曲心水分不断蒸发而干燥。

⑦养曲阶段。此阶段也称"养心"。依靠32 ℃的室温使曲坯品温保持在28~30 ℃,使曲坯中心部位的水分逐渐蒸发而干燥。

(4)出房储存

曲坯入室培养26~28 d后,出曲室并叠放成堆,使曲块间距1 cm左右,储存备用。

3)清香型中温大曲的特点

清香型中温大曲中,清茬曲、红心曲和后火曲3种不同品种的加工操作不同点在于品温控制:

①清茬曲需小热大晾。即热曲品温最高达44~46 ℃,晾曲时降温至28~30 ℃。

②红心曲需中热小晾。即入曲室培养时,采用边晾霉边关窗起潮火,无明显晾霉阶段,升温较快,并依靠平时调节窗户大小来控制品温,由起潮火至大火阶段,最高曲温为45~47 ℃,晾曲降温至34~38 ℃。要求断面周边青白,红心,常呈酱香或炒豌豆香。

③后火曲需大热中晾。即由起火到大火阶段品温高达47~48 ℃,并维持5~7 d,晾曲降温至30~32 ℃。曲的气味清香,出现棕黄色的一个圈点或两个圈点(即俗称单耳、双耳),黄金一条线为好曲。

任务 1.2 大曲白酒的生产

[任务要求]

了解大曲白酒的特点及类型,并掌握主要几种大曲白酒的生产技术。

[技能训练]

1.2.1 原料准备

高粱、大米、糯米、小麦、玉米等。

1.2.2 器材准备

铁钎、簸箕、水桶、手推车、泥窖、甑、摊晾设备、蒸馏设备等。

1.2.3 工艺流程

1)浓香型大曲酒生产工艺流程

(1)老五甑操作法工艺流程

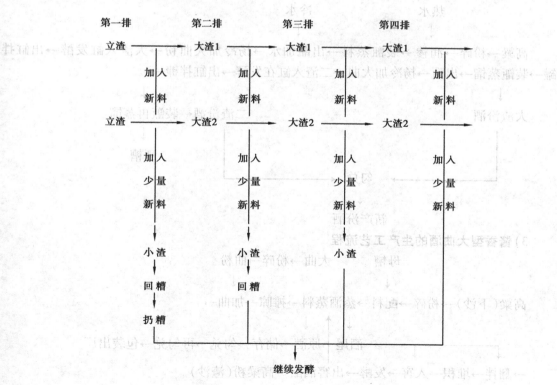

（2）万年槽红粮续渣操作法工艺流程

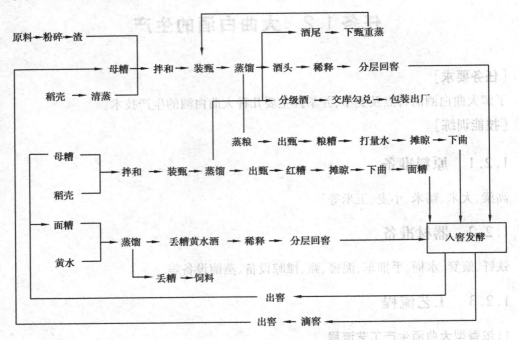

2）清香型大曲酒的生产工艺流程

高粱→粉碎→润糁→装甑蒸料→出甑加水→扬冷加大曲粉→大渣入缸发酵→出缸拌罐→装甑蒸馏→出甑→扬冷加大曲→二渣入缸在发酵→出缸拌糠→

大渣汾酒　　　　　　　　　　　　　　　二渣汾酒←装甑再蒸馏

　　　　　　　　　　　　　　　　　　　　　　　　酒糟

　　　　　　　　　　勾兑←

　　　　　　　　　　新产汾酒

3）酱香型大曲酒的生产工艺流程

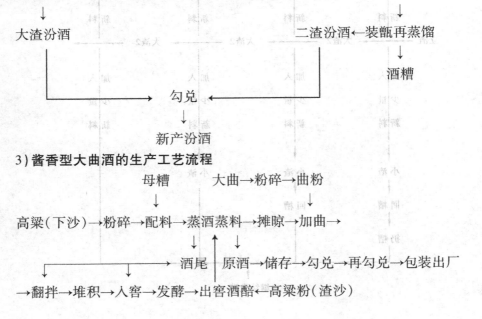

1.2.4 操作要点

1)浓香型大曲酒生产工艺操作要点

浓香型大曲酒发酵的工艺操作主要有两种形式:一是以洋河大曲、古井贡酒为代表的老五甑操作法;二是以泸州老窖为代表的万年糟红粮续渣操作法。

(1)老五甑操作法操作要点

续渣工艺常分为六甑、五甑和四甑等操作法,其中以"老五甑"操作法使用最为普遍。老五甑正常操作时,窖内有四甑材料[大渣1、大渣2(二渣),小渣,回糟]。出窖后加入新料做成五甑材料(大渣1、大渣2、小渣、回糟、扔糟),分为五次蒸馏(料),其中四甑下窖,一甑扔糟。

第一排:根据甑桶大小,考虑每班投入新原料(高粱粉)的数量,加入为投料量 30% ~ 40%的填充料,配入 2 ~ 3 倍于投料量的酒糟进行蒸料,冷却后加曲入窖发酵,立两渣料。

第二排:将第一排两甑酒醅取出一部分,加入用料总数 20% 左右的原料配成一甑作为小渣,其余大部分酒醅加入总数 80% 左右的原料配成两甑大渣,进行混烧,两甑大渣和一甑小渣分别冷却,加曲后,分层入一个窖内进行发酵。

第三排:将第二排小渣不加新料蒸酒后冷却,加曲,即做成回糟。两甑大渣按第二排操作配成两甑大渣和一甑小渣,这样入窖发酵有四甑料,它们是两甑大渣、一甑小渣和一甑回糟,分层在窖内发酵。

第四排(圆排):将上排回糟酒醅进行蒸酒后作为扔糟。两甑大渣和一甑小渣,按第三排操作配成四甑。从第四排起圆排后可按此方式循环操作,每次出窖加入新料后投甑中为五甑料,其中四甑入窖发酵,一甑为扔糟。老五甑的四甑料在窖内的排列各地均不同,需根据工艺决定。如有的窖面为回糟,依次到窖底为小渣、二渣、大渣,也有的小渣排在窖面,依次到窖底为大渣、二渣、回糟等。

(2)万年糟红粮续渣操作法操作要点

该操作法习惯上又分为两种类型:一是以五粮液、剑南春为代表的浓香五粮型(用高粱、玉米、小麦、大米、糯米酿制而成),采用跑窖法工艺。所谓"跑窖法"是将这一窖的酒醅经配料蒸粮后装入另一窖池,一窖撵一窖地进行生产。二是以泸州老窖特曲、全兴大曲为代表的浓香单粮型(主要用高粱),采用原窖法工艺。所谓"原窖法"是指发酵酒醅在循环酿制过程中,每一窖的糟醅经过配料、蒸馏取酒后仍返回到本窖池。

①原辅料的处理。原料可只使用一种高粱,如泸州老窖酒厂,也可使用高粱、玉米、大米、糯米、小麦等多种原料,如五粮液酒厂等。原料粉碎破坏了淀粉结构利于糊化,可增加糖化酶对淀粉粒接触面,使之糖化充分提高出酒率。但不宜磨得太细,以通过 20 目筛筛选的量占 85% 左右为宜。大曲粉碎,以通过 20 目筛筛选的量占 70% 为宜。

②开窖。取窖泥。用铁铲将窖面上窖泥取下,把窖泥黏附的糟子刷净,撮入窖泥坑内。取酒醅。先将面糟取出,运至堆糟坝(或晾堂上)堆成圆堆拍紧撒上一层稻壳,以减少酒精挥发,单独蒸酒作丢糟处理。面糟取完后接着取红糟,另起一堆拍紧,撒稻壳少许,此糟蒸酒后只加曲不加新料,入窖发酵即得新的面糟。其余母糟同样起堆糟坝一角,分开堆积,当起到出

现黄水时即停止,并将已出窖的母糟刮平拍紧撒上一层稻壳。滴窖。停止取母糟后在窖中或窖边挖一坑深至窖底,随即将坑内黄水舀净。滴4~6 h,边滴边舀,至少要4次再继续取糟,取完后拍紧拍光撒稻壳一层。黄水是窖内酒醅向下层渗漏的黄色淋浆水,一般含酒精(4.5%)、醋酸、腐殖质和酵母菌体自溶物等,此外还含有一些经过驯化的己酸菌及多种白酒香味成分的物质,所以黄水是人工培窖的好材料。

③配料、拌料。泸州老窖酒厂的甑容1.25 m³,每甑下高粱粉130~140 kg,母糟为4.5~5倍,稻壳25%~30%。母糟一定要适量,其作用有4点:

a. 调节入窖酸度,抑制杂菌的繁殖;

b. 调节淀粉含量,进而调节温度,使酵母在一定的酒精量和适宜的温度下生长;

c. 提高淀粉利用率;

d. 带入大量大曲酒香味的一些前体物质,利于提高大曲酒的质量。

蒸酒前40~45 min,在堆糟坝挖出约够一甑的母糟,并刮平,倒入高粱粉,随机拌和一次,拌毕倒稻壳,并连续拌2次,要求拌散、和匀、无疙瘩,此糟蒸酒后即为粮糟。配料时不可将稻壳和高粱粉同时倒入,以免粮粉进入稻壳内。翻拌要求低翻快拌,次数不可过多,时间不宜过长,以减少酒精挥发。拌好后堆置30~35 min,此堆积过程称为"润料"。

④蒸酒、蒸粮、打量水。由于发酵窖内同时存在粮糟、面糟等,所以蒸酒、蒸粮也就有先后次序,一般先蒸粮糟,再蒸红糟,最后蒸面糟。其操作要求如下:

a. 装甑。装甑时,不仅要做到轻、松、匀,探汽装甑,轻倒匀散,还要掌握蒸汽量,做到不压汽、不跑汽、穿汽均匀。在装甑时要求边高中低,装甑时间为35~40 min。

b. 蒸酒。截取酒头0.25~0.5 kg,用于回窖发酵或作调香酒,再接取原酒分级入库,断花时摘酒尾用于下一甑复蒸。蒸汽要匀,先小后大,控制流酒温度35 ℃左右,流酒时间40~50 min,流酒速度一般为3~4 kg/min。

c. 蒸粮。蒸完酒后再续蒸1 h,全期110~120 min。糊化好的熟粮,要求内无生心,外不粘连,既要熟透又不起疙瘩。每蒸完一甑,清洗一次甑底锅。

d. 打量水。粮糟出甑后,立即拉平,加70~85 ℃的热水,这一操作称作"打量水",数量是原料的90%~110%(冬天为90%~95%)。打量水要撒开泼匀,泼到应打量水的六七成时,挖翻一次再泼,泼完后挖松扯薄。除装6~7甑的小窖外,一般窖底的一甑粮糟不打量水。上述90%~110%的量水比例系指全窖平均数,实际操作是底层少,上层多,称作打梯度水,这种打法有利均匀调节水分。量水以控制窖内水分为55%左右为好。红糟不加料,蒸酒后不打量水,作封窖的面糟。

⑤摊晾下曲。摊晾下曲的具体操作要求如下:

a. 摊晾。将加过量水的粮醅置于晾糟机上,均匀摊平,利用风机通风降温至下曲温度。

b. 下曲。冬天17~20 ℃,夏天低于室温2~3 ℃,接触窖底一甑可高于室温3~5 ℃。

c. 下曲量。冬天为20%,夏天为19%~20%。

⑥入窖发酵。入窖发酵具体操作要求如下:

a. 入窖。粮糟入窖前,先在窖底撒大曲粉1~1.5 kg促进生香。粮糟入窖温度根据季节、气温的不同而有差别,春、秋两季室温为5~10 ℃,入窖温度为17~20 ℃;夏、秋两季室温为

20～28 ℃，入窖温度为 20～27 ℃或略低于室温 2～3 ℃。

b. 入窖要求。入窖后粮糟适当踩紧和刮平，装入粮糟不得高于地面，加入面糟形成的窖帽高度不可超出窖面 0.8～1.0 m，铺出窖边不超过 5 cm。

c. 入窖和出窖的工艺条件见表 1.1。

d. 封窖。装好窖后盖上篾席或撒稻壳，敷抹窖泥 6～10 cm 厚，上部再盖上塑料布，四周敷上窖泥，保持窖泥湿润不开裂。

e. 发酵期。发酵期分 20，30，40，50，60，90 d 不等。

表 1.1 酒醅入窖出窖条件

项目	出窖醅/%	入窖醅/%
淀粉	7～8	15～16
水分	63～64	55～58
酸度	1.8～2.5	1.4～1.6

2）清香型大曲酒的生产工艺操作要点

（1）原料粉碎

原料主要是高粱和大曲，高粱通过辊式粉碎机破碎成 4～8 瓣即可，其中能通过 1.2 mm 筛孔的细粉占 25%～35%，粗粉占 65%～75%。整粒高粱不超过 0.3%。同时要根据气候变化调节粉碎细度，冬季稍细、夏季稍粗，以利于发酵升温。所用的清茬曲、红心曲、后火曲应按比例混合使用。大渣发酵用的曲，可粉碎成大如豌豆，小如绿豆，能通过 1.2 mm 筛孔的细粉不超过 55%；二渣发酵用的大曲粉，要求大如绿豆，小如小米，能通过 1.2 mm 筛孔的细粉不超过 70%～75%。大曲粉碎细度会影响发酵升温的快慢，粉碎较粗发酵时升温较慢，有利于进行低温缓慢发酵，颗粒较细发酵升温较快。

（2）润糁

润糁的目的是让原料预先吸收部分水分利于蒸煮糊化，而原料的吸水量和吸水速度常与原料的粉碎度和水温的高低有关。在粉碎细度一定时，原料的吸水能力随着水温的升高而增大。采用较高温度的水来润料可以增加原料的吸水量，使原料在蒸煮时糊化加快，同时使水分能渗透到淀粉颗粒的内部，发酵时不易淋浆，升温也较缓慢，酒的口味较为绵甜。另外，高温润糁能促进高粱所含的果胶质受热分解形成甲醇，在蒸料时先行排除以降低成品酒中的甲醇含量，高温润糁是提高曲酒质量的有效措施。

（3）蒸料

蒸料也称蒸糁。目的是使原料淀粉颗粒细胞壁受热破裂，淀粉糊化，便于大曲微生物和酶的糖化发酵产酒成香，同时杀死原料所带的一切微生物，挥发掉原料的杂味。原料采用清蒸，蒸料前先煮沸底锅水，在甑箅上撒一层稻壳或谷壳然后装甑上料。要求见汽撒料，装匀上平。圆汽后在料面上泼加 60 ℃的热水，称之"加闷头浆"，加水量为原料量的 1.5%～3%。整个蒸煮时间需 80 min 左右，初期品温 98～99 ℃，以后加大蒸汽，品温会逐步升高，出甑前可达 105 ℃左右。蒸料时，红糁顶部也可覆盖辅料一起清蒸，辅料清蒸时间不得少于 30 min。

清蒸后的辅料,应单独存放,尽量当天用完。

（4）加水、扬冷、加曲

蒸后的红糁应趁热出甑并摊成长方形,泼入原料量30%左右的冷水(最好为18~20 ℃的井水),使原料颗粒分散进一步吸水。随后翻拌通风晾渣,一般冬季降温到比入缸温度高2~3 ℃即可,其他季节散冷到与入缸温度一样即可下曲。

下曲温度的高低影响曲酒的发酵。加曲温度过低发酵缓慢,过高发酵升温过快,醅子容易生酸,尤其在气温较高的夏天料温不易下降,翻拌扬冷时间又长,次数过多,使杂菌有机可乘,在发酵时易产酸影响发酵正常进行。根据经验,加曲温度为:春季20~22 ℃,夏季20~25 ℃,秋季23~25 ℃,冬季25~28 ℃。

加曲量的大小关系到出酒率和酒的质量应严格控制。用曲过多既增加成本和粮耗,还会使醅子发酵升温加快引起酸败,也会使有害副产物的含量增多而致使酒味变得粗糙,造成酒质下降。用曲过少则可能出现发酵困难、迟缓、顶温不足,发酵不彻底影响出酒率。加曲量一般为原料量的9%~11%,可根据季节、发酵周期等加以调节。

（5）大渣入缸发酵

大渣入缸时,主要控制入缸温度和入缸水分。因入缸淀粉含量常达38%左右,酸度较低仅为0.2,在这种高淀粉低酸度的条件下酒醅极易酸败,因此,要坚持低温入缸缓慢发酵。大渣入缸后,缸顶要用石板盖严,再用清蒸过的小米壳封口。

汾香型大曲酒的发酵期一般为21~28 d,个别也有长达30余天的。发酵时间过短,糖化发酵不完全影响出酒,酒质也不够绵软,酒的后味寡淡。发酵时间太长,酒质绵软但欠爽净。在边糖化边发酵的过程中,应着重控制发酵温度的变化,使之符合前缓、中挺、后缓落的规律。要做到前缓、中挺、后缓落,除了严格掌握入缸温度和入缸水分外,还要做好发酵容器的保温和降温。冬季可以在缸盖上加稻壳进行保温,夏季减少保温材料,甚至在地缸周围土地上扎眼灌凉水迫使缸中酒醅降温。在28 d的发酵过程中,须隔天检查一次发酵情况。一般在入缸后2周内更要加强检查,发酵良好的会出现类似苹果的芳香,醅子也会逐渐下沉,下沉越多产酒越好,一般约下沉1/4的醅层高度。

（6）出缸、蒸大渣酒

发酵结束,将大渣酒醅挖出拌入18%~20%的填充料疏松。由于大渣酒醅黏湿,又采用清蒸操作不添加新料,故上甑要严格做到"轻、松、薄、匀、缓",保证酒醅在甑内疏松均匀不压汽不跑汽。上甑时可采用"两干一湿",即铺甑算辅料可适当多点,上甑到中间时可加少量辅料,将要收口时又可适当多加辅料。也可采用"蒸汽两小一大",开始装甑时进汽要小,中间因醅子较湿,阻力较大可适当增大汽量,装甑结束时甑内醅子汽路已通,可减小进汽缓汽蒸酒。避免杂质因大火蒸馏而进入成品内影响酒的质量,流酒速度保持在3~4 kg/min。开始的馏出液为酒头,酒度在75%以上,含有较多的低沸点物质,口味冲辣,应单独接取存放,可回入醅中重新发酵,摘取量为每甑1~2 kg。酒头摘取要适量,取得太多会使酒的口味平淡,接取太少会使酒的口味暴辣。酒头以后的馏分为大渣酒,其酸、酯含量都较高,香味浓郁。当馏分酒度低于48.5%时,开始截取酒尾,酒尾回入下轮复蒸追尽酒精和高沸点的香味物质。流酒结束时,敞口大气排酸10 min左右。

(7)二渣发酵

为了充分利用原料中的淀粉,蒸完酒的大渣酒醅需继续发酵一次,这称为二渣发酵。其操作大体上与大渣发酵相似。纯糟发酵不加新料,发酵完成后再蒸二渣酒,酒糟作为扔糟排出。当大渣酒醅蒸酒结束,视醅子的干湿情况,趁热泼入大渣投料量2%~4%的温水于醅子中,水温为35~40℃,称为"蒙头浆"。随后挖出醅子扬冷到30~38℃,加投料量9%~10%的大曲粉,翻拌均匀,待品温下降到22~28℃(春、秋、冬三季)或18~23℃(夏季)时入缸进行二渣发酵。

二渣发酵主要控制入缸淀粉、酸度、水分、温度4个因素。淀粉浓度主要取决于大渣发酵的情况,一般多在14%~20%。入缸酸度比大渣入缸时高,多为1.1~1.4,以不超过1.5为宜。入缸水分常控制在60%~62%,其加水量应根据大渣酒醅流酒多少而定,流酒多底醅酸度不大可适当多加新水,有利于二渣产酒。入缸温度应视气候变化、醅子淀粉浓度和酸度不同而灵活掌握,关键要能"适时顶火"和"适温顶火"。二渣发酵醅温变化要求"前紧、中挺、后缓落"。所谓"前紧",即二渣入缸后4 d品温要达到32~34℃的"顶火温度"。"中挺"在顶火温度下保持2~3 d,就能让酒醅发酵良好。从入缸发酵7 d后,发酵温度开始缓慢降落,这称为后缓落,直至品温降到发酵结束时的24~26℃。

由于二渣醅子的淀粉含量比大渣低,糠含量大,酒醅比较疏松,入缸时会带入大量空气,对曲酒发酵不利。因此,二渣入缸时必须将醅子适度压紧,并喷洒少量尾酒进行回缸发酵。二渣的发酵期为21~28 d。二渣发酵结束后,出缸拌入少量小米壳,即可上甑蒸得二渣酒,酒糟作扔糟。

(8)储存勾兑

蒸馏得到的大渣酒、二糟酒、合格酒和优质酒等要分别储存3年,在出厂前进行勾兑,灌装出厂。

3)酱香型大曲酒生产工艺操作要点

(1)原料处理

茅香型酒生产中把高粱原料称为沙。在每年大生产周期中,分两次投料,第一次投料称下沙,第二次投料称渣沙,投料后需经过8次发酵,每次发酵一个月左右,一个大周期10个月左右。由于原料要经过反复发酵,所以原料粉碎得比较粗,下沙要求整粒与碎粒之比为80%∶20%,渣沙为70%∶30%,下沙和渣沙的投料量分别占投料总量的50%。

(2)大曲粉碎

茅台酒是采用高温大曲产酒生香的,由于高温大曲的糖化发酵力较低,原料粉碎又较粗,故大曲粉碎越细越好,有利于糖化发酵。

(3)下沙

下沙时每甑投高粱350 kg,投料量占总投料量的50%。

①泼水堆积。下沙时先将粉碎后的高粱泼上原料量51%~52%的90℃以上的热水(称发粮水),泼水时边泼边拌使原料吸水均匀,也可将水分成两次泼入,每泼一次翻拌三次。然后加入5%~7%的母糟拌匀,母糟是上年最后一轮发酵出窖后不蒸酒的优质酒醅,发水后堆积润料为10 h左右。

②蒸粮(蒸生沙)。先在甑箅上撒上一层稻壳,上甑采用见汽撒料,在 1 h 内完成上甑任务,圆汽后蒸料 2～3 h,约有 70% 的原料蒸熟即可出甑,不应过熟。出甑后再泼上 85 ℃ 的热水(称量水),量水为原料量的 12%,发粮水和量水的总用量为投料量的 56%～60%。

出甑的生沙含水量为 44%～45%,淀粉含量为 38%～39%,酸度为 0.34～0.36 g/100 mL。

③摊晾。泼水后的生沙经摊晾、散冷,并适量补充因蒸发而散失的水分。当品温降低到 32 ℃ 左右时,加入酒度为 30% 的尾酒 7.5 kg(约为下沙投料量的 2%),拌匀。所加尾酒是由上一年生产的丢糟酒和每甑蒸得的酒头经过稀释而成的。

④堆积。当生沙料的品温降到 32 ℃ 左右时加入大曲粉,加曲量控制在投料量的 10% 左右,拌和后收堆,品温为 30 ℃ 左右。堆要圆、匀,冬季较高,夏季堆矮,堆集时间为 4～5 d。待品温上升到 45～50 ℃ 时,即可入窖发酵,此时用手插入堆内,取出的酒醅具有香甜酒味。

⑤入窖发酵。堆集后的生沙酒醅拌匀的同时加入次品酒 2.6% 左右,然后入窖,待发酵窖加满后,用木板轻轻压平醅面,并撒上一薄层稻壳,最后用泥封窖 4 cm 左右,发酵 30～33 d,发酵品温变化在 35～48 ℃。

(4)渣沙

茅台酒生产第二次投料称为渣沙。

①开窖配料。把发酵成熟的生沙酒醅分次取出,每次挖出半甑左右(约 300 kg),与粉碎、发水后的高粱粉拌和,高粱粉原料为 175～187.5 kg,其发水操作与生沙相同。

②蒸酒蒸粮。将生沙酒醅与渣沙粮粉拌匀、装甑、混蒸。首次蒸得的酒称生酒,出酒率较低,而且生涩味重,生沙酒经稀释后全部泼回渣沙的酒醅重新参与发酵,这一操作称以酒养窖或以酒养醅。混蒸时间 4～5 h,保证糊化柔熟。

③蒸渣沙酒。渣沙酒醅发酵时要注意品温、酸度、酒度的变化情况。发酵一个月后,即可开窖蒸酒(烤酒)。为了减少酒分和香味物质的挥发损失,必须随起随蒸,当起到窖内最后一甑酒醅(也称香醅)时应及时备好需回窖发酵并已堆集好的酒醅,待最后一甑香醅出窖后,立即将堆积酒醅入窖发酵。

蒸酒时应轻撒匀上,见汽上甑,缓汽蒸馏,量质摘酒,分等存放。茅台酒的流酒温度控制较高,常在 40 ℃ 以上,这也是它“三高”特点之一,即高温制曲、高温堆积、高温流酒。渣沙香醅蒸出的酒称为“渣沙酒”,酒质甜味好,但冲、生涩、酸味重,它是每年大生产周期中的第二轮酒,也是需要入库储存的第一次原酒。渣沙酒头应单独储存留作勾兑,酒尾可泼回酒醅重新发酵产香,称为“回沙”。渣沙酒蒸馏结束,酒醅出甑后不再添加新料,经摊晾、加尾酒和大曲粉,拌匀堆集再入窖发酵一个月取出蒸酒,即得到第三轮酒,也就是第二次原酒,称“回沙酒”,此酒比渣沙酒香、醇和,略有涩味。以后的几个轮次均同“回沙”操作,分别接取三、四、五次原酒,统称“大回酒”,其酒质香浓,味醇厚,酒体较丰满,无邪杂味。第六轮次发酵蒸出的酒称“小回酒”,酒质醇和、糊香好,味长。第七次蒸出的酒为“枯糟酒”,又称追糟酒,酒质醇和,有糊香,但微苦、糟味较浓。第八次发酵蒸出的酒为丢糟酒,稍带枯糟的焦苦味,有糊香,一般作尾酒,经稀释后回窖发酵。

茅台酒的生产一年一个周期,两次投料、8 次发酵、7 次流酒。从第三轮起,虽然不再投入新料,但由于原料粉碎较粗,醅内淀粉含量较高,随着发酵轮次的增加淀粉被逐步消耗,直至八次发酵结束,丢糟中淀粉含量仍在 10% 左右。茅台酒发酵大曲用量很高,用曲总量与投料总量比例高达 1∶1 左右,各轮次发酵时的加曲量应视气温变化,淀粉含量以及酒质情况而调整。气温低适当多用,反之,则少用,基本上控制在投料量的 10% 左右,其中,第三、四、五轮次可适当多加一些,而六、七、八轮次可适当减少。生产中每次蒸完酒后的酒醅经过扬晾、加曲后都要堆积发酵 4~5 d,堆积品温到达 45~50 ℃时,醅子中微生物已繁殖得较旺盛,再移入窖内进行发酵,这是茅香型曲酒生产独有的特点。茅台酒发酵时糟醅采取原出原入,达到以醅养窖和以窖养醅的作用。每次醅子堆积发酵完后,准备入窖前都要用尾酒泼窖,保证发酵正常产香良好。尾酒用量由开始时每窖 15 kg 逐渐随发酵轮次增加而减少为每窖 5 kg。每轮酒醅都泼入尾酒回沙发酵加强产香,酒尾一般控制在每窖酒醅泼酒 15 kg 以上,随着发酵轮次的增加,逐渐减少泼入的酒量,最后丢糟不泼尾酒。回酒发酵是茅香型大曲白酒生产工艺的又一特点。

为了勾兑调味使用,茅香型酒也可生产一定量的"双轮底"酒。在每次取出发酵成熟的双轮底醅时,一半添加新醅、尾酒、曲粉,拌匀后,堆积,回醅再发酵,另一半双轮底醅可直接蒸酒,单独存放,供调香用。

(5)入库储存

蒸馏所得的各种类型的原酒要分开储存,通过检测和品尝按质分等储存在陶瓷容器中,经过 3 年陈化使酒味醇和绵柔。

(6)精心勾兑

储存 3 年的原酒先勾兑出小样,后放大调和再储存一年,经理化检测和品评合格后才能包装出厂。

[理论链接]

1.2.4 大曲白酒的特点

1)采用固态配醅发酵

在大曲酒生产中,由于酒醅具有较大的颗粒性,加之高粱、玉米等原料的子粒结构又紧密,糖化、发酵较困难,所以常采用添加部分新料,回用大部分酒醅,丢弃部分废糟的方法,使固态发酵循环进行,这种方法在世界酿酒业中是独有的。

在整个大曲酒的发酵过程中发酵物料(酒醅)的含水量较低,游离水分基本上被包含在酒醅颗粒之中,整个物料呈固体状态。参与发酵的微生物和酶通过水分渗透到酒醅颗粒中间进行各种生化作用,最终形成以酒精为主的各种代谢产物。此外,在大曲酒的固态发酵中,酒醅内存在着复杂的固-液、气-液、固-气等多种界面,它们有力地影响着酒醅及窖池内微生物的生长和代谢,使大曲酒产生出液态发酵难以形成的各种风味物质。

2)在较低温度下的边糖化边发酵工艺

大曲酒的发酵是典型的边糖化边发酵工艺,俗称"双边"发酵。大曲既是糖化剂又是发酵剂,窖内酒醅同时进行着糖化作用和发酵作用。在生产中必须控制较低的入窖温度,一般为

15～25 ℃。这种较低温度下的边糖化边发酵工艺,有利于香味物质的形成和积累,减少其挥发损失,避免了有害副产物的过多形成,使大曲酒具备醇、香、甜、净、爽的特点。

3)多种微生物的混合发酵

参与大曲酒发酵的微生物种类繁多,主要来源于大曲和窖泥,也有来自于环境、设备、工具和场地。整个发酵过程是在粗放的条件下进行的,除原料蒸煮时起到灭菌作用外,各种微生物均能通过多种渠道进入酒醅协同进行发酵作用,产生出各自的代谢产物。随着发酵时间的推移,窖内各类微生物(主要霉菌、酵母、细菌等)在生长繁殖、衰老死亡、表现出各自的消长规律。人们只要合理地控制发酵工艺条件并随环境变化作出适当的调整,就能保证这些有益的酿酒微生物正常生长繁殖和发酵代谢,最终取得满意的结果。

4)固态甑桶蒸馏

大曲酒是通过固态蒸馏来分离提取成品酒的,不仅蒸馏效率高而且成品酒的风味好。大曲酒的甑桶高1 m左右,它能把酒醅中所含的5%～6%的酒分浓缩到65%～75%。甑桶蒸馏所得的馏分,其酸、酯含量要比其他蒸馏方法高得多,并在蒸馏过程中,各种风味成分相互作用重新组合,使成品酒的口感更加丰满适宜。所以,在液态白酒生产中,常采用固态串香来提高成品酒的质量。

1.2.5 大曲白酒的种类

大曲酒酿造分为清渣和续渣两种方法,清香型大曲酒大多采用清渣法生产,而浓香型大曲酒、酱香型大曲酒则采用续渣法生产。根据生产中原料蒸煮和酒醅蒸馏时的配料不同,又可分为清蒸清渣、清蒸续渣、混蒸续渣等工艺,这些工艺方法的选用要根据所生产产品的香型和风格来决定。

1)清蒸清渣

清蒸清渣的特点是突出"清"字,一清到底。在操作上要求做到渣子清,醅子清,渣子和醅子要严格分开,不能混杂。工艺上采取原料、辅料清蒸,清渣发酵,清渣蒸馏。严格要求清洁卫生,始终贯彻一个清字。著名的山西汾酒就是采用典型的清蒸清烧二遍清工艺生产的。

2)清蒸续渣

清蒸续渣即原料的蒸煮和酒醅的蒸馏分开进行,然后混合进行发酵。这种方法既保留了清香型大曲酒酒味清香纯正的质量特色,又保持了续渣发酵酒香浓郁、口味醇厚的优点。

3)混蒸续渣

混蒸续渣就是将发酵成熟的酒醅与粉碎的新料按比例混合,然后在甑桶内同时进行蒸粮蒸酒,这一操作又称为"混蒸混烧"。出甑后,经冷却、加曲,混渣发酵,如此反复进行。混蒸续渣法可以把各种粮谷原料所含的香味物质,如酯类、酚类、香兰素等在混蒸过程中挥发进入成品酒中,对酒起到增香的作用,这种香气称为粮香,如高粱就有特殊的高粱香。另外采用混蒸续渣法生产,投入的原料能经过3次以上的发酵才成为丢糟,所以原料利用率比较高。大部分浓香型大曲酒采用该种方法生产。

[知识拓展]

1.2.6　大曲酒的蒸馏技术

蒸馏是大曲酒生产中的一个重要工序,"造香靠发酵,提香靠蒸馏"。蒸馏与出酒率及产品质量有着密切的关系。大曲酒蒸馏设备并不复杂,蒸馏的关键在于操作是否正确和熟练。

1)大曲酒蒸馏的基本原理

甑桶好似一个填料塔,酒醅是一种特殊的填料。在蒸馏前,酒醅中已均匀地分布着各种被蒸馏的组分,这就使蒸馏过程中各种组分的分布情况变得十分复杂。酒醅的每个固体颗粒好似一个微小的塔板,它比表面积大,无数个塔板形成了极大的气液接触界面,使固态蒸馏的传热、传质速度大大增强。

大曲酒蒸馏是边撒料上甑边进行甑内酒醅蒸馏的。蒸馏时,下层物料中的液态被蒸组分受底锅水蒸气加热,由液体汽化成气体,被蒸组分的蒸汽上升,进入上层较冷的料层又被冷凝成液体,从而组分由于挥发性能的不同而得到不同程度的浓缩。以后,被蒸组分再受热、再汽化、再冷凝、再浓缩,如此反复进行,随着料层的加高而不断在酒醅颗粒的表面进行传热、传质过程,直到组分离开甑内物料层,汽化进入甑盖下的空间,经过气管,最后在冷凝器中被冷凝成液体为止。由于各种组分的挥发性能不同,在蒸馏过程中被浓缩的快慢和馏分中聚集的时间也不同。

成熟酒醅所含的各种组分大致可分为醇水互溶、醇溶水难溶和水溶醇不溶 3 个大类。对醇水互溶的组分,在蒸馏时基本上符合拉乌尔定律,这些组分在稀酒精的水溶液中,各组分在汽相中的浓度大小主要受液相分子吸引力大小的影响。倾向于醇溶性的组分根据氢键作用的原理,除甲醇和有机酸外,如丙醇、异丙醇等大多数低碳链的高级醇、乙醛和其他醛类,在馏分中的含量为酒头＞酒身＞酒尾。而倾向于水溶性的乳酸等有机酸、高级脂肪酸,由于其酸根与水中氢键具有紧密的缔合力难于挥发,因此在馏分中的含量为酒尾＞酒身＞酒头。对于醇溶水难溶的组分,如高碳链的高级醇、酯类等,根据恒沸蒸馏的原理可把稀浓度乙醇视作恒沸蒸馏中的第三组分,它的存在降低了被蒸组分的沸点,升高了它们的蒸汽压,使高碳链的高级醇、乙酸乙酯、己酸乙酯、丁酸乙酯、油酸和亚油酸乙酯、棕榈酸乙酯等,在馏分中的含量为酒头＞酒身＞酒尾。对于水溶醇难溶的矿质元素及其盐类,它们在水中呈离子状态。另外一些高沸点难挥发的水溶性有机酸(如乳酸)等,在蒸馏中主要受到水蒸气和雾沫夹带作用,尤其在大气追尾时,水蒸气对它们的拖带更为突出。因此,大多数有机酸和糠醛等高沸点组分,在馏分中的含量为酒尾＞酒身＞酒头。

2)大曲酒的蒸馏操作

(1)蒸馏前的准备工作

每天清换底锅水,随时捞出锅内浮游物,保持底锅水干净。底锅水位保持与算子相距 50 ~ 60 cm。浓香型大曲酒生产中,一般是先蒸粮糟,再蒸红糟和面糟。如先蒸面糟,则必须重新洗刷底锅换新水。冷凝器要定期检查刷洗,以防渗漏、杂菌滋生和提高冷凝冷却效率。

(2)装甑操作要求

装甑前应将粮渣、酒醅、填充料拌和均匀,使材料疏松。装甑操作要做到"轻、松、薄、匀、

平、准"6个字。也就是说,装甑动作要轻快,撒料要轻,装甑材料要疏松,醅料不宜太厚,上汽要均匀,甑内材料要平整,盖料要准确。因此,应注意保持醅料在甑内边高中低(差2~4 cm)。甑内醅料要干湿配合,做到"两干一湿",即甑底和甑面醅配料宜干,可多用辅料,中间的醅料宜湿。装甑时不应过满,以装平甑口为宜。有两种装甑方法:一是湿盖料,即蒸汽上升,使上层物料表面发湿时盖上一层物料,以免跑气而损失有效成分;另一种是见气盖料,即待物料表面呈现很少雾状酒气时,迅速而准确地盖上一薄层物料。

(3)装甑时间

续渣法大曲酒生产一般为35~45 min。清渣法大曲酒生产一般为50~60 min。装甑太快,醅料会相对压得紧,高沸点香味成分蒸馏出来就少。装甑太慢,则低沸点香味成分损失会增多。

(4)蒸馏用气

装甑用气要缓慢调节,做到"两小一大"。开始装甑时,甑底醅料薄容易跑酒,用气量要小;随着料层加厚上气阻力增大,要防止压气,用气量宜大;甑面和收口,因上下气路已通,用气量要小。蒸馏过程中,原则上要做到缓气蒸馏,大气追尾。

(5)流酒温度和流酒速度

一般认为,流酒温度控制在25~30 ℃,酱香型酒流酒温度较高,多控制在35 ℃以上,流酒速度控制在1.5~3 kg/min为宜。流酒温度过高,对排醛及排出一些低沸点臭味物质,如含硫化合物是有好处的,但这样也挥发损失一部分低沸点香味物质,如乙酸乙酯,并且还会较多地带入高沸点杂质,使酒不醇和。

(6)量质接酒、掐头去尾

量质接酒是指在蒸馏过程中,先掐去酒头取酒身的前半部,为1/3~1/2的馏分,边接边尝,取合乎本品标准的特优酒,单独入库分级储存勾兑出厂,其余酒分别作次等白酒。一般每甑掐取酒头0.5~1 kg,酒度在70%以上。酒头过多会使成品酒中芳香物质去掉太多,使酒平淡;酒头过少又使醛类物质过多地混入酒中,使酒暴辣。当流酒的酒度下降至30%~50%以下时,应去酒尾。去尾过早将使大量香味物质(如乳酸乙酯)存在于酒尾中及残存于酒糟中,从而损失了大量的香味物质,去尾过迟会降低酒度。

馏出酒液的酒度主要以经验观察,即所谓"看花取酒"。让馏出的酒度流入一个小的承接器内,激起的泡沫称为"酒花"。开始馏出的酒度泡沫较多、较大、持久,称为"大清花";酒度略低时,泡沫较小,逐渐细碎,但仍较持久,称为"二清花";再往后称为"小清花"或"绒花",各地叫法不统一。在"小清花"以后的一瞬间就没有酒花,称为"过花"。"过花"以前的馏分都是酒,"过花"以后的馏分俗称"稍子",即为酒尾。"过花"以后的酒尾,先呈现大泡沫的"水花",酒度为28%~35%。若装甑效果好,流酒时酒花利落,"大清花""小清花"较明显,"过花"酒液的酒度也较低,并很快出现"小水花"或称第二次"绒花",这时酒度为5%~8%。直至泡沫全部消失至"油花"满面,即在承接器内馏出液全部铺满油滴,方可接盖停止摘酒。如装甑操作不过关,"六字法"掌握不好,从流酒现象就可看出。

任务 1.3 小曲的制作

[任务要求]

掌握单一药小曲、广东药饼曲、根霉曲的生产工艺。了解小曲的种类、特点,以及小曲中的微生物和酶系。

[技能训练]

1.3.1 原料准备

1)单一药小曲原料配比

大米粉:总用量 20 kg,其中酒药坯用 15 kg,裹粉用细米粉 5 kg。

香药草粉:用量占酒药坯米粉质量的 13%。香药草是桂林地区特有的草药,茎细小,稍有色,香味好,干燥后磨粉而成。

曲母:是指上次制成的小曲保留下来的酒药种子,用量为酒坯质量计量的 2%,为裹粉的 4%(对米粉)。

水:用量约为坯粉质量的 60%。

2)广东酒曲饼原料配比

(1)酒饼种原料配比

因地而异。例如,米 50 kg、饼叶 5~7.5 kg,饼草 1~1.5 kg,饼种 2~3 kg,药材 1.5~3 kg。药材配方见表 1.2。

表 1.2 酒饼种中药配方

药名	数量/kg	药名	数量/kg	药名	数量/kg	药名	数量/kg
白芷	0.5	祥不必	1.25	平见	0.75	中茂	0.5
草果	1	大茴香	1.5	吴仔	0.75	灵仙	1.5
花椒	1.5	芽皂	0.5	肉蔻	0.75	桂通	1
苍术	1.25	香菇	1.25	樟脑	0.2	麻腐	1.5
川皮	1.75	波和	1.5	大皂	1	桂皮	3
赤苏叶	1.25	机片	0.05	薄荷	2	北辛	1.5
丁香	0.75	小茴香	1	陈皮	2.5	甘松	0.75

(2)酒饼的原料配比

因地而异。例如,大米 48 kg,黄豆 9 kg,饼叶 3.6 kg,饼泥 9 kg。

1.3.2 器材准备

水缸、粉碎机、拌料盒、滚角筛、竹编、簸箕、振动筛、竹筛、甄桶等。

1.3.3 工艺流程

1）单一药小曲的生产工艺流程

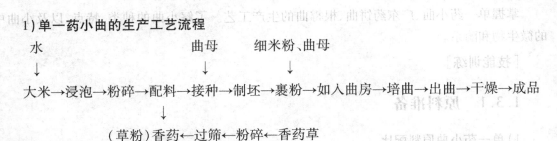

2）广东酒曲饼的生产工艺流程

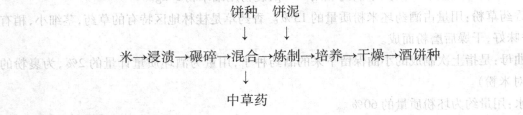

3）根霉曲的生产工艺流程

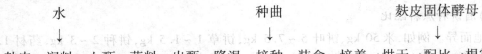

1.3.4 操作要点

1）单一药小曲的生产工艺操作要点

桂林酒曲丸是一种单一药小曲,它是用生米粉为原料,只添加一种香药草粉,接种曲母培养制成的。

（1）浸米

大米加水浸泡,夏天 2~3 h,冬天 6 h 左右。

（2）粉碎

沥干后粉碎成粉状,取其中 1/4 用 180 目筛,筛出 5 kg 细粉作裹粉。

（3）制坯

按原料配比进行配料,混合均匀,制成饼团,放在饼架上压平,用刀切成 2 cm 见方的粒状,用竹筛筛圆成药坯。

（4）裹粉

将细米粉和曲母粉混合均匀作为裹粉。先撒小部分于簸箕中,并洒第一次水于酒药坯上,然后倒入簸箕中,用振动筛筛圆、裹粉、成型,再洒水、裹粉,直到裹粉全部裹光,然后将药坯分装于小竹筛中摊平,入曲房培养。入曲房前酒药坯含水量约为46%。

(5)培曲

根据小曲中微生物生长过程,分为前期、中期和后期3个阶段:

①前期。酒药坯入房后,经24 h左右,室温保持在28~31 ℃,品温为33~34 ℃,最高不得超过37 ℃。当霉菌繁殖旺盛有菌丝倒下坯表面起白泡时,将药坯上盖的覆盖物掀开。

②中期。培养24 h后,酵母开始大量繁殖,室温控制在28~30 ℃,品温不超过35 ℃,保持24 h。

③后期。培养48 h后,品温逐渐下降,曲子成熟即可出曲。出房后于40~50 ℃的烘房内烘干或晒干,储存备用。从入房培养至成品烘干共需5 d左右。

2)广东酒曲饼的生产工艺操作要点

小曲在广东又称酒饼,广东酒饼是用米、饼叶(大叶、小叶)或饼草、饼种、饼泥(酸性白土)等原料制成的,最大的特点是在酒饼中加有白泥。

(1)酒饼种制作的操作要点

①原料的处理。a.大米:将大米在水缸中浸泡30 min左右,捞起用清水冲净、沥干,然后用粉碎机粉碎。b.中药材:粉碎过筛备用。c.酸性白土:按1:4的比例加入清水,去脚渣并倾去上清液,干燥备用。

②制曲种。将处理好的原料倒入拌料盒中,加入粉碎的酒饼种和40%~50%的水拌匀。再将其倒入木板上的方格中压成饼。然后用刀切成小方块在滚角筛中筛成圆形,放在竹匾中置于曲室中的竹(木)架上培养。曲室的温度保持在25~30 ℃,经48~50 h,取出晒干,即制得酒饼种。

(2)酒饼制造的操作要点

①原料处理。米浸泡3~4 h后冲洗、沥干,置甑中蒸熟;黄豆加水蒸熟,取出后与米饭混合,冷却备用;其他原料处理参见酒饼种。

②制坯与接种。将冷却后的米饭和黄豆置于拌料盆中,加入饼叶粉、饼种粉混合后搓揉均匀。然后倒入成型盒中踏实,用刀切成四方形的曲块,再在竹筛中筛圆,置于曲室培养。

③培养。培养室的温度保持在25~30 ℃,在培养期间应注意品温变化,并加以控制,经6~8 d即可成熟,然后置于太阳底下晒干备用。

3)根霉曲的生产工艺操作要点

根霉曲是采用纯培养技术,将根霉与酵母在麸皮上分开培养后再混合配制而成的,具有较强的糖化发酵力,适合各种淀粉质原料小曲酿酒工艺使用。根霉常用的菌株有永川YC5-5号、贵州Q303号、AS3.851、AS3.866等,酵母菌常用AS2.109号。

(1)润料

加水60%~80%,充分拌匀,打散。

(2)蒸料

打开甑内蒸汽,将润料后的麸皮轻、匀撒入甑内,加盖圆汽后,常压蒸1.5~2 h。

（3）接种

冬季曲料冷却至35～37℃，夏季为室温时接种。接种量0.3%～0.5%（夏少冬多）。接种时，先将曲种搓碎混入部分曲料拌和均匀，再撒布于整个曲料中充分拌匀后装入曲盒。

（4）培养

曲室温度为25～30℃。用调整曲盒排列方式，如柱形、X形、品字形、十字形等来调节品温和湿度，使根霉在30～37℃的范围生长繁殖。

（5）烘干

一般分为前期和后期两个阶段。以进烘房至24 h左右为前期，烘干温度在35～40℃。24 h至烘干为后期，烘干温度为40～45℃。

（6）粉碎

将根霉曲粉碎使根霉孢子囊破碎释放出来，以提高使用效能。常用设备有中、小型面粉粉碎机、药物粉碎机、电磨、石磨等。

（7）固体酵母

麸皮加60%～80%的水润料后上甑，常压蒸1.5～2 h，冷却至接种温度后，接入原料量2%的用糖液培养24 h的酵母液，混匀后装在曲盒中，控制品温28～32℃，培养24～30 h。

（8）根霉散曲

将一定量的固体酵母加到根霉曲粉中混合均匀，用塑料袋密封备用。固体酵母的加量通常为根霉曲的2%～6%。成品根霉散曲颜色近似麦麸色，且均匀无杂色，具有根霉曲特有的曲香，无霉杂气味。

[理论链接]

1.3.5 小曲的特点及种类

1）小曲的特点

①采用自然培菌或纯种培养。

②用米粉、米糠及少量中草药为原料。

③制曲周期短，一般为7～15 d；制曲温度比大曲低，一般为25～30℃。

④曲块外形尺寸比大曲小，有圆球形、圆饼形、长方形或正方形。

⑤品种多。根据原料、产地、用途等可将小曲分为很多品种。

2）小曲的种类

按添加中草药与否可分为药小曲和无药小曲，药小曲按添加中草药的种类可分为单一药小曲和多药小曲；按制曲原料可分为粮曲与糠曲，粮曲是全部为大米粉，糠曲是全部为米糠或多量米糠、少量米粉；按形状可分为酒曲丸、酒曲饼及散曲；按用途可分为甜酒曲与白酒曲。

1.3.6 制造药小曲添加中草药的作用

①提供微生物生长所必需的维生素和其他生长因素。

②抑制或杀灭有害的微生物,特别是有害细菌。

③利用中草药中的芳香、辛辣成分,赋予小曲独特的香气。

④疏松曲坯,利于微生物的培养。

[知识拓展]

1.3.7　小曲中的微生物及其酶系

小曲中的主要微生物由于培养方式不同而异。纯种培养制成的小曲中主要是根霉和纯种酵母;自然培养制成的小曲中主要有霉菌、酵母菌和细菌3大类。据有关资料介绍,桂林三花酒小曲中主要有拟内孢霉、根霉、酵母和乳酸菌。绍兴酒药的主要微生物有细菌、犁头霉、根霉、红曲霉、念珠霉属、毛霉和少量酵母。

小曲中的霉菌一般有根霉、毛霉、黄曲霉和黑曲霉等,其中主要是根霉。小曲中常见的根霉有河内根霉、米根霉、爪哇根霉、白曲根霉、中国根霉和黑根霉等。

1)小曲中的酵母和细菌

传统小曲(自然培养)中含有的酵母种类很多,有酒精酵母、假丝酵母、产香酵母和耐较高温酵母。它们与霉菌、细菌一起共同作用,赋予传统小曲白酒特殊的风味。

传统小曲中也含有大量的细菌,主要是醋酸菌、丁酸菌及乳酸菌等。在小曲白酒生产中,只要工艺操作良好,这些细菌不但不会影响成品酒的产量和质量,反而会增加酒的香味物质。但是若工艺操作不当(如温度过高),就会使出酒率降低。

2)小曲中酶系的特征

小曲中的霉菌主要是根霉,根霉中既含有丰富的淀粉酶,又含有酒化酶,具有糖化和发酵的双重作用,这就是根霉酶系的特征,也可以说是小曲中酶系的特征。根霉中的淀粉酶一般包括液化型淀粉酶和糖化型淀粉酶,两者的比例约为1:3.3,而米曲霉中约为1:1,黑曲霉中约为1:2.8,因此,小曲的根霉中糖化型淀粉酶特别丰富。根霉还具有一定的酒化酶能边糖化边发酵,这一特性也是其他霉菌所没有的。由于根霉具有一定的酒化酶,可使小曲酒生产中的整个发酵过程自始至终地边糖化边发酵,所以发酵作用较彻底,淀粉出酒率高。

有些根霉(如河内根霉和中国根霉)还具有产生乳酸等有机酸的酶系,这与构成小曲酒主体香物质的乳酸乙酯有重要的关系。因此,根霉中的酶系对提高小曲酒的淀粉出酒率和小曲酒质量有着重要的作用。

任务 1.4　小曲白酒的生产

[任务要求]

掌握小曲酒生产技术,了解小曲酒生产特点、类型及影响小曲酒质量和出酒率的因素。

[技能训练]

1.4.1　原料准备

大米、高粱、玉米、稻谷、小麦、薯类等。

1.4.2　器材准备

甑、缸、埕、松饭机、压滤机、摊晾设备、蒸馏设备等。

1.4.3　工艺流程

1)固态法小曲酒发酵工艺流程

加曲

原料→浸泡→初蒸→焖粮→复蒸→出甑摊晾→装箱配菌→配糟→装桶发酵→蒸馏→酒

摊晾←————扔糟

2)半固态法小曲酒发酵工艺流程

(1)先培菌糖化后发酵工艺流程

　　　加曲　　　　　　药小曲粉

大米→浇淋→蒸饭→摊晾→拌料→下缸→发酵→蒸馏→陈酿→成品

(2)边糖化边发酵工艺流程

　　　水　　　　　　酒曲饼粉

大米→蒸饭→摊晾→拌料→入埕发酵→蒸馏→肉埕陈酿→沉淀→压滤→包装→成品

1.4.4　操作要点

1)固态法小曲酒发酵工艺操作要点

(1)泡粮

预先洗净泡池,再将整粒粮食称量倒入,堵塞池底放水管,放入90 ℃以上热水泡粮。一般夏秋泡5~6 h,春冬泡7~8 h,粮食泡好后即可放水。泡粮时,热水要淹过粮面30~50 cm,泡粮水温上下要求一致。粮食吸水要均匀,放水后让其滴干,次日早上以冷水浸透,除去酸水,滴干后即可装甑。浸泡后粮食含水量要求为47%~50%。

(2)初蒸(又名干蒸)

先将甑箅铺好,以少许稻壳堵住空隙,再撮入已泡好的粮食。装甑要求轻倒匀撒以利穿汽,装完后扒平安,上围边上盖,开大汽进行蒸料,一般干蒸2~2.5 h。

（3）煮粮焖水

干蒸完毕去盖，由甑底加入 40~60 ℃ 的烤酒冷却水，水量淹过其面 30~50 cm。先以小汽把水加热至水呈微沸腾状，待玉米有 95% 以上裂口手捏内层已全部透心后，即可把水放出。待其滴干后将甑内表面粮食扒平，装入 2.5~3 cm 厚的稻壳，以防倒汗水回滴在粮面上引起大开花，同时除去稻壳的邪杂味，有利于提高酒质。煮焖粮时，上下要适当地搅动，禁忌大汽大火，防止淀粉流失过多影响出酒率。冷天粮食宜稍软，热天宜稍硬，透心不黏手。

（4）复蒸

粮食煮好之后稍停几小时再装围边上盖，开小汽把料蒸穿汽再开大汽，最后快出甑时用大汽蒸排水。蒸料时间一般为 3~4 h，蒸好的粮食手捏柔熟起沙不黏手，含水约 69%。蒸料时防止小汽长蒸，否则粮食外皮黏，含水过量，影响培菌与糖化。

（5）出甑、摊晾、下曲

熟粮出甑于凉席上摊晾下曲。第一次下曲温度：春冬季为 38~40 ℃；夏秋季为 27~28 ℃。第二次下曲温度：春冬季为 34~35 ℃；夏秋季为 25~26 ℃。使用纯种根霉曲，用曲量：春冬季为 0.35%~0.4%，夏秋季为 0.3%~0.33%。培菌糖化要求见表 1.3。

表 1.3　培菌糖化的工艺要求

项目	春冬季	夏秋季
培菌箱温度/℃	30~32	25~26
培菌糖化全期/h	24	22~24
出箱温度/℃	38~39	34~35
出箱老嫩质量	香甜、颗粒清糊	微甜、微酸
配糟比例	1:3~1:3.5	1:4~1:4.5

（6）发酵

熟粮经培菌糖化后即可吹冷配糟。入池（桶）以前池底要扫净，下铺 17~20 cm 厚的底糟并扒平，再将培菌醅子撮入池内上部拍紧，夏秋可适当的踩紧，盖上盖糟，以塑料布盖之，四周以稻壳封边，或用席和泥封之，发酵 7 d 即蒸酒。发酵工艺条件见表 1.4。

表 1.4　发酵温度与时间要求

项目	春冬季	夏秋季
入桶温度/℃	30~32	25~26
发酵最高温度/℃	38	36
发酵全期/d	7	7

发酵分水桶和旱桶两种方法。水桶一般配糟比较少，发酵温度到 38~39 ℃ 洒水，冲淡降温，是代替配糟的方法之一。旱桶配糟用量大，代替了洒水的作用。

（7）蒸馏

蒸馏前发酵醅要滴干黄水，再将醅子拌入一定量的稻壳，边穿汽边装甑，再将黄水从甑边倒入，装完上气后即上盖蒸馏。蒸馏时先小汽再中汽后大汽追尾，接至所需酒度再接尾酒，尾酒可下次再蒸馏。盖糟及底槽蒸馏后即丢糟，其余发酵醅蒸馏后作配糟用。

2）半固态法小曲酒发酵工艺操作要点

（1）先培菌糖化后发酵工艺

先培菌糖化后发酵工艺是半固态发酵法生产小曲白酒的典型工艺。以广西桂林三花酒的生产为代表，它的特点是前期固态培菌糖化，后期为半固态发酵，再经蒸馏而得到产品。桂林三花酒属于小曲米香型白酒。

①原料要求。大米淀粉71%～73%，碎米淀粉71%～72%，水分<14%，生产用水总硬度>2.5 mmol/L，pH7.4。

②浇淋或浸泡。原料大米用热水浇淋或用50～60 ℃温水浸泡约1 h，使大米吸水。

③蒸饭。将浇淋过的大米倒入甑内加盖蒸煮圆汽后蒸20 min，将饭粒搅松扒平加盖圆汽蒸20 min，再搅拌并泼入大米量的60%的热水加盖蒸15～20 min。饭熟后，再泼入大米量40%的热水，并搅松饭粒蒸饭至熟透。此时，饭粒饱满含水62%～63%。

④拌料加曲。出饭倒入拌料机中，将饭团搅散扬冷至品温32～37 ℃，加入原料量0.8%～1.0%的小曲粉拌匀。

⑤下缸糖化。拌匀的饭料立即入饭缸。每缸15～20 kg大米饭，饭层厚度10～30 cm，中央挖一空洞，以便培菌糖化时有足够的空气。待品温降至30～34 ℃时将缸口盖严，20～22 h品温升至37～39 ℃为宜，如果升温过高，可采取倒缸或其他降温措施加以调节。培菌糖化期间应根据气温做好保温和降温工作，使最高品温不超过42 ℃。糖化总时间为20～24 h，糖化率达到80%～90%即可。

⑥入缸发酵。糖化后加入原料量120%～125%的水拌匀，拌水后品温控制在34～37 ℃，夏天低冬天高。加水后醅料含糖量应在9%～10%，总酸<0.7，酒精含量为2%～3%。将加水拌匀的醅料转入发酵缸发酵6～7 d，发酵期间要注意调节温度。发酵成熟酒醅残糖接近于零，酒度为11%～12%，总酸为0.8～1.2。

⑦蒸馏。传统方法用土灶、蒸馏锅直火蒸馏，目前采用立式蒸馏釜间接蒸汽蒸馏，蒸馏釜用不锈钢制成体积为6 m³。间歇蒸馏掐头去尾，酒尾转入下一锅蒸馏。间接蒸气加热，蒸馏初期压力0.4 MPa，流酒时压力为0.05～0.15 MPa，流酒温度30 ℃以下，酒头取量5～10 kg，发现流出黄色或焦味的酒液时即停止接酒。

⑧成品酒。陈酿蒸馏出来的酒外观和化验指标合格后入库，陈酿半年至一年半以上，再进行检查化验、勾兑、装瓶，即得成品酒。

（2）边糖化边发酵工艺

边糖化边发酵的半固态发酵法小曲酒的生产，是我国南方各省酿制米酒和豉味玉冰烧酒的传统工艺。其工艺操作如下：

①蒸饭。在水泥锅中加入110～115 kg清水，通蒸汽加热煮沸后，倒入淀粉含量75%以

上的大米 100 kg,加盖煮沸后翻拌并关蒸汽,待米饭吸水饱满后开小量蒸汽焖 20 min,即可出饭。蒸饭要求熟透、疏松、无白心。

②摊晾。出饭进入松饭机打散,摊在饭床上或传送带鼓风冷却,降低品温。要求夏天降到 35 ℃以下,冬天降到 40 ℃左右。

③拌料。加入原料大米量的 18% ~ 22% 的曲饼粉,拌匀。

④入埕发酵。每埕装清水 6.5 ~ 7 kg,大米饭 5 kg,封闭埕口后入房发酵。室温控制在 26 ~ 36 ℃,发酵前 3 d,品温控制在 36 ℃以下,发酵时间夏季为 15 d,冬季为 20 d。

⑤蒸馏。用蒸馏甑蒸馏,每甑装大米饭 250 kg。蒸馏时掐头去尾,保证初馏酒醇和。

⑥肉埕陈酿。每埕装初馏酒 20 kg,肥猪肉 2 kg,浸泡 3 个月,使脂肪缓慢溶解吸附杂质发生酯化反应,提高酒的老熟程度使酒香醇可口具有独特的豉味。

⑦压滤包装。陈酿结束倒入大池或大缸中(肥猪肉留在埕中,再次使用),自然沉淀 20 d 以上,待酒澄清,取清酒经勾兑鉴定合格后,除去池面油质及池底沉淀物,泵送到压滤机压滤,滤液包装得到成品。

[理论链接]

1.4.5 小曲酒生产的主要特点

小曲酒以小曲为糖化发酵剂酿造而成,具有酒质柔和、质地纯净的特点。小曲酒生产具有以下特点:

①适用的原料范围广,大米、高粱、玉米、稻谷、小麦、青稞、薯类等原料都能用来酿酒,有利于当地粮食资源的深度加工;

②以小曲为糖化发酵剂,用曲量少,一般为原料的 0.3% ~ 1%;

③发酵期短,出酒率高,原料出酒率可达 60% ~ 68%;

④生产操作简便,原料可不用粉碎,适于中小酒厂生产;

⑤可固态糖化发酵,也可半固态糖化发酵;

⑥小曲酒生产所需气温较高,所以在我国南方和西南地区较为普遍,又因为酒的价格便宜,深受消费者欢迎。

1.4.6 小曲酒的生产类型

1)固态法小曲酒生产工艺

在川、黔、滇、鄂等省使用普遍,以高粱、玉米、小麦等为原料,经箱式固态培菌、配醅发酵、固态蒸馏而成小曲酒。

2)半固态法小曲酒生产工艺

在桂、粤、闽等省使用较为普遍,以大米为原料,采用小曲固态培菌糖化、半固态发酵、液态蒸馏而成小曲酒。

根据酒的香型分,小曲酒有清香型(四川小曲酒)、药香型(贵州的董酒)、米香型(广西桂

林的三花酒)、豉香型(广东的豆豉玉冰烧酒)等。

[知识拓展]

1.4.7　小曲酒的蒸馏操作

①进醪前,先检查蒸气管路、水泵、阀门等是否正常。关闭排槽阀门,开启进醪阀门。

②用泵打入蒸馏锅中的成熟酒醪占锅体容积的70%左右,以便于加热蒸馏时醪液对流,避免溢醪。

③开蒸气进行蒸馏,初蒸时气压不得超过0.4 MPa,流酒时保持0.10~0.15 MPa。在流酒期间,不能开直接蒸气,只能开间接蒸气加热蒸馏。

④初馏酒,酒精浓度较高、香气大。摘酒头5~7 kg,单独入库储存作勾兑调香酒。之后一直蒸馏至所需酒精浓度,在所需酒精浓度之后的酒尾掺入下一锅发酵酒醪中再次蒸馏。

⑤蒸酒时,气压应保持均衡,切忌忽大忽小,流酒温度应在35 ℃以下。

⑥在酒尾接至含酒精2%后,即可出锅排槽。排槽前必须先开启锅上部的排气阀门,然后缓慢地开启排槽阀,以避免急速排槽使锅内外压力不平衡,导致锅内产生负压而吸扁过气筒和冷却器的现象。

⑦根据水质硬度和使用情况,应定期对冷凝器进行酸洗去除结垢,以提高冷凝效率和节约用水。

任务1.5　麸曲的制作

[任务要求]

了解麸曲生产工艺。

[技能训练]

1.5.1　原料准备

麸皮、曲霉菌、根霉菌等。

1.5.2　器材准备

试管、三角瓶、曲盘、曲盒、曲帘、曲室、通风池、灭菌设备、蒸料设备等。

1.5.3 工艺流程

原菌试管→斜面试管菌种→三角瓶扩大培养→曲种→机械通风制曲

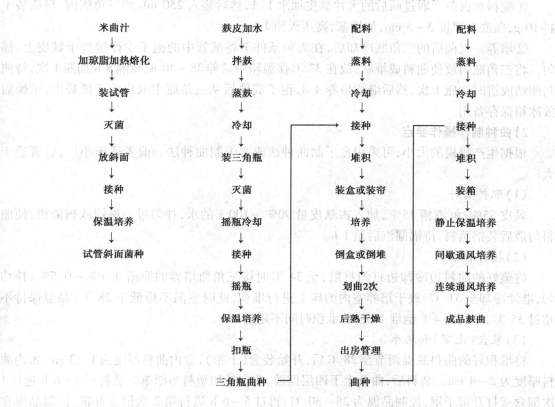

1.5.4 操作要点

1)种子培养操作要点

曲霉种子的培养分三代进行,即固体试管培养,原菌扩大培养,曲种培养。各代培养方法如下。

(1)试管培养

①米曲的培养。将洗净的大米在常温下浸泡 18 h,中间换水 2 次。将水滤去后,蒸米40 min,取出加 25% 的冷水并将米粒搓散再蒸 40 min,散冷后接入黄曲霉或米曲霉的三角瓶原菌,接种量为 0.25%。在 28 ~ 30 ℃保温箱中培养 30 h,待米粒变黄未生出孢子时取出干燥备用。

②米曲汁制备。按 1:4 的比例取米曲和水,于 60 ℃糖化 3 ~ 4 h。用碘检不呈蓝色后继续加热到 90 ℃,用白细布过滤备用。

③试管培养基的制备。取米曲汁 100 ~ 200 mL,加琼脂 1.5%,加热溶解后分装在 10 ~ 20支试管中,加棉塞,高压灭菌 30 min 后放置成斜面,待其凝固后于 32 ℃保温箱中培养干燥7 d,试管壁上无凝结水,培养基上无杂菌后即可应用。

④试管培养。在无菌条件下,向试管斜面培养基上接曲霉菌孢子少许,在32 ℃保温箱中培养6 d,待孢子成熟并检查无杂菌后,取出放在冰箱中备用。

(2)原菌培养(又称扩大培养)

①配料和灭菌。取过筛后的大片麸皮加水1:1,然后装入250 mL的三角瓶内,每瓶装干料10 g,瓶底料厚度3~5 cm,加棉塞,高压灭菌1 h。

②培养。灭菌后的三角瓶冷却后,在无菌条件下将试管中的孢子少许接种于麸皮上,摇匀。将三角瓶斜放使曲料成堆状,放在32 ℃保温箱中培养38~40 h,每隔8 h摇瓶1次,待曲料刚结成饼时扣瓶1次,然后继续培养4 d,孢子成熟后从三角瓶中取出放于纸袋中,干燥后放冰箱保存备用。

2)曲种制作操作要点

根据生产规模的大小,可采用盒子制曲种法或帘子制曲种法。前者适于小厂,后者适于大厂。

(1)配料蒸料

麸皮85%,鲜酒糟15%,加入占麸皮量90%~100%的水,拌匀过一遍筛或扬渣机,使曲料匀散后装锅蒸料,待锅圆汽后蒸1 h。

(2)接种和堆积

将蒸好的曲料边冷却边打匀打散,至34 ℃时接三角瓶培养的原菌0.4%~0.5%,拌均匀,继续冷却至31 ℃,放于培养室内的床上进行堆积,此时室温不得低于28 ℃,品温保持不超过35 ℃,中间隔4 h倒堆1次,总堆积时间不超过8 h。

(3)装盒(上帘)和培养

将堆积好的曲料品温调节至28 ℃后,开始装盒(上帘),盒内曲料厚度为1~3 cm,帘内曲料厚度为2~4 cm。装料后,曲盒上下四层摆放,曲帘外加塑料布棚罩。装料后5~6 h进行1次倒盒或打开帘子罩,控制品温为28~30 ℃,再过5~6 h进行第2次倒盒开帘,控制品温在32 ℃。在培养20~24 h时,进行1次划盒或划帘,保持品温32 ℃。再过12~20 h,曲料开始生孢子,这时应注意保潮及提高室温,保持品温32 ℃。曲料入房后55 h,开始改变颜色,可揭去盒盖或塑料罩,并开始排潮,然后提高室温在32 ℃以上,进行曲种的干燥,待干燥至水分为8%~10%,即可出房保管备用。

3)麸曲的制作要点

常用的制麸曲的方法有曲盘法(又称曲盒法)、帘子法及通风法3种。前两种方法适合规模小的企业,后一种方法适合生产量大的企业。

(1)曲盘法制曲

①曲盘制作。曲盘一般采用0.5 cm厚的椴木板制作,规格为45 cm×25 cm×6 cm,每个曲盘能生产成品曲0.8 kg左右。生产两种曲霉时,最好曲盘能分开使用。

②曲室要求。曲室面积以100 m² 左右为宜,每1 m² 投料量为6~8 kg。培养两种曲霉时最好用两个培养室。曲室四壁要平滑,天棚呈拱形,以免凝结水滴入曲内。每次作业前,曲室要彻底灭菌消毒。

③制曲配料。麸皮75%~85%,鲜酒糟以风干量计15%~25%,加水80%~85%。

④蒸料、散冷、接种。曲料在专用锅内圆汽后蒸1 h,然后出锅扬冷至38 ℃时进行接种,

接种量为 0.25% ~0.4%,拌匀降温到 32 ~34 ℃时入室堆积。

⑤堆积、装盒。品温保持在 32 ℃,堆积 6 ~8 h,中间翻拌 1 次,装盒前将曲料翻拌均匀。每盒装料厚度 2 cm,将装料的曲盒上擦,每擦不超过 10 盒为宜。最上曲盒用空盒或草帘盖上,然后放在木架上培养。

⑥倒盒、拉盒、划盒。装盒后品温为 30 ~31 ℃,室温控制在 28 ~30 ℃,经 3 ~4 h 后品温升至 34 ~35 ℃时倒盒 1 次。再经 3 ~4 h,品温升至 37 ℃时将盒拉开,摆成品字形,控制品温在 36 ℃左右。拉盒后,品温升得较快,过 3 ~4 h 后再倒盒 1 次。再过 3 ~4 h,待曲料连成片时进行 1 次划盒。划盒后品温猛升,此时应降低室温,控制品温不超过 39 ℃,以后每隔 3 ~4 h 倒盒 1 次,使品温保持在 39 ~40 ℃,直至从堆积算起 30 ~34 h,曲的糖化力最高时进行干燥或出曲。

(2)帘子法制曲

①帘子制作。一般都用塑料布做的帘和塑料布罩,即钢筋支架上铺上塑料布,罩上塑料布。支架高 1 m、宽 0.5 m、长 1.2 m,罩底的空间高度为 0.5 m 左右。塑料帘和罩每次用过后,都应彻底清洗消毒。

②配料、蒸煮、接种。帘子法制曲配料与盒子法基本相同。麸皮 75% ~85%,鲜糟 15% ~25%,曲料拌匀后常压蒸 1 h,然后散冷至 32 ℃,接入曲种 0.3% ~0.5%。

③堆积、装帘、培养。接种后的曲料入室堆积 8 h,中间倒堆 1 次,保持品温不超过 34 ℃。堆积结束后把品温调至 30 ℃左右开始装帘,帘内曲料厚度为 2 ~3 cm,装帘后 12 h 品温开始上升,但上升缓慢,此时应降低室温控制品温为 34 ℃,最高不超过 35 ℃。上帘后 20 h 左右菌丝长成时划帘。划帘后曲中水分降低品温下降,应适当提高室温,并进行揭罩排潮等工作。从堆积算起培养 35 h 左右即可出房。

(3)通风法制曲

①通风池。一般的容积为 10 m×12 m×0.5 m,装干曲料 800 kg,曲层厚度不超过 30 cm。

②配料、蒸料、接种。通风法制曲的配料为麸皮 80%,鲜糟 15%,稻壳 5%,水占麸皮量的 70% ~80%。将各种原料与水拌匀,用扬渣机打 1 遍后装锅,常压蒸 1 h,出锅扬冷到 33 ~34 ℃,接入曲种 0.3% ~0.5%,然后入房堆积。

③堆积、装池、培养。堆积的开始温度为 28 ~30 ℃,每隔 4 h 倒堆 1 次,总堆积时间为 8 ~12 h,终了时品温在 32 ~33 ℃。堆积后的曲料降温至 28 ~30 ℃时开始入池,曲料厚度为 25 ~30 cm。曲料入池后应提高室温,待品温升至 32 ℃时开始通风。以后就通过给风次数及风的温度来控制前期品温保持在 32 ℃。入池 10 ~17 h 后进入中期,此时应控制品温在 33 ~34 ℃,加强通风,掌握好风温。入池 20 h 左右进入后期,此时应提高室温,保持品温在 34 ~35 ℃,提高风压,排出曲料中的水分。整个培养时间为 33 ~35 h 即可出曲。

[理论链接]

1.5.5 麸曲菌种

1)曲霉菌

(1)黑曲霉 AS3.4309 菌种

该菌原名叫 UV-11,是中国科学院微生物研究所从土壤中分离出的一株黑曲霉,后经诱

变而培育成的一株高性能糖化菌。该菌酶系较纯,主要有糖化酶、α-淀粉酶、转苷酶,酸性蛋白酶含量很少。该菌含的糖化酶,适合的 pH 范围为 3 ~ 5.5,最适 pH4.5 左右,最适温度为 60 ℃,在 pH4.0、温度 50 ℃以下时比较稳定。采用该菌制曲酿酒,具有出酒高、用曲量少的优点。又由于该菌酶系纯,酶活力强,被广泛用来液体培养后制成酶制剂。

(2)黑曲霉变异菌种——河内白曲霉

该菌分泌 α-淀粉酶、葡萄淀粉酶、酸性蛋白酶及羟基肽酶等多种酶系,其中突出的特点是酸性蛋白酶分泌较多。该酶能分解蛋白质为 L-氨基酸,可供微生物直接利用。优质白酒的酿造离不开酸性蛋白酶,所以白曲被广泛用于优质白酒酿造。该菌还有产酸高、耐酸性强的优点。它的 pH 适应范围为 2.5 ~ 6.5。该菌制曲时,在 35 ℃培养 48 h 后曲子酸度最高可达 7.0。该菌还耐高温,有一定生淀粉分解能力的特点。通过多年实践总结,用河内白曲酿酒有如下优点:

①白曲生酸量大,对制曲、制酒过程中的杂菌起抑制作用。

②白曲酶活力高,耐酸性强,耐酒精能力强。在发酵过程中,各种酶的稳定性好,持续作用时间长。

③白曲酸性蛋白酶含量高,对白酒的香味成分生成及颗粒物质的溶解都能起到重要的作用。

④白曲从种子培养到制曲生长旺盛,杂菌不易侵入,而且操作容易,很少出现培养事故,因此很受酒厂欢迎。

2)根霉麸曲菌种

20 世纪 50 年代末,南方几个省份开始研制根霉麸曲,简称根霉曲。当时使用的菌种是从小曲中分离的,后来采用了中国科学院微生物研究所分离的 5 株优良根霉菌种,制成根霉曲向各酒厂推广。到了 20 世纪 90 年代,根霉曲的工艺较为完善,采用了麸皮为主要培养基原料,并且与酵母菌分开单独进行培养。在四川、贵州、湖南、广西壮族自治区,根霉曲基本上取代了传统小曲,有的地方酿制黄酒也采用根霉曲。

[知识拓展]

1.5.6　曲霉菌的培养条件

1)营养成分的要求

曲霉菌在生长过程中所需能量由碳水化合物分解而产生,故此培养基中必须有一定量的碳源。曲霉菌对碳源的选择顺序是:淀粉、麦芽糖、糊精、葡萄糖,以淀粉为最好,麸皮中足够的淀粉可供曲霉利用。曲霉的菌体及所含酶类是由蛋白质所组成,因此制曲时需要有足够的氮源。曲霉对碳源有很强的选择性,当培养基中含有硝酸钠、硫酸铵、蛋白胨 3 种氮源时,曲霉菌首先利用蛋白胨,再消化少量硫酸铵,根本不消化硝酸钠,但只有一种硝酸钠为氮源时,曲霉却利用得很好。实践证明,氮源的种类对曲霉糖化力的多少,也就是对其酶的生成有一定的支配作用,同时对其菌体生成量也有一定的支配作用。这两个作用并非是平行关系,因此有"外观好看的曲子,糖化力并非很高"的说法。曲霉培养时,还需少量无机盐类,主要有磷盐、镁盐、钙盐等。其中磷盐最重要,其含量多时菌体内酶活力强,含量少时则体外酶活力强。

2）制曲原料的配比

制曲的最好原料是麸皮。麸皮中含有丰富的淀粉、粗蛋白、灰分等营养成分,足以供制曲时所需求。为了废物利用降低成本,制曲时普遍应用加糟这项新技术。利用酒糟制曲有许多优点:一是能调节酸度,控制杂菌的生长;二是能提供蛋白质、核酸等有效成分,这些成分对菌体生长及酶的生成有一定的促进作用;三是节约曲粮,降低成本。

3）制曲对水分的要求

制曲过程中曲霉菌的生长与作用均受到水分的支配。微生物与水的关系,体现在水分含量、渗透压、水分活性 3 个指标上。制曲时水分的参与是通过配料加水、蒸料吸水及培养室湿度 3 个环节来完成的。在曲霉培养的不同阶段对水分有不同的要求,因此,加水量应根据季节的不同而调整。培养室湿度也应根据培养的不同阶段而作调整,要与曲池大小、曲层厚度及通风条件相适应。总之,要为曲霉菌在不同时期所需水分提供最佳的条件。

4）温度对制曲的影响

曲霉菌从孢子发芽到菌体生长及酶的生成,每个阶段都离不开适宜的温度。为此,在整个制曲过程中通过温度调节,保证曲的质量是最主要的工艺操作环节。其中的关键有两条:一是处理好品温与室温的关系,掌握住互相调节的时机;二是后期的培养温度要高于前期,这有利于酶的生成,提高曲的质量。

5）空气与 pH 对制曲的影响

曲霉菌是好气性微生物,不但生长繁殖需要足够的空气,而且酶的生成量也与空气供给量有关。制曲时空气的供给由两个环节完成:一是配料时添加稻壳与酒渣使曲料疏松,提高其空气含量;二是培养中通过通风与排潮两个途径来完成空气供给工作。掌握好通风时间、风量大小及排潮的时机是制曲时温度调节的主要手段。

6）培养时间对制曲的影响

曲霉培养的最终目的是使其生成最多的酶类。所以培养时间的确定是根据某一曲霉菌生成酶的高峰期而定的,不可过早出曲,否则曲的糖化力将受到很大影响。同时,制好的曲子要及时使用,不可放置时间过长,以防止糖化力的损失。

任务 1.6 麸曲白酒的生产

[任务要求]

掌握麸曲白酒的生产工艺,了解提高麸曲白酒质量、产量的方法。

[技能训练]

1.6.1 原料准备

高粱、玉米、薯干、稻壳、甜菜、椰枣等。

1.6.2 器材准备

甑、窖、推车、铁钎、粉碎机、蒸馏设备等。

1.6.3　工艺流程

1) 混蒸续渣法老五甑工艺流程(见图1.1)

2) 清蒸老五甑工艺流程(见图1.2)

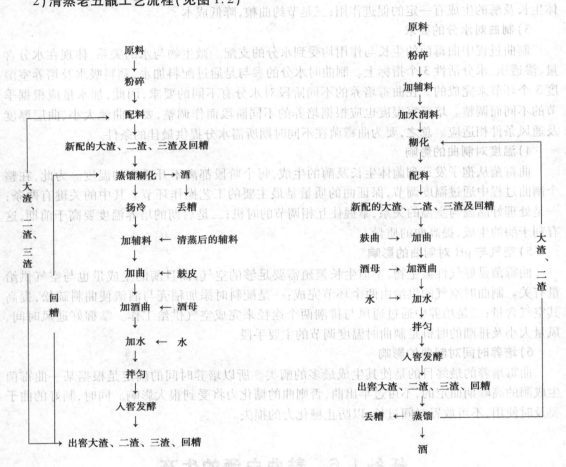

图 1.1　混蒸续渣法老五甑工艺流程图　　　　图 1.2　清蒸老五甑工艺流程图

3) 清蒸混入四大甑工艺流程(见图1.3)

4) 清蒸-排清工艺流程(见图1.4)

1.6.4　操作要点

1) 续渣法老五甑工艺

此工艺适用于含淀粉较高的高粱、玉米、薯干等原料酿酒。本工艺正常操作是窖内有大渣、二渣、三渣、回糟4甑酒醅。酒醅出窖后与新原料混合入甑蒸馏、糊化。新原料数量分配是大渣、二渣基本相同,约占原料总量的4/5,其余的1/5分配给三渣。回渣一般不配新料。具体操作如下:将出窖的二渣大部分酒醅配作这次的大渣;将余下的部分二渣酒醅与一部分大渣酒醅配成现在的二渣;将上次的1/4~1/3三渣酒醅混入这次三渣中,其余的三渣配作回糟;上次的回糟,蒸馏后作为丢糟。

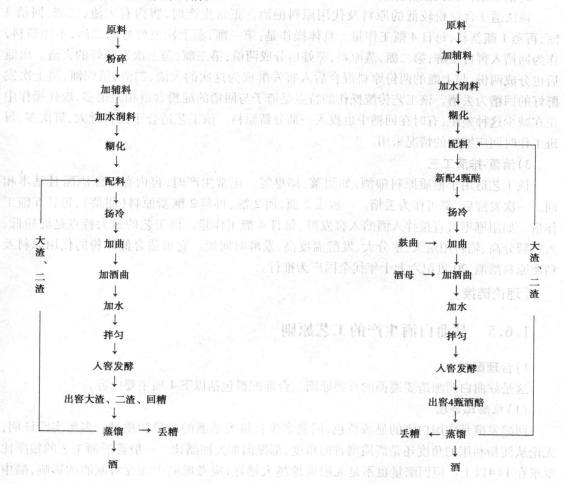

图 1.3　清蒸混入四大甑工艺流程图　　　　　图 1.4　清蒸-排清工艺流程图

老五甑工艺的特点是各甑入窖酒醅中含淀粉量不同。一般是大渣＞二渣＞三渣＞回糟,每甑相差幅度为 2% 左右。传统老五甑工艺的操作原则是"养渣挤回",解释为尽量保证渣子高淀粉、高质量,尽量把回糟中的淀粉吃干榨净。现代老五甑工艺已有些改进,即大、二、三渣的区别逐渐减小;回糟中有时也投入一部分细原料,以此来保证每甑酒醅出酒率的平衡。老五甑工艺是传统白酒酿造工艺的科学总结。它非常适用于含淀粉高的粮食作物酿酒,更适合原料粉碎较粗的条件。因此该工艺被广泛用于麸曲优质白酒的酿造。

老五甑工艺可分为混蒸与清蒸两种方式,并各具特点。混蒸老五甑的优点是:原料与酒醅同蒸,原料中的某些香味成分可带入酒中增加酒中的饭香,该工艺蒸馏与糊化同时进行,既节约蒸汽又便于排酸,有利于再发酵。对比之下,混蒸比清蒸原料、工人的劳动量有所减少,操作比较顺手,因此该工艺很受工人们的欢迎。清蒸老五甑即把原料清蒸后再分配给单独蒸馏的大渣、二渣、三渣蒸馏后当作回糟,回糟蒸馏后作为丢糟,每日仍是 5 甑工作量。该工艺的优点:原料清蒸,减少原料中的杂味带入酒中。所以该工艺非常适合原料质量差、霉烂变质的条件。另外,原料清蒸糊化彻底有助于提高出酒率。

2）清蒸混入四大甑操作法

该法适于含淀粉较低的原料及代用原料酿酒。正常生产时,窖内有大渣、二渣、回糟 3 甑,再蒸 1 甑新料,每日 4 甑工作量。具体操作是:第一甑,蒸上次发酵好的二渣,不加新料,作为回糟入窖再发酵;第二甑,蒸原料,蒸好后分成两份;第三甑,蒸上次发酵好的大渣。出甑后也分成两份,与上甑的两份原料混合后入窖发酵成为这次的大渣、二渣;第四甑,蒸上次发酵好的回糟为丢糟。该工艺传统操作的特点是渣子与回糟的淀粉含量相差很多,现代操作中正在减少这种差距,有时在回糟中也投入一部分新原料。该工艺适合于投料量大、班次多、每班工作时间应缩短的情况采用。

3）清蒸-排清工艺

该工艺适用于糖质原料酿酒,如甜菜、椰枣等。正常生产时,窖内有 4 甑酒醅且基本相同。一次发酵后,都可作为丢糟。一般丢 2 甑,回 2 甑,再蒸 2 甑新原料(甜菜),每日 6 甑工作量。如用椰枣可直接拌入酒醅入窖发酵,每日 4 甑工作量。该工艺的最大特点是淀粉低、入窖糖分高、辅料用量大、水分大、发酵温度高,发酵时间短。它很适合低淀粉的代用原料及糖质原料酿酒,20 世纪六七十年代全国广为推行。

[理论链接]

1.6.5 麸曲白酒生产的工艺原则

1）合理配料

这是麸曲白酒酿造要遵循的首要原则。合理配料包括以下 4 项主要内容。

（1）粮醅比合理

回醅发酵是中国白酒的显著特色,回醅多少直接关系酒的产量和质量。多年实践证明,无论从淀粉利用的角度还是酒质增香的角度,都提倡加大回醅比。一般普通酒工艺的粮醅比要求在 1:4 以上。但回醅量也不是无限度地越大越好,应考虑醅中酸度对制酒的影响,醅中妨碍发酵物质对制酒的影响。因此,不同香型酒工艺回醅量要不同,不同发酵期的酒工艺回醅量不同;不同发酵状况的酒醅回量不同。同时回醅量要与原料粉碎度、入窖水分、淀粉、酸度、温度等各项指标相协调,从产量和质量两大方面来综合考虑,最终确定合理的粮醅比。

（2）粮糠比合理

麸曲酿酒工艺方法不同粮糠比不同,原料不同粮糠比也不同,原料相同粉碎度不同粮糠比也不同。一般规律是:普通酒粮糠比较大,在 20% 以上;优质酒尽量少用糠,以 20% 以下为好。合理的粮糠比会产生以下的好效果:

①调节入窖淀粉浓度使发酵正常。

②调节酒醅中的酸度及空气含量,便于微生物的繁殖和酶的作用。

③增加界面面积便于酶与底物的接触。

④使酒醅疏松有骨力,便于糊化、散冷、发酵、蒸馏,提高得率。

（3）粮曲比合理

这一指标的重要性往往被忽视。有些酒厂的师傅,头脑里一直存在"多用曲,多出酒"的认识误区。实际上,用曲的多少主要依据是曲的糖化力和投入原料的量,经科学计算后稍高于理论数据即可。多用曲不但增加成本,更重要的是破坏了正常的发酵状态,反而会少出酒。同时用曲量多时,往往会给酒带来苦味。麸曲优质酒比不上同类的大曲酒,追求工艺上的原因,主要是发酵速度快。如果用曲量、用酵母量增大,会加快麸曲酒的发酵速度,从而严重影响酒的质量。因此,麸曲优质酒酿造,一定要控制好用曲量、酵母量这两个指标。

(4)加水量合理

水在酿酒工艺中,起调节酸度、调节淀粉浓度、调节发酵温度、传输微生物及其酶类等多方面的作用,可以说加水量的合理与否是酿造成功的关键因素之一。酿造中加水的途径有 3 个:一是润料,要求水温要高,水要加匀,并有一定的吸收时间;二是蒸料,要求蒸汽压足,时间要够;三是加量水,要加均匀,用量要准确。因每甑酒醅在窖内上下位置不同,加水量要有区别。一般每甑间,水分相差 1% 左右。

2)低温入窖

这条原则是指导白酒生产的重要工艺原则。它不仅适用于普通麸曲白酒生产工艺,也适应部分优质白酒的生产工艺。低温入窖不仅能提高酒的产量,还会提高酒的质量。其原因如下:低温入窖时各种酶的钝化速度减慢,使其作用于底物的时间延长,从而提高了分解率。低温条件下,酵母的繁殖作用不会受到大的影响,而杂菌(主要指细菌)的繁殖将受到抑制,使窖内酒醅发酵正常。试验表明酿酒微生物在低温缓慢发酵条件下,易生成多元醇类物质,增加酒的甜味。"冬季酒甜,夏季酒香"道理就在于此。

低温入窖的主要措施有:利用季节气温的差异。在气温低的季节多投料,多加班,提高产品的产量、质量,把停产检修安排在气温高的季节;利用日夜温差,把入窖时间,尽量安排在夜间,气温低的时候;利用冷水降温,利用室外冷空气降温,利用现代化的制冷设备降温,均可收到良好的效果;配料合理,酒醅疏松,也有利于降温。

3)升温发酵

发酵的主要标志之一就是温度的上升。它不仅是发酵的表面可见现象,也是发酵程度的标尺,是控制发酵主要工艺参数的准则。应从以下两个方面来科学地掌握好发酵升温这个主要工艺指标。

(1)创造最高的升温幅度

升温幅度是指发酵最高温度与入窖温度之差。这个值越大,证明发酵得越好产的酒越多。理论上的数值是消耗 1% 淀粉能升温 1.8 ℃。在窖内实际测量,普通 4 d 正常发酵的麸曲酒醅,每生成 1% 酒精,大约升温 2.5 ℃。换句话说,在这样的工艺中,如果升温幅度为 10 ℃,醅中的酒精含量在 4% 左右;如果是 15 ℃,醅中的酒精含量在 6% 左右。可见,从追求出酒率的角度考虑应尽力创造大的升温幅度。要达到这个目的应注意以下 5 个方面的影响:

①入窖淀粉浓度的影响。一般地说,相对高的淀粉浓度有利于升温幅度的增高。如清香型酒大渣,淀粉浓度高升温幅度就高。

②入窖温度的影响。这是一个起点,如果相对低一些升温幅度就会高一些,提倡低温入窖也有这方面因素的考虑。

③发酵期的影响。发酵期长可以考虑追求最大的升温幅度,发酵期短相对地追求最大升温幅度,普通酒 4 d 发酵,如能升温 15 ℃ 即可。

④窖的容积的影响。窖的容积大,产生的热量多,散失的热量相对少,所以升温幅度可相对高。

⑤窖的密闭程度和传热情况的影响。封闭好的窖子,如加泥封窖顶窖壁四周不透气会有助于升温幅度的提高。

⑥发酵设备的材质传热系数的大小,也会对升温幅度产生一定的影响。

(2)形成最佳的升温曲线

升温曲线是从入窖温度起到发酵最高温度,再降至发酵终了温度,整个周期由温度变化数值描绘出的一个曲线图。对于优质白酒发酵来说,它的温度变化要求是"前缓升、中挺、后缓落"。具体是指前期发酵升温要缓慢,中期发酵高温期要持久,后期发酵温度要缓慢回落。如果有这样的发酵温度曲线,就会收到以下3个方面的好效果:

①能提高发酵升温幅度,进而提高出酒率。

②能使发酵速度适宜,便于各种微生物的作用,增加酒的香味成分,提高酒质。

③使发酵正常,保持酒醅不酸、不黏,便于下排操作,使生产稳定。

控制"前缓升、中挺、后缓落"的措施:第一,要低温入窖。只有低温入窖,才会有前期发酵缓温,有了"前缓升",才会有"中挺"及"后缓落"。第二,要控制好入窖淀粉浓度及酸度。相对低的淀粉浓度及相对高的酸度,会使发酵速度变缓。第三,确定合理的发酵期。要想得到最佳的发酵温度曲线,必须把发酵变化与发酵期放在一起来研究。可以从两个方面去考虑:一是根据发酵温度变化来确定发酵期。如普通白酒以产量为主,整个发酵温度变化4 d就完成,那么确定4 d发酵就是合理的、科学的;二是根据发酵期来确定工艺参数,使窖内变化在整个发酵期间尽量理想化。如清香型优质酒,30 d发酵中如前期10 d达到最高温度,"中挺"为6~8 d,"后缓落"为6~8 d最为理想。

4)准、稳、细、净

"准、稳、细、净"这4个字是经过多次酿酒试点及多年生产实践证明了的行之有效的白酒工艺操作原则。无论是普通白酒工艺,还是优质白酒工艺都必须遵循这四字原则。这样才能保质保量地完成工作任务。

①"准"是指执行工艺操作规程要准确,化验分析数字要准确,掌握工艺条件变化情况要准确,各种原材料计量要准确。准确即有时间上的要求不可提前滞后,也有标准上的要求不可忽高忽低,还有对人的要求不可忽冷忽热。

②"稳"是指工艺条件应相对稳定,工艺操作要相对稳定。具体要做到:配料要稳定,入窖条件要稳定,工艺操作程序要稳定,窖内发酵温度变化曲线要稳定,酒的班产量要稳定,酒的质量要稳定。要达到上述要求,供应部门,采购原材料的质量要稳定;辅助车间,半成品的质量要稳定;后勤部门,水、电、气的供给要稳定等。

③"细"主要指细致操作。其中主要包括:原料粉碎细度合理,配料拌得匀细,装甑操作细致,发酵管理细心等。"细"字主要来自责任心,来自严要求。

④"净"主要指工艺过程要卫生干净。其目的就是防止杂菌感染,保证发酵正常。其要求是坚持经常性的卫生工作,要形成习惯。

[知识拓展]

1.6.6 麸曲酒与大曲酒的质量对比

自20世纪70年代以来,我国麸曲优质白酒有很大发展,清、酱、浓等很多香型白酒中均有麸曲优质白酒研制成功。90年代进入市场经济以来,某些香型的麸曲优质白酒的销售量日趋下降,市场占有率日趋减少。追其根本原因,就是某些香型的麸曲优质白酒的质量水平不高,其内在质量与同类大曲酒比有一定的差距。

1)感官指标上的差距

同香型的麸曲酒与其同类的大曲酒比,在感官上的差距表现在以下几个方面:香味淡薄、后味短、口味燥辣刺激感重、口味欠细腻、酒体欠丰满、部分酒杂味较重。

2)理化指标上的差距

从同属浓香型的麸曲与大曲两个省级优质酒对比分析可以看出:

(1)总酸

低麸曲酒的总酸一般比大曲酒低10 mg/100 mL以上。这是造成酒后味短的原因之一,也是造成酸与酯不平衡饮用后副作用大的原因。

(2)高级醇含量高

麸曲酒中的高级醇含量占香味成分总量的17%,而大曲酒只占11%～12%,两者相差约5%～6%。这是麸曲酒饮后上头,在市场上销售不畅的主要原因。仔细分析,两者在醇的比例上及醇含量的大小顺序上也有差别:

①对酒产生醇厚感的醇类,如正丁醇、仲丁醇、正己醇及2,3-丁二醇等,麸曲酒中的含量低于大曲酒8 mg/100 mL以上,所以造成了酒味淡薄。

②正丙醇、异丁醇、异丙醇、正戊醇等在酒中含量高、对酒质有损害的醇类,麸曲酒比大曲酒高出11 mg/100 mL之多。

③AB值差异很大。异丁醇与异戊醇的比值称为AB值。在名优酒中,AB值高的酒质量要好一些。麸曲酒的AB值为1:0.92,大曲酒的AB值为1:(2.6～2.9),两个比值相差1倍以上,这个差异表明了麸曲酒中微量成分量比关系的不平衡。

(3)醛类含量

醛高是造成麸曲酒燥辣的主要原因。高麸曲酒醛含量占香味成分总量的9.1%,大曲酒占6.7%,相差2.4%。其中乙醛含量,麸曲酒比大曲酒高出20 mg/100 mL以上。

1.6.7 形成麸曲酒质量缺陷的主要原因及其解决措施

1)先天不足

此缺陷主要是微生物的含量不足。麸曲中的微生物总量只是大曲的百分之几,而且以醋酸菌、乳酸菌居多。这是造成麸曲浓香型酒中乳酸及乳酸乙酯含量偏高,酒体不甘爽的主要原因。

2)后天失调

此缺陷主要是指发酵速度。麸曲酒的发酵速度比大曲酒快许多。一般大曲酒醅升至最

高温度要 10 d 以上,而麸曲酒只要 4~6 d,提前了 5~7 d。这一提前使发酵升温曲线变成宝塔形,底小顶尖,违背了名优白酒发酵"前缓升、中挺、后缓落"的温度变化规律。有的企业无视这种发酵工艺的失调现象,又一味地增加发酵期。在本来麸曲酒香味成分数量少的缺陷上雪上加霜,长期发酵又给酒带来更多杂味,这种香味成分既少又杂的酒,消费者肯定不欢迎。

  3)为提高某些麸曲优质酒在市场上的信誉,多年来一直在采取解决措施

  ①采用多菌种参与发酵。如清香型酒工艺上的多种曲霉菌的应用,浓香型酒工艺上多种生香酵母的应用,酱香型工艺上细菌曲的应用。这些措施均收到增加香味成分的效果。

  ②改变酒醅原料配比增加氮源。如在芝麻香型酒工艺中和酱香型酒工艺中,增加部分麸皮、小麦为原料,明显地提高了酒的质量。

  ③采用大曲、麸曲相结合的工艺路线。这条技术路线应用于清香、芝麻香、酱香型酒工艺中,均收到既保持出酒率高,又提高了酒质的双重效果。

• 项目小结 •

> 本项目主要介绍大曲制作、大曲白酒的生产工艺及操作要点;阐述了酒曲的分类、大曲及大曲白酒的生产类型、大曲及大曲白酒的特点、大曲白酒的蒸馏技术等相关知识;小曲白酒生产过程中小曲制作、小曲白酒的生产工艺及操作要点;阐述了小曲及小曲白酒的生产类型、小曲及小曲白酒的特点、小曲酒蒸馏技术等相关知识;麸曲、麸曲白酒生产工艺,麸曲白酒与大曲白酒质量的差异以及提高麸曲白酒质量的措施。

复习思考题

  1.大曲及大曲酒有哪些特点?

  2.高、中高、中温大曲的培养工艺有何不同?

  3.清香型大曲酒生产工艺有哪些特点?写出清香型大曲酒生产工艺流程图,并说出主要的工艺条件。

  4.浓香型大曲酒生产工艺有哪些特点及形式?写出两种形式的工艺流程图,并说出主要的工艺条件。

  5.什么是小曲酒?小曲及小曲酒有哪些特点及生产类型?

  6.简要阐述小曲酒蒸馏技术。

  7.半固态小曲酒生产有那些特点及工艺?

  8.固态小曲酒生产工艺及工艺流程图,并简要叙述其相关工艺条件。

  9.麸曲的制作有哪几种方式?

  10.简述麸曲白酒与大曲白酒的质量差别。

  11.麸曲白酒生产的工艺原则有哪些?生产过程中如何做到"准、稳、细、净"?

项目 2
啤酒生产技术

【项目导读】

➤啤酒是一种营养丰富的低酒度饮料酒,也是世界三大酿造酒之一。随着啤酒工业的迅猛发展,我国已成为世界第一大啤酒生产国。啤酒新技术、新设备已被广泛应用,并产生了众多的啤酒新品种和大品牌,整个行业发展日趋成熟。

【知识目标】

➤了解世界及中国的啤酒发展史;掌握啤酒的种类及其特点;

➤掌握啤酒酿造用原料、麦芽汁制备等相关知识;

➤掌握啤酒的酿造工艺技术;啤酒的后处理及其包装技术;

➤了解其他啤酒品种及世界著名的啤酒品种。

【能力目标】

➤能够熟练操作啤酒酿造的各项技能;

➤能够分析啤酒酿造过程的影响因素,并学会用本项目所学基本理论分析解决生产实践中的相关问题;学会分析产品生产中常见的问题。

任务2.1　啤酒酿造的原辅料和生产用水

[任务要求]

1.了解大麦的化学组成及其特性。

2.掌握啤酒花的化学组成及其功能特性。

3.熟悉酒花制品的分类及技术要求。

4.了解和掌握啤酒酿造用水的要求。

[理论链接]

2.1.1　啤酒酿造原料-大麦

自古以来,大麦就是酿造啤酒的主要原料。大麦适于酿造啤酒的主要原因有:大麦便于发芽,并产生大量的水解酶类;大麦种植面积广泛,遍及全球;大麦的化学成分适合酿造啤酒;大麦是非人类食用主粮。

大麦按大麦籽粒在麦穗上断面分配形态,可分为二棱大麦、四棱大麦和六棱大麦。按籽粒色泽分为白皮大麦、黄皮大麦和紫皮大麦。其中,二棱大麦是六棱大麦的变种,淀粉含量较高,蛋白质的含量相对较低,浸出物收得率高于六棱大麦。所以,啤酒酿造一般都用二棱大麦。

1)大麦的形态

大麦粒可粗略分为胚、胚乳及谷皮3大部分。

(1)胚

胚位于麦粒背部下端,占麦粒质量的2%～5%。它是大麦器官的原始体,根茎叶即由此生长发育而成。胚部含有相当多量的蔗糖、棉籽糖和脂肪,它们是麦粒发芽的原始营养。胚还是麦粒中有生命的部位,一旦胚被破坏,大麦即失去发芽能力。

(2)胚乳

胚乳是由许多胚乳细胞组成,这些胚乳细胞含有淀粉颗粒。胚乳占麦粒质量的80%～85%。在发芽过程中,胚乳成分不断地分解成小分子糖和氨基酸等,可提供营养,呼吸消耗并放出热量。胚乳部分适当分解的产物是酿造啤酒最主要的成分。

(3)谷皮

谷皮由腹部的内皮和背部外皮组成,二者都是一层细胞。外皮的延长部分为麦芒。谷皮占谷粒总质量的7%～13%。谷皮成分绝大部分为非水溶性物质,制麦过程基本无变化,其主要作用是保护胚,维持发芽初期谷粒的湿度。谷皮是麦汁过滤时良好的天然滤层,但谷皮中的硅化物、单宁等苦味物质对啤酒有某些不利影响。

2）大麦的化学成分

（1）淀粉

淀粉是大麦的主要储藏物,存于胚乳细胞壁内。啤酒大麦的浸出物为 72% ~80% ,其中淀粉含量为 58% ~65% 。大麦淀粉粒中一般含直链淀粉 17% ~24% ,支链淀粉 76% ~83% 。一般含直链淀粉高者为好,大颗粒淀粉容易糊化。

麦芽中的淀粉酶作用于直链淀粉,几乎全部转化为麦芽糖和葡萄糖,但作用于支链淀粉,除生成麦芽糖和葡萄糖外,还生成相当数量的糊精和异麦芽糖。

（2）蛋白质

大麦中蛋白质含量高低及其类型,直接影响制麦、麦芽质量、酿造工艺及啤酒质量。传统淡色啤酒使用的大麦,其蛋白质含量以 10% ~11.5% 为宜,既可为啤酒酵母繁殖提供充足的氮源,且啤酒泡沫较好,又有利于啤酒的非生物稳定性。

按大麦蛋白质在不同溶剂中的溶解度和沉淀性可分为以下 4 种：

①清蛋白:加热时,麦汁中含有的清蛋白从 52 ℃开始从溶液中凝固析出,煮沸时加快凝结析出。

②球蛋白:麦芽汁煮沸中不能全部沉淀除去,当 pH 和温度下降时会引起啤酒混浊。

③醇溶蛋白:糖化时分解不完全,是造成啤酒冷混浊和氧化混浊的主要成分。

④谷蛋白:谷蛋白和醇溶蛋白是构成麦糟蛋白质的主要成分。

（3）半纤维素和麦胶物质

半纤维素是胚乳细胞壁的组成部分,也存在于谷皮中。半纤维素溶于热水中的部分称为麦胶物质,一般为 40~80 ℃,温度越高,溶解度越大,呈胶体溶解,会造成麦芽汁黏度增大,麦芽汁过滤困难,其含量约为大麦干物质的 2% 。

（4）多酚类物质

多酚类物质主要存在于皮壳中,占大麦干重的 0.1% ~0.3% 。对啤酒质量危害最大的是花色素原及儿茶酸等。这些物质经聚合和氧化,具有单宁的性质,易和蛋白质通过共价-交联作用而沉淀析出。这有利于在麦汁制备、麦汁煮沸或发酵过程中将某些凝固性蛋白质沉淀而除去,并能提高啤酒稳定性。

（5）其他

大麦中还含有灰分、脂肪以及少量的磷酸盐、维生素等。

3）啤酒酿造用大麦的质量要求

（1）感观检验

①色泽:良好大麦有光泽,淡黄,不成熟大麦呈微绿色;受潮大麦发暗,胚部呈深褐色;受霉菌侵蚀的大麦则呈灰色或微蓝色。

②气味:良好大麦具新鲜稻草香味,受潮发霉的则有霉臭味。

③谷皮:优良大麦皮薄,有细密纹道;厚皮大麦则纹道粗糙。

④麦粒形态:麦粒以短胖者比瘦长者为佳,前者浸出物高,蛋白质低,发芽快。

⑤夹杂物:杂谷粒和砂土等应在 2% 以下。

（2）物理检验

①千粒质量：千粒质量（以绝干计）为 30～40 g。二棱大麦比六棱大麦重。千粒质量高，其浸出物相应也高。

②麦粒均匀度：按国际通用标准，麦粒腹径可分为 2.8 mm，2.5 mm，2.2 mm 三级。2.5 mm 以上麦粒占 85% 者属一级大麦，2.2～2.5 mm 者为二级大麦，2.2 mm 以下为次大麦，用作饲料。

③胚乳性质：胚乳断面可分为粉状、玻璃质和半玻璃质 3 种状态。优良大麦粉状粒应达80% 以上。

④发芽力：3 d 发芽率为 90% 以上，5 d 发芽率为 95% 以上。

（3）化学检验

①水分：原料大麦水分在 13% 以下，否则不易储存，易发生霉变，呼吸损失大。

②蛋白质：蛋白质含量一般为 9%～13%（以绝干计）。蛋白质含量高，制麦不易管理，易生成玻璃质，溶解差，浸出物相应偏低，成品啤酒易混浊。

③水敏感性：是指大麦吸收较多的水分后，抑制发芽的现象。一般为不大于 10% 或在10%～25%。

（4）酿造大麦的质量标准

酿造大麦的质量标准按照 GB/T 7416—2000 执行。

2.1.2　啤酒酿造辅料

在啤酒酿造的原辅料中，除了主要原料大麦芽以外，还有特种麦芽、小麦麦芽及辅助原料。辅助原料的选择可根据各地区的资源和价格，选用富含淀粉的谷类作物（如大麦、小麦、玉米、大米、高粱等）、糖类或糖浆等，但必须不含导致啤酒酿造过程困难的物质。

1）使用辅助原料的作用

①提高麦汁得率，降低啤酒生产成本。

②降低麦汁总氮，改善啤酒风味和提高啤酒的非生物稳定性。

③调整麦汁组分，提高啤酒某些特性。使用谷物类辅助原料（小麦、大米等），可增加啤酒中糖蛋白的含量，可提高啤酒泡持性。使用蔗糖和糖浆作辅料，可调节麦汁中可发酵性糖的比例，提高啤酒的发酵度，使酿制啤酒的色泽浅淡、口味爽快。

2）常用辅助原料的种类

国际上使用辅助原料的情况各不相同。我国的啤酒生产辅料大多数使用大米，使用量通常为原料的 20%～30%，有的厂使用量高达 40%～50%。国外大多采用玉米作辅料，使用前经过去胚。在产糖比较丰富的地区，还添加使用蔗糖、葡萄糖、转化糖和糖浆，使用量一般为原料的 10% 左右。

（1）大米

粳米含直链淀粉多，有 96.1% 的淀粉能被酶水解成可发酵性糖。糯米中支链淀粉含量较多，糊化时黏度大，可发酵性糖生成量较少。大米淀粉含量高于麦芽。蛋白质和脂肪含量较低。用大米代替部分麦芽,具有提高麦汁收得率,降低成本,改善啤酒的色泽和风味以及提高啤酒的非生物稳定性等特点。大米的用量为 8% ~45% ,一般为 20% ~30% 。在大米的用量比例较高的情况下,糖化麦汁中的可溶性氮和矿物质含量较少,发酵不够强烈。如果采用较高温度进行发酵,就会产生较多的发酵副产物(如高级醇、酯类等),对啤酒的香味和麦芽香不利。

（2）玉米

玉米作为啤酒辅料之一,其脂肪含量高,会影响啤酒的风味和泡沫。因此,使用玉米作啤酒辅料时,必须进行脱脂处理。国外根据玉米含脂肪的多少,将其分为 3 个等级,即含脂肪 0.5% 以下的玉米为优级,0.5% ~1.0% 的为良级,1.0% ~1.5% 的为合格,脂肪含量大于 5% 的玉米加工品不得用于酿造啤酒。

（3）小麦

利用小麦作辅料,麦汁总氮和氨基氮均比大米高,发酵快,但过滤和煮沸麦汁略混浊,需作进一步处理,如加丹宁酸沉淀等;它还含有较多的 α-淀粉酶和 β-淀粉酶,有利于快速糖化;而且糖蛋白含量高,酿造啤酒的泡持性好。

（4）糖浆

淀粉糖浆按淀粉转化程度可分为中转化糖浆(又称"标准"糖浆)、高转化糖浆、高麦芽糖浆及低聚糖浆等。目前,在我国工业上生产淀粉糖浆以中转化糖浆的产量最大。淀粉糖浆适宜用作啤酒辅料,而且在麦汁煮沸锅加入的是高转化糖浆和葡萄糖值应在 62 以上的高麦芽糖浆。高转化糖浆的成品浓度一般为 80% ~83% ,相对葡萄糖值一般在 60 ~70 。若采用酸、酶法转化,其麦芽糖比例高,更适合用作啤酒辅料。

2.1.3　啤酒花与酒花制品

1）啤酒花

啤酒花简称酒花(hops),又称蛇麻花、忽布花,为桑科葎草属多年生宿根、缠绕茎(蔓)植物。酒花系单被花,多雌雄异株。用于啤酒酿造者为成熟的雌花。

1079 年,德国人首先在酿制啤酒时添加了酒花,从而使啤酒具有了清爽的苦味和芬芳的香味。此后,酒花被誉为"啤酒的灵魂"。啤酒花球果,称为"啤酒花"或"酒花",是酿造啤酒时的重要添加物。酒花有 A 类优质香型酒花、B 类香型酒花(兼型)、C 类没有明显特征的酒花以及 D 类苦型酒花 4 个品种,目前主要发展对象为 A 和 D 两种类型的酒花。

（1）酒花添加的作用

在啤酒酿造中,酒花具有不可替代的作用,主要体现在以下几个方面:

①使啤酒具有清爽的芳香气、苦味和防腐力。酒花的芳香与麦芽的清香赋予啤酒含蓄的风味。由于酒花具有天然的防腐力,故啤酒无须添加防腐剂,也能增加生物稳定性。

②能提高啤酒泡沫起泡性和泡持性。啤酒泡沫是酒花中的异葎草酮和来自麦芽的起泡蛋白的复合体。优良的酒花和麦芽,能酿造出洁白、细腻、丰富且挂杯持久的啤酒泡沫。

③有利于麦汁的澄清。在麦汁煮沸过程中,由于酒花的添加,可加速麦汁中高分子蛋白的絮凝,从而起到澄清麦汁的作用,酿造出清纯的啤酒。

（2）酒花的主要化学成分

酒花的化学组成中，对啤酒酿造有特殊意义的三大成分为酒花油、酒花树脂和多酚物质。啤酒的酒花香气是由酒花油和苦味物质的挥发组分降解后共同形成的。

①酒花油：是酒花腺体的重要成分之一，提供啤酒以香气和香味，是啤酒重要的香气来源，且容易挥发，是啤酒开瓶闻香的主要成分。它的主要成分是单萜烯和倍半萜烯（碳氢化合物）等萜烯类化合物及少量醇、酯、酮等化合物。酒花精油在新鲜酒花中仅占 $0.4\% \sim 2.0\%$。

②酒花树脂：又称苦味物质，是提供啤酒苦味的重要成分。在酒花中主要指 α-酸、β-酸及其一系列氧化、聚合产物。α-酸是啤酒中苦味和防腐力的主要来源，β-酸则能赋予啤酒宝贵的柔和苦味。

③多酚物质：主要包括酚酸类化合物、黄酮醇类化合物、儿茶酸类化合物、花色素原和水解性单宁化合物等。酒花中多酚物质占总量的 $4\% \sim 8\%$。它们在啤酒酿造中的作用为：在麦汁煮沸时和蛋白质形成热凝固物；在麦汁冷却时形成冷凝固物；在后酵和贮酒直至灌瓶以后，缓慢和蛋白质结合，形成气雾浊及永久混浊物；在麦汁和啤酒中形成色泽物质和涩味。

（3）酒花的其他成分

酒花中还包含有水分、总树脂、挥发油、糖类、果胶、氨基酸、粗蛋白质、脂肪和蜡质、无机盐、纤维素和木质素等。

2）酒花制品

酒花采摘以后，为了储藏、使用的方便采取一定工艺进行加工，主要产品有以下几类：

①压缩啤酒花：将采摘的新鲜酒花球果经烘烤、回潮，垫以包装材料，打包成型制得的产品。

②颗粒啤酒花（按加工方法分为 45 型和 90 型）：90 型颗粒啤酒花是压缩啤酒花或颗粒啤酒花经二氧化碳萃取酒花中有效成分后制得的浸膏产品。45 型颗粒啤酒花是压缩啤酒花经粉碎、深冷、筛分、混合、压粒、包装后制得的直径为 $2 \sim 8$ mm，长约 15 mm 的短棒状颗粒产品。颗粒酒花是世界上使用最广泛的酒花形式。

③酒花浸膏：压缩啤酒花或颗粒啤酒花经有机溶剂或二氧化碳萃取酒花的有效物质，制成浓缩 $5 \sim 10$ 倍有效物质的浸膏，在煮沸或发酵储酒中使用。

2.1.4　啤酒酿造用水

啤酒生产用水主要包括加工用水、锅炉用水、洗涤及冷却用水。加工用水包括投料用水、洗糟用水、啤酒稀释用水等直接参与啤酒酿造，是啤酒的重要原料之一，关系啤酒的风味、质量以及消费者的健康，在习惯上称为酿造用水。

1）水源

大自然存在的天然水源分为：雨、雪；地表水、江、河、湖泊、浅井、水库水；地下水——深井水、泉水；冰水；海水。

按生产上选择的水源可分为：浅层地下水；深层地下水；城市自来水；湖泊水、水库水；河水。

我国工业界目前主要采用地表水及地下水为生产水源。

2)酿造用水的要求及处理

酿造用水大都直接参与工艺反应，又是啤酒的主要成分。在麦汁制备和发酵过程中，许多物理变化、酶反应、生化反应都直接与水质有关。因此，酿造用水的水质是决定啤酒质量的重要因素之一，其必须符合饮用水和啤酒酿造的要求。若水源水质不符合要求，可根据具体情况参照表2.1的方法进行水处理，使水质符合生产要求。

表2.1 酿造用水处理方法的选择

水质主要缺点	处理方法	选择意见
1. 单纯暂时硬度高（如暂时硬度为5°～8°）	1. 煮沸法 2. 加石膏改良法 3. 加酸或加石灰法	适用于小厂 水中$CaSO_4$低（永硬低） 中、小型工厂
2. 单纯暂时硬度太高（如暂时硬度为28°）	1. 加石灰法 2. 离子交换及电渗析法	中、小型工厂 电渗析法较离子交换法经济
3. 总含盐高（＞1 000 mg/L）或某些有害离子超过标准较多，总硬度太高	1. 离子交换法 2. 电渗析法 3. 反渗析法	处理后还需要加石膏调整 适用于大、中型工厂 适用于大型工厂
4. 单纯有机物多，耗氧量大	活性炭过滤	水质透明，无悬浮物，如水质不清需配合机械过滤或加石灰处理
5. 含细菌总数超过标准	1. 活性炭过滤 2. 臭氧、紫外线灭菌 3. 加氧	适用于酿造用水，啤酒稀释用水等，应经过脱氧方能供酿造使用

注：此表引自王文甫，《啤酒生产工艺》，中国轻工业出版社。

任务2.2 麦芽的制造

[任务要求]

1. 了解麦芽的制造原理，掌握麦芽制作工艺及要点。
2. 了解特种麦芽的制造方法。

[技能训练]

2.2.1 原料准备

原料大麦、水、石灰乳（或Na_2CO_3、$NaOH$）。

2.2.2 器材准备

粗选机、精选机、浸麦槽、干燥机、除根机等。

2.2.3 工艺流程

原料大麦→预处理(清洗、分级等)→浸麦→发芽→干燥→后处理→成品麦芽。

2.2.4 操作要点

1)原料大麦的后熟与储藏

收购的大麦称为原大麦。一般新收大麦的种皮透水性和透气性差,具有休眠性(自我保护作用),大麦的发芽率很低,经过后熟(度过休眠期),在外界温度、水分、氧气等的影响下,改变了种皮性能,才能正常发芽。休眠期的长短与大麦品种和生长、收获时的气候条件有关,在大麦成熟期间,气温越低,休眠期越长。大麦生长期间的授粉期,若常下雨,其休眠期也长。此外,不同的品种休眠期也不相同。一般后熟期为6~8周,在此期间,大麦将度过发芽休眠阶段,并降低水敏感性,提高吸水能力,达到应有的发芽率。储藏期间,为减少大麦的呼吸消耗,大麦的水分应控制在12.5%以下,温度在15℃以下。还应按时通风,防止虫、鼠害和霉变的危害等。

2)大麦的预处理

原大麦入厂后经过预处理,得到颗粒大小均匀一致的精选大麦。大麦的预处理主要包括大麦的清(粗)选、精选、分级和储存。

（1）大麦的粗选和精选

原大麦在收获时可能混有一定量的杂质,如石块、土粒、铁质杂质、杂谷、麦芒等,必须经过粗选除去这些杂质,再进行储存。如果原大麦杂质较少,比较干净,也可以不进行粗选就直接入仓储存。在制麦芽前再进行精选分级,把大小不同的麦粒分开,分别投料。

用于精选的设备称为精选机,也称杂谷分离机。在粗选或精选时,还要利用永久磁铁器或电磁除铁器除去铁质,用除芒机除去麦芒,大麦进入精选机前还要进行一次风力粗选,精选后立即进行分级。

（2）分级

分级是将麦粒按腹径大小的不同分为3个等级。因为麦粒大小之分实质上反映了麦粒的成熟度之差异,其化学组成、蛋白质含量都有一定差异,从而影响麦芽质量。

借助两层不同筛孔直径的振动筛将精选后的大麦分成三级,其标准见表2.2。

表2.2 大麦分级标准

分级标准	筛孔规格/mm	颗粒腹径/mm	用途
Ⅰ号大麦	25×2.5	>2.5	制麦
Ⅱ号大麦	25×2.2	2.2~2.5	制麦
Ⅲ号大麦	—	<2.2	饲料

Ⅰ号大麦和Ⅱ号大麦分开进行制麦,Ⅲ号大麦则作为饲料大麦处理。对于有些国产大麦颗粒较小,也可用2.0 mm的筛分离得到2.0~2.2 mm的大麦也可用于制麦。

精选后的净麦夹杂物不得超过0.15%;麦粒的整齐度,即腹径2.2 mm以上麦粒达93%以上;精选率一般为85%~95%。

3)浸麦

大麦经精选分级后,即可入浸麦槽浸麦。在浸麦中大麦吸收充足的水分,含水量(浸麦度)达43%~48%时,即可发芽。在浸麦过程中还可充分洗去大麦表面的尘埃、泥土和微生物。在浸麦水中适当添加石灰乳、Na_2CO_3、$NaOH$、KOH和甲醛等中任何一种化学药物,可以加速酚类等有害物质的浸出,促进发芽,有利于提高麦芽质量。

常用的浸麦设备有传统的柱体锥底浸麦槽和新型的平底浸麦槽两种,平底浸麦槽如图2.1所示。

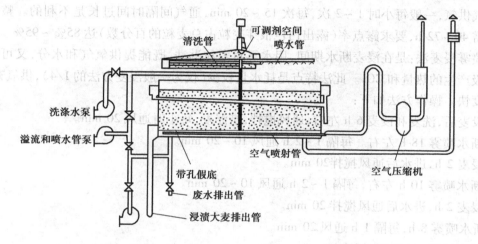

图2.1 平底浸麦槽

(1)浸麦要求及控制

①浸麦度:浸麦后湿大麦含水的百分率称为浸麦度。计算公式如下:

$$浸麦度 = \frac{(浸麦后质量 - 原大麦质量) + 原大麦水分}{浸麦后质量} \times 100\%$$

浸麦度的高低对大麦发芽、麦芽质量有重要影响,将直接影响酶的形成和积累、根芽和叶芽的生长、胚乳的分解以及物质的转化等。

浅色麦芽一般浸麦度为41%~44%,深色麦芽为45%~48%。但不同的制麦设备,不同的大麦品质,不同的生产季节,不同的麦芽类型对浸麦度的要求不同。如对于补水系统好的发芽设备、易溶解的大麦、色度要求低的麦芽、高温季节生产,则要求浸麦度低些,反之,则高。

②通风:大麦在浸麦过程中,随着浸麦度的增加,胚的呼吸作用加强,对氧的需求增加。因此,在浸麦过程中必须满足胚对氧的需求。一般情况下,浸麦水中的溶解氧在浸麦1 h内即可被消耗完,水温越高,耗氧速度越快,为保证溶解氧的供给,浸麦时应定期通风供氧。

供氧方式有:湿浸时通风,通入压缩空气。倒槽(泵):通过泵把湿麦粒从一个浸麦槽泵入另一个浸麦槽。空气休止时通风(或吸风)。喷淋:空气休止期间,通过喷头,使喷出的水粒呈

雾状,小水粒与氧充分接触再进入空水后的麦层,可把水雾中溶解的氧带给麦粒,同时又补充了水分,也可以排除麦层中的 CO_2 和热量。

③浸麦用添加剂:为了有效地浸出麦皮中的有害成分,缩短发芽周期,改善麦芽质量,洗麦时常添加一些化学药品,如石灰乳、NaOH、Na_2CO_3、甲醛、H_2O_2、赤霉素(GA_3)等。

(2)浸麦的方法

目前,常用的浸麦方法有间歇浸麦法和喷雾浸麦法等。传统的湿浸法几乎已经被淘汰。

①间歇浸麦法(断水浸麦法):是先将大麦上水浸泡一段时间,然后把水放掉,进行空气休止,并通风排 CO_2,一段时间后再放入新鲜水浸泡,如此反复,直至达到所要求的浸麦度。常用的有:浸4断4或浸4断6等。如浸2断6浸麦法,操作为浸水2 h,断水6 h,此后浸2断6交替进行,直至达到要求的浸麦度。浸麦中,应尽可能延长断水时间。断水进行空气休止并通风供氧,能促进水敏感性大麦的发芽,提高发芽率,并缩短发芽时间。在浸水时也需要定时通入空气供氧,一般每小时1~2次,每次15~20 min,通气间隔时间过长是不利的。整个浸麦时间需40~72 h,要求露点率(露出白色根芽麦粒占总麦粒的百分数)达85%~95%。

②喷雾浸麦法:是在浸麦断水期间,用水雾对麦粒淋洗,既能提供氧气和水分,又可带走麦粒呼吸产生的热量和 CO_2。此法特点是耗水量较少(仅为一般浸麦方法的1/4),供氧充足,发芽速度快。操作方法如下:

a. 投麦后,洗麦和浸麦6 h左右,通风搅拌,捞浮麦,每小时通风20 min。

b. 断水喷雾18 h左右。每隔1~2 h通风10~20 min。

c. 浸麦2 h,进水后通风搅拌20 min。

d. 断水喷雾10 h左右,每隔1~2 h通风10~20 min。

e. 浸麦2 h,进水后通风搅拌20 min。

f. 断水喷雾8 h,每隔1 h通风20 min。

g. 停止喷淋,空水2 h后出槽。

除此之外,生产中还有的采用温水浸麦法、重浸渍浸麦法和多次浸麦法等浸麦。

(3)浸麦后的质量检查

浸渍后大麦表面应洁净,不发黏,无霉味,无异味(如酸味、醇味、腐臭味),应有新鲜的黄瓜气味。用食指和拇指逐粒按动,应松软不硬;用手指捻碎,不能有硬粒、硬块;用手握紧湿大麦应有弹性感。

浸麦结束后,湿大麦露头率应达85%以上。

4)发芽

发芽是一个生理生化变化过程,通过发芽,可使麦粒生成大量的水解酶类,并使一部分非活化酶系得到活化,使酶的种类和活力都明显增加。随着酶系统的形成,麦粒的部分淀粉、蛋白质和半纤维素等大分子物质得到分解,使麦粒达到一定的溶解度,以满足糖化时的需要。

(1)发芽的方法

发芽方法可分为地板式发芽和通风式发芽两大类。传统的地板式发芽由于劳动强度大,占地面积大等原因,比较落后,已逐渐被通风式发芽所取代。通风式发芽是厚层发芽,通过不断向麦层送入一定温度的新鲜饱和的湿空气,使麦层降温,并保持麦粒应有的水分,同时将麦

层中的 CO_2 和热量排出。最常采用的萨拉丁箱(见图 2.2)式发芽法的具体操作如下：

将浸渍完毕的大麦带水送入发芽箱,铺平后开动翻麦机以排出麦层中的水。麦层的高度以 0.5 ~ 1.0 m 为宜。发芽温度控制在 13 ~ 17 ℃,一般前期应低一些,中期较高,后期又降低。翻麦有利于通气、调节麦层温湿度,使发芽均匀。一般在发芽的第 1 ~ 2 d 可每隔 8 ~ 12 h 时翻一次,第 3 ~ 5 d 为发芽旺盛期应每隔 6 ~ 8 h 翻一次,第 6 ~ 7 d 为 12 h 翻一次。通风对调节发芽的温度和湿度起主要的作用,一般发芽室的湿度应在 95% 以上,由于水分蒸发,应不断通入湿空气进行补充。又由于大麦呼吸产热而使麦层温度升高,所以应不断通入冷空气降温,必要时进行强通风。通风方式有间歇式和连续式两种,可根据工艺要求选用。直射强光会影响麦芽质量,一般认为蓝色光线有利于酶的形成。发芽周期为 6 ~ 7 d。

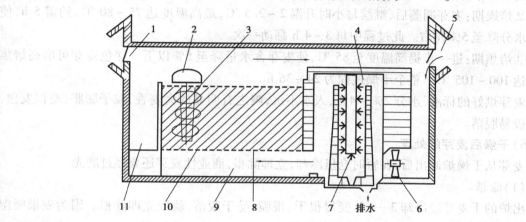

图 2.2 萨拉丁发芽箱示意图
1—排风;2—翻麦机;3—螺旋翼;4—喷雾室;5—进风;6—风机;7—喷嘴;
8—筛板;9—风道;10—麦层;11—走道

(2)发芽技术条件

在大麦发芽过程中要根据具体情况采用不同的发芽技术条件。从发芽温度看,低温发芽的温度控制为 12 ~ 16 ℃,它适合于浅色麦芽的制造;高温发芽温度控制为 18 ~ 22 ℃,适于制造深色麦芽;发芽水分一般应控制在 43% ~ 48%,制造深色麦芽,浸麦度宜提高到 45% ~ 48%,而制造浅色麦芽的浸麦度一般控制在 43% ~ 46%。发芽时一般要保持空气相对湿度在 95% 以上。另外,在发芽初期,充足的氧气有利于各种内酶的形成,此时 CO_2 不宜过高;而发芽后期,应增大麦层中 CO_2 的比例,通风式发芽麦层中的 CO_2 浓度很低,后期通风应补充以回风。发芽时间一般控制在 6 d 左右,深色麦芽为 8 d 左右。

5)绿麦芽干燥及后处理

发好芽未经干燥的麦芽称为新鲜麦芽(或鲜麦芽,习惯称为绿麦芽)。要求新鲜、松软、无霉烂;溶解(指麦粒中胚乳结构的化学和物理性质的变化)良好,手指搓捻呈粉状,发芽率为 95% 以上;叶芽长度为麦粒长度的 2/3 ~ 3/4。

(1)干燥目的

①除去麦芽多余的水分,便于保存。同时使麦根变脆,易于除去,避免麦根成分对啤酒质

量的影响。

②停止新鲜麦芽的生长,麦芽成分稳定。

③除去新鲜麦芽的生腥味,同时形成不同麦芽特有的色、香、味。

（2）麦芽的干燥技术

绿麦芽干燥过程可大体分为凋萎期、焙燥期、焙焦期3个阶段,这3个阶段控制的技术条件如下:

①凋萎期:一般从35~40℃起温,每小时升温2℃,最高温度达60~65℃,需时15~24 h。此期间要求风量大,每2~4 h翻麦一次。麦芽干燥程度为含水量10%以下。但必须注意的是麦芽水分还没降到10%以前,温度不得超过65℃。

②焙燥期:麦芽凋萎后,继续每小时升温2~2.5℃,最高温度达75~80℃,约需5 h,使麦芽水分降至5%左右。此过程中每3~4 h翻动一次。

③焙焦期:进一步提高温度至85℃,使麦芽含水量降至5%以下。深色麦芽可增高焙焦温度达100~105℃。整个干燥过程为24~36 h。

麦芽烘好的标准,水分2%~4%,入水不沉,嗅之有明显的大麦香,粒子膨胀,麦仁发白,麦根极易脱落。

6)干燥后麦芽的处理

麦芽从干燥炉卸出后,在暂时仓里冷却,立即除根,商业性麦芽还要经过磨光。

（1）除根

出炉的干麦芽经冷却3~4 h变得很干、很脆,易于脱落,就应立即除根。因为麦根吸湿快,有不良苦味会影响啤酒质量,应把其除尽。

麦芽除根机打板转子搅动麦粒,使麦粒与麦粒摩擦,麦粒和筛筒撞击摩擦,使干、脆的麦根脱落,穿过筛筒落于螺旋槽内排出。麦芽出口处吸风除去轻杂质,并使其冷却至室温,最好在20℃左右。

麦根呈淡褐色、松软,约占精选大麦质量的3.7%,麦根中碎麦粒和整粒麦芽含量不得超过0.5%。

（2）磨光

麦芽出厂前可进行磨光处理,以除去麦芽表面的水锈或灰尘使外表美观,麦芽在磨光前经过筛理除去大杂、小杂和轻杂。麦芽磨光损失占干麦芽质量的0.5%~1.5%。

（3）贮存

除根后的麦芽必须贮存回潮两周以上方可出库。一般干麦芽使用前必需贮存一个月,最长为半年。

贮存中要求麦芽除根冷却至室温以下进仓储存,以防麦温过高而发霉变质;按质量等级分别贮存;尽量避免空气和潮气渗入;应按时检查麦温和水分的变化;干麦芽贮存回潮水分为5%~7%,不宜超过9%;应具备防治虫害的措施;贮存期最长为半年。

[理论链接]

2.2.5　麦芽制造的原理及质量评价

1)麦芽制造的原理

将原料大麦加工成啤酒酿造用麦芽的过程称为麦芽的制造,简称制麦。

制麦即是将精选大麦经浸麦吸水、吸氧后,在适当条件下发芽产生多种水解酶类,并在这些酶的作用下使胚乳成分得到一定的分解,经过干燥除去多余水分和鲜麦芽的生腥味,同时产生特有的麦芽色香味,经过除根等处理满足啤酒酿造的需要。

麦芽的制造工艺对麦芽的种类、质量、成本都有很大的影响,掌握必要的生产技术是保证麦芽质量的基础和依据。麦芽制造已由啤酒企业的一个生产部分,发展为一个独立的麦芽制造行业。

2)麦芽质量的评价

麦芽质量的评价主要包括感官分析、物理分析、化学分析。

(1)感官分析

①夹杂物:除根彻底,无半粒、霉粒、杂草、石子等。

②色泽:淡黄色,具有光泽(浅色麦芽)。

③香味:与麦芽类型相符合,香味应纯净。深色麦芽香味要比浅色麦芽浓。

(2)物理分析

①千粒质量:麦芽溶解越好,千粒质量越低,制麦损失越大,风干麦芽为 28~38 g,绝干麦芽为 25~35 g。

②沉浮实验:是衡量麦芽溶解好坏的一项指标,与麦芽密度有关。麦芽溶解越好,相对密度越小,沉降麦粒就越少。参考指标如下:

<10%,很好;10%~25%,好;25%~50%,满意;>50%,不好。

③切断实验:取 200 粒麦芽,沿麦粒纵向切开,观察胚乳状态。按玻璃质粒含量评价如下:

<2.5%,很好;2.5%~5%,好;5%~7.5%,满意;>7.5%,不好。

④脆度值:脆度值能综合反映麦粒溶解状况。评价如下:

>81%,优;78%~81%,好;75%~78%,一般;<75%,差。

⑤平均叶芽长度:平均叶芽长度反映发芽的均匀程度。

浅色麦芽:0.7~0.8,3/4 者占 75%左右。

深色麦芽:0.8 以上,3/4~1 者占 75%左右。

⑥再发芽率:一般要求 <10%,超过 10%说明焙焦温度和时间不够。

(3)化学分析

①水分。刚出炉的浅色麦芽:3.5%~4.2%;刚出炉的深色麦芽:2.0%~2.8%。

②浸出率(绝干)。优质麦芽浸出率应为 78%~82%。浸出率低,说明糖化收得率低。

③糖化时间。采用标准协定法糖化时温度达到 70 ℃碘试颜色反应完全的时间。浅色麦

芽:正常值 10~15 min;深色麦芽:正常值 20~30 min。

④色度。浅色麦芽:正常值 2.5~4.5EBC;中等色度麦芽:正常值 5.0~8.0EBC;深色麦芽:正常值 9.5~15.0EBC。

⑤粗细粉差。反映麦芽的溶解程度,此值越小,说明浸出率越高,糖化速度越快,但过小又说明溶解过度。采用 EBC 粉碎机评价如下:

<1.5,优;1.5~1.8,好;1.9~2.4,一般;2.5~3.2,差;>3.2,特差。

此外,还包括黏度、蛋白质溶解度(库尔巴哈值)、α-氨基氮(mg/100 g 麦芽干物质)、糖与非糖比例、pH 以及糖化力等指标,均必须符合标准要求。

2.2.6　制麦损失

1)产生制麦损失的原因

制麦损失是指精选后的大麦经过浸麦、发芽、干燥、除根等过程后所造成的物质损失,其中对颗粒小于 2.2 mm(或 2.0 mm)的大麦不作为损失计算。

造成制麦损失的原因有:水分损失(大麦原水分为 13% 以下,干麦芽水分 1.5%~3.5%)、浸麦损失(麦粒成分溶出)、发芽损失(呼吸损失)、除根(去除麦根),一般浅色麦芽总损失率为 17.5%~25.8%,深色麦芽总损失率为 22.5%~29.5%。

2)降低制麦损失的措施

(1)采用重浸法

抑制根芽、叶芽生长,制麦损失为 5%~6.5%,如果多次采用 30~40 ℃ 的温水杀胚,则损失可降到 4.2%~5.5%。

(2)低温发芽或降温发芽

该方法可降低制麦损失 1%~1.5%,总损失高于重浸法。

(3)增大麦层 CO_2 的比例

发芽后期,增大麦层 CO_2 的比例,抑制麦粒呼吸。麦层空气中含 CO_2 约 1%,总损失降低 0.5%~1%;麦层空气中含 CO_2 达到 4%~8%,总损失降低 1%~1.5%。

(4)缩短发芽周期

生产短麦芽或尖麦芽(根芽刚刚露出白点或麦根比较短时就提前结束发芽),但这种麦芽酶活性低,胚乳溶解差,糖化时不能多加。

(5)其他

①添加赤霉素可加快发芽速度,缩短发芽周期,但呼吸损失会加大,如与抑制剂氨水、溴酸钾结合使用,效果更好。赤霉素与氨水结合使用,既可抑制根芽生长,又促进发芽的进行,总损失可降低 6% 左右。

②添加甲醛制造溶解不足的麦芽也能减低制麦损失。

③将擦破皮法与赤霉素法结合,并配合溴酸钾或稀硝酸、稀硫酸处理,可降低制麦损失 3%。

[知识拓展]

2.2.7 特种麦芽的生产技术

1)焦糖麦芽的生产技术

焦糖麦芽具有浓郁焦香味,色度为 50~400EBC。黄色至黄褐色,具有典型的令人愉快的焦香味。甜中微苦。焦糖麦芽的使用主要是为了改善啤酒口味的丰满性,突出麦芽香味。

其制备原则是将成品浅色干麦芽或半成品鲜麦芽在高水分下,经过 60~75 ℃的糖化处理,最后以 110~150 ℃高温焙焦,使糖类焦化。

制备方法:①将刚出炉除根麦芽在水中浸泡,使水分达到 40%~44%。②将浸泡好的麦芽沥干置于炒麦机内。③在 3 h 内于 60~75 ℃进行糖化。④再将温度升至 150~180 ℃,同时排除炒麦机内水蒸气。保温 1~2 h,形成焦香味物质。⑤从炒麦机取出冷却。

2)黑麦芽的生产技术

常用于生产浓色和黑色啤酒,色度为 800~1 200EBC。麦皮呈深褐色,胚乳呈褐色、黑褐色,具有浓的焦香味,微苦。可以增加啤酒的色度和焦香味。

制备方法:干麦芽在水中浸泡 6~10 h,沥干,放入炒麦机内,缓慢升温至 50~55 ℃,保持 30~60 min,然后升温至 65~68 ℃,保持 30 min 进行糖化并去除水分,再经 30 min 升温至 160~175 ℃,逐渐有白烟蒸发出来,再升温至 200~215 ℃,保持 30 min,闻到有浓的焦香味,再升温到 220~230 ℃,保持 10~20 min,出炉,冷却。

3)小麦麦芽的生产技术

小麦芽选择的小麦品种最好是白皮(或浅棕红皮)、软质、冬小麦,要求蛋白质含量在 14.5% 以下。制备方法如下:

①浸麦:小麦的浸麦方法与大麦相似,但湿浸的时间应缩短,一般情况下,38~55 h 内浸麦度就可以达到 43%~44%。要避免浸麦过度,否则会引起小麦厌氧呼吸、根芽叶芽生长不均匀。

②发芽:在发芽开始第 1~2 天,每天翻麦 2~3 次,发芽第 3~4 天,要减少翻麦次数,每隔 16~20 h 翻麦 1 次。发芽温度要低,可采取升温发芽工艺(12~18 ℃),也可采用降温发芽工艺(从 17~18 ℃降至 12~13 ℃)。发芽时间为 4~6 d。投料量要比大麦减少10%~20%。

③干燥:在凋萎阶段要小心进行,对于单层高效炉,初始温度应控制在 45~50 ℃,双层干燥炉为 35~40 ℃。注意凋萎结束温度不要高于 60 ℃,应避免过早升温,一般要在 4 h 内由 60 ℃升至焙焦温度 75 ℃,并在 75 ℃保持 2 h,然后升温至 80 ℃维持 2~3 h。

任务2.3 麦芽汁的制备

[任务要求]

1. 了解掌握麦芽汁制备的工艺流程及要点。
2. 掌握麦芽煮沸和酒花添加的作用和目的。

[技能训练]

2.3.1 原料准备

麦芽、大米(或玉米)、酒花。

2.3.2 器材准备

粉碎机、糊化锅、糖化锅、过滤槽、板式换热器、氧气罐。

2.3.3 工艺流程

麦芽 → 粉碎 → 麦芽粉 → 麦芽醪 ┐

大米(或玉米) → 粉碎 → 大米粉(或玉米粉) → 米粉醪 ┘
→ 糖化 → 过滤 → 煮沸

发酵 ← 冷麦汁 ← 薄板冷却 ← 回旋沉淀 ← 热麦汁

2.3.4 操作要点

1)原辅料粉碎

(1)粉碎的要求

麦芽的粉碎原则要求是:皮壳破而不碎,胚乳适当的细,并注意提高粗细粉粒的均匀性。因皮壳在麦汁过滤时作为自然滤层,应尽量保持完整。若粉碎过细,滤层压得太紧,会增加过滤阻力,使过滤困难。另外,皮壳中的有害物质如多酚、苦味物质等容易溶出,会加深啤酒色度使苦味粗糙。

辅料粉碎的要求:粉碎度越细越好,以有利于糊化和糖化,提高浸出物的收得率。

(2)麦芽粉碎的方法

麦芽粉碎一般分为4种,即干法粉碎、湿法粉碎、回潮粉碎和连续浸渍湿式粉碎。

①干法粉碎:麦芽的干法粉碎近代都采用辊式(滚筒式)粉碎机,有对辊、四辊、五辊和六辊之分,常用的是四、五、六辊式粉碎机。要求麦芽水分在6%~8%为宜,此时麦粒松脆,便于控制浸麦度,其缺点是粉尘较大,麦皮易碎,容易影响麦芽汁过滤和啤酒的口味和色泽。

②湿法粉碎:其操作过程为:浸渍→磨碎→匀浆→泵出。

将麦芽在预浸槽斗中用20~50℃的温水浸泡10~20 min,使麦芽含水量达25%~30%之后,再用湿式粉碎机带水粉碎,之后加入30~40℃的糖化水,匀浆,泵入糖化锅。

其优点是麦皮比较完整,过滤时间缩短,糖化效果好,麦芽汁清亮,对溶解不良的麦芽,可提高浸出率(1%~2%);缺点是动力消耗大,每吨麦芽粉碎的电耗比干法高20%~30%;另外,由于每次投料麦芽同时浸泡,而粉碎时间不一,使其溶解性产生差异,糖化也不均一。

③回潮粉碎:又称为增湿粉碎,具体操作是在很短时间里向麦芽通入蒸汽或一定温度的热水,使麦壳增湿,使麦皮有弹性而不破碎,粉碎时保持相对完整,有利于过滤。而胚乳水

分保持不变,利于粉碎。增湿时有蒸汽回潮和喷水回潮两种处理方式。

回潮粉碎的优点是麦皮破而不碎,可加快麦芽汁过滤速度,减少麦皮有害成分的浸出。蒸汽增湿时,应控制麦温在 50 ℃以下,以免破坏酶的活性。

④连续浸渍湿式粉碎:是 20 世纪 80 年代德国 Steinec-her 和 Happ-man 等公司推出的改进型湿式粉碎法。它改进了湿式粉碎的两个缺点,将湿法粉碎和回潮粉碎有机地结合起来。麦芽粉碎前是干的,然后在加料辊的作用下连续进入浸渍室,用温水浸渍 60 s,使麦芽水分达到 23% ~25% ,麦皮变得富有弹性,随即进入粉碎机,边喷水边粉碎,粉碎后落入调浆槽,加水调浆后泵入糖化锅。

(3)辅料粉碎

辅料粉碎一般采用三辊或四辊的二级粉碎机,也可采用磨盘式粉碎机或锤式粉碎机。

(4)粉碎设备

啤酒厂粉碎麦芽和大米大都是采用辊式粉碎机,常用的有对辊式、四辊式、五辊式和六辊式粉碎机等。辅料还可采用磨盘式磨米机,锤式粉碎机目前已很少使用。

对辊式粉碎机是最简单的粉碎机,制造简便、结构紧凑、运行平稳,但传动机构本身较复杂,造价较高,故未能得到广泛应用。通常适于中碎和细碎。以对辊式粉碎机为基础发展起来的四辊式、五辊式和六辊式等类型的粉碎机,粉碎性能有了极大的提高,如五辊式粉碎机(见图 2.3)前 3 个辊筒是光辊,组成两个磨碎单元;后两个辊筒是丝辊,单独成一磨碎单元。通过筛选装置的配合,可分离出细粉、细粒和皮壳。通过调节可以应用于各种麦芽的粉碎。

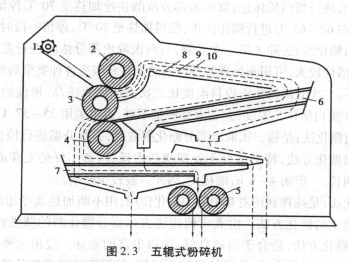

图 2.3　五辊式粉碎机

1—分配辊;2—预磨辊;3—预磨和麦皮辊;4—麦皮辊;5—粗粒辊;6—上振动筛组;
7—下振动筛组;8—带有粗粒的麦皮;9—粗粒;10—细粉

2)麦芽糖化

糖化是指利用麦芽本身所含的各种水解酶类(或外加酶制剂),在适宜的条件下,将麦芽和辅助原料中的不溶性高分子物质(如淀粉、蛋白质、半纤维素等)分解成可溶性的低分子物质(如糖类、糊精、氨基酸、肽类等)的过程。

（1）糖化方法

根据是否分出部分糖化醪进行蒸煮，可将糖化方法分为煮出糖化法和浸出糖化法；使用辅助原料，进行糖化时需先对添加的辅料进行预处理——糊化、液化，此时采用复式糖化法（或双醪糖化法）。我国啤酒生产大多数使用辅助原料，所以复式糖化法运用较多。糖化方法具体分类如图2.4所示。

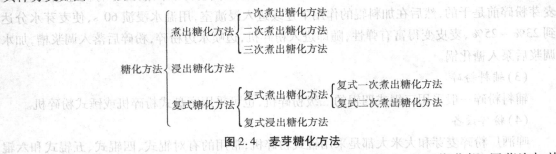

$$\text{糖化方法}\begin{cases}\text{煮出糖化方法}\begin{cases}\text{一次煮出糖化方法}\\\text{二次煮出糖化方法}\\\text{三次煮出糖化方法}\end{cases}\\\text{浸出糖化方法}\\\text{复式糖化方法}\begin{cases}\text{复式煮出糖化方法}\begin{cases}\text{复式一次煮出糖化方法}\\\text{复式二次煮出糖化方法}\end{cases}\\\text{复式浸出糖化方法}\end{cases}\end{cases}$$

图2.4 麦芽糖化方法

①煮出糖化法：是将糖化醪液的一部分，分批从糖化锅中取出，送至糊化锅，用蒸汽加热到沸点，然后再返回糖化锅与其余未煮沸的醪液混合，使全部醪液温度分阶段地升高到不同酶分解底物所要求的温度，最后达到糖化终了温度。根据部分醪液煮沸的次数，分为一次、二次和三次煮出糖化法。分醪煮沸的次数主要由麦芽的质量和所制啤酒的种类决定。

a.一次煮出糖化法：只取出一部分浓醪进行蒸煮。溶解良好的麦芽，可采用较高温度50~55 ℃投料（蛋白质休止温度）。溶解不良的麦芽可采用较低的温度35~37 ℃投料，然后加热至50~55 ℃进行蛋白质休止；取出的部分浓醪快速加热至70 ℃停留一段时间，再升温煮沸；或者也可在62~65 ℃进行糖化休止，然后加热至70 ℃，停留一段时间，再升温煮沸。

b.二次煮出糖化法：去除了第三次煮醪，只两次取出部分浓醪进行蒸煮。该法对原料的适应性较强，灵活性较大，可用来处理各种性质的麦芽和酿造各种类型的啤酒。

一般情况下，二次煮出糖化法投料温度比三次煮出糖化法高，传统的二次煮出法投料温度为50~55 ℃（蛋白质休止温度）。若麦芽质量不好，也可采用35~37 ℃低温投料。

c.三次煮出糖化法：是指三次取出部分糖化醪煮沸，并醪升温进行糖化，此法是最古老最强烈的一种煮出糖化方法，特别适合于处理酶活力低、溶解不好的麦芽或者酿造深色啤酒。但该法生产时间长，一般需4~6 h，能耗大，因此一般较少使用。

②浸出糖化法：是纯粹利用麦芽中酶的生化作用，用不断加热或冷却调节醪的温度，浸出麦芽中可溶性物质的糖化方法。由煮出糖化法去掉部分糖化醪的蒸煮而来，麦芽醪未经煮沸，是最简单的糖化方法，适合于溶解良好、含酶丰富的麦芽。浸出法要求麦芽质量必须优良。如果使用的麦芽质量太差，虽延长了糖化时间，但很难达到理想的糖化效果。浸出糖化法可分为恒温、升温和降温3种方法，较常用的是升温浸出法。

糖化过程是把醪液从一定温度开始加热至几个温度休止阶段进行休止，最后达到糖化终止温度。浸出糖化法糖化过程在带有加热装置的糖化锅中即能完成，无须糊化锅。

③复式糖化法：添加辅料的啤酒酿造一般采用复式糖化法（又称双醪糖化法）进行糖化。所谓双醪是指辅料粉碎后配成的醪液和麦芽粉碎物配成的醪液。我国一般采用大米作为辅助原料，配成的醪液为大米醪。大米醪在糊化锅中单独处理后与糖化锅中的麦芽醪混合，根

据混合醪液是否煮出分为复式煮出糖化法和复式浸出糖化法,复式煮出糖化法又分复式一次煮出糖化法和复式二次煮出糖化法。

a. 复式煮出糖化法:复式一次煮出糖化法的操作流程是:辅料在糊化锅中糊化、液化成糊化醪,麦芽在糖化锅中糖化成麦芽醪,然后将大米醪和麦芽醪于糖化锅中混合,在一定温度下糖化一段时间,取部分混合醪液煮沸,之后泵回糖化锅,兑温至 76～78 ℃终止糖化。此法在国内应用较广,适合于酿造浅色啤酒,也可酿造深色啤酒。糖化过程示例图解如图 2.5 所示。

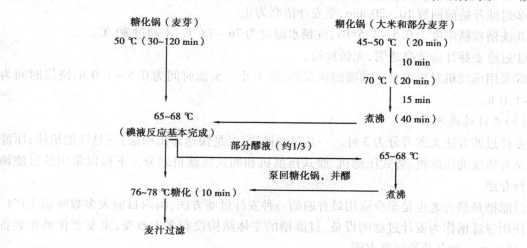

图 2.5　复式一次煮出糖化法图示

复式二次煮出糖化法与复式一次煮出糖化法类似,区别是大米醪与麦芽醪混合后,两次取出部分混合醪进行煮沸。

b. 复式浸出糖化法:经糊化的大米醪与麦芽醪混合后,不再取出部分混合醪液进行煮沸,而是经过 70 ℃升温至过滤温度,然后过滤,这种糖化方法称为复式浸出糖化法。此方法常用于酿制淡爽型啤酒,制得麦汁色泽极浅(色度为 5.0～6.0EBC),发酵度高(12°P 啤酒真正发酵度达 66% 左右),啤酒中残余可发酵性糖少,泡沫好(泡持时间在 5 min 以上)。

复式浸出糖化法生产工艺过程较简单,糖化时间短(一般在 3 h 以内),并醪后不再煮沸,耗能少。

(2)糖化设备

糖化设备是指麦汁制造设备,主要包括两个容器:糊化锅和糖化锅,用来处理不同的醪液。糊化锅主要用于辅料投料及其糊化与液化,并可对糊化醪和部分糖化醪进行煮沸。糖化锅用于麦芽粉碎物投料、部分醪液及混合醪液的糖化。

目前,国内啤酒厂糖化系统成熟工艺采用三锅二槽,即糊化锅、糖化锅、过滤槽、煮沸锅、回旋沉淀槽,改进工艺可增加一台糖化锅和一台麦汁中间暂存槽,既节省投资,又能迅速提高糖化生产能力。

3)麦芽汁过滤

糖化过程结束时,必须要在最短的时间内把麦汁和麦糟分离,以得到清亮或较高收得率的麦汁,分离过程称为麦芽汁的过滤。

（1）麦汁过滤的目的

麦汁过滤的目的是把糖化醪中的水溶性物质与非水溶性物质进行分离。在分离的过程中，要在不影响麦汁质量的前提下，尽最大可能获得浸出物，尽量缩短麦汁过滤时间，以提高糖化设备利用率。

（2）麦汁过滤工艺要求

①过滤时麦醪 pH 为 5.2～5.6。

②过滤开始前回流 10～20 min，至麦汁清亮为止。

③洗糟残糖浓度为 0.5～1.5°Bx，洗糟水温度为 76～78 ℃，不超过 80 ℃。

④过滤麦芽汁应清亮透明，无颗粒物。

⑤采用压滤机时要求泵送醪液的速度快、阻力小。头滤时间为 0.5～1.0 h，洗涤时间为 0.5～1.0 h。

（3）麦汁过滤方法

麦汁过滤方法大致可分为 3 种。一是过滤槽法；二是快速渗出槽法；三是压滤机法；压滤机法又有传统的压滤机、袋式压滤机、膜式压滤机和厢式压滤机之分。下面以常用的过滤槽法进行介绍。

过滤槽是最古老也是至今应用最普遍的一种麦汁过滤方法，国内目前大多数啤酒生产厂家仍使用过滤槽作为麦汁过滤的设备，过滤槽的主体结构没有多大改变，主要变化是在装备水平、能力大小和自动控制等方面。

过滤槽操作方法及过程如下：

①检查过滤板是否铺平压紧，进醪前，泵入 78 ℃热水直至溢过滤板，预热槽并排除管、筛底的空气。

②将糖化醪泵入过滤槽，送完后开动耕糟机转动 3～5r/min，使糖化醪均匀分布在槽内。提升耕刀，静置 10～30 min，使糖化醪沉降，形成过滤层。

③开始过滤，打开麦芽汁阀，开始流出的麦芽汁浑浊不清，应进行回流，通过麦芽汁泵泵回过滤槽，直至麦芽汁澄清。一般为 10～15 min。

④进行正常过滤，此时糟层逐渐压紧，麦汁流速变小，应适当耕糟，耕糟控制速度，同时应注意调节麦汁流量，逐步减少麦汁流量，收集滤过"头号麦芽汁"。一般需 45～60 min。如麦芽质量较差，约需 90 min。

⑤待麦糟露出或将露出时，开动耕糟机耕糟，从下而上疏松麦糟层。

⑥喷水洗糟，用 76～80 ℃热水（洗糟水）采用连续式或分 2～3 次洗糟，同时收集"二滤麦芽汁"，如开始较混浊，需回流至澄清。在洗糟时，如果麦糟板结，需耕糟数次。洗糟时间应控制在 45～60 min。待流出的洗糟残液浓度达到工艺规定值（如 0.7°P 或 1.0～1.5°P 或 3.0°P），过滤结束，开动耕糟机及打开麦糟排出阀排糟，再用槽内 CIP 进行清洗。

采用过滤槽法过滤时，过滤速度的提高是提高过滤效率的关键，过滤速度主要受麦汁黏度、滤层厚度和过滤压力的影响。麦汁黏度越大，过滤越慢；滤层厚度越大，过滤速度越慢，但过薄的厚度会降低麦汁透明度；过滤压力与滤速成正比（过滤压力是指麦糟层上面的液位压力与筛板下的压力之差），压差增大，能加快过滤，但易把麦糟层压紧导致板结，反而降低滤速。

（4）麦糟的输送

麦糟的输送有多种方法，包括泥浆泵输送、单螺杆泵挤压输送、活塞气流输送（脉冲式气流输送）以及 0.7~0.9 MPa 蒸汽或压缩空气输送等。

4）麦芽汁煮沸

麦汁煮沸是糖化中极其重要的一步，煮沸工序质量的好坏，直接影响风味的改进、凝固物的形成、稳定性问题及麦汁浓度的控制等。

（1）麦汁煮沸的目的

①蒸发多余水分，使混合麦芽汁通过煮沸、蒸发、浓缩到规定的浓度。

②破坏酶的活性和消灭麦汁中的微生物，稳定麦汁的组成成分。

③加热使高分子蛋白质变性和凝固析出，提高啤酒的非生物稳定性。

④浸出酒花中的有效成分，赋予麦汁独特的苦味和香味，提高麦汁的生物和非生物稳定性。

⑤降低麦芽汁的 pH，有利于蛋白质的变性凝固和成品啤酒的 pH 降低，对啤酒的生物和非生物稳定性的提高有利。

⑥排除麦汁中特异的异杂臭气，提高麦汁质量。

（2）麦汁煮沸的设备和技术条件

①煮沸设备。煮沸麦汁的设备称为煮沸锅，煮沸锅是糖化设备中发展变化最多的设备。传统煮沸锅采用紫铜板制成，近代多采用不锈钢材料制作，外形为立式圆柱形。按照加热方式可将煮沸锅分为内加热锅、外加热锅、泵力外和组合型的煮沸-回旋两用锅等。

②煮沸的技术条件。

a. 煮沸强度也称蒸发强度，是指麦汁煮沸每小时蒸发水分的百分率。计算公式如下：

$$煮沸强度 = \frac{煮沸前混合麦汁体积 - 煮沸后混后麦汁体积}{煮沸前混合麦汁体积 \times 煮沸时间} \times 100\%$$

煮沸强度是影响蛋白质变性絮凝的决定因素，对麦汁的澄清度和热凝固氮有显著影响。煮沸强度越大，越有利于蛋白质的变性凝絮，越能获得澄清透明热凝固氮含量少的麦汁，一般煮沸强度应控制在 8%~12%。

b. 煮沸时间和煮沸温度：煮沸时间是指将混合麦汁蒸发、浓缩到要求的定型麦汁浓度所需的时间。煮沸时间短，不利于蛋白质的凝固以及啤酒的稳定性。合理的延长煮沸时间，对蛋白质凝固、还原物质的形成等都是有利的。但过长的煮沸时间，会使麦芽汁质量下降。如淡色啤酒的麦汁色泽加深、苦味加重、泡沫不佳。一般情况下，煮沸时间应控制在 90 min 内。

煮沸温度越高，煮沸强度就越大，越有利于蛋白质的变性凝固，同时可缩短煮沸时间，降低啤酒色泽，改善口味。

c. 煮沸 pH：麦汁煮沸时的 pH 通常为 5.2~5.6。生产中可通过加酸或生物酸化的办法调节麦汁 pH 至蛋白质的等电点为 5.2，使蛋白质较易析出。

（3）麦汁煮沸方法

间歇常压煮沸是国内目前大多中小企业广泛使用的传统方法。刚滤出的麦汁温度，在 75 ℃左右，麦汁容量盖过加热层后开始加热，使温度缓慢上升，待麦糟洗涤结束前，加大蒸汽量，使混合麦汁沸腾。同时测量麦汁的容量和浓度，计算煮沸后麦汁产量。

煮沸时间随麦汁浓度及煮沸强度而定，一般为 70 ~ 90 min。煮沸过程中，麦汁必须始终保持强烈对流状态，使蛋白质凝固得更多一些。同时需检查麦汁蛋白质凝固情况，尤其在酒花加入后，可用清洁的玻璃杯取样向亮处检查，必须凝固良好，有絮状凝固物，麦汁清亮透明。此外，还有内加热式煮沸法和外加热煮沸法等。

（4）酒花的添加

酒花可赋予啤酒特有的香味和爽快的苦味，增加啤酒的防腐能力，提高非生物稳定性，并且可防止煮沸时窜沫。

①酒花的添加方法。酒花的添加一般采用多次添加的方法。添加原则一般为：香型、苦型酒花并用时，先加苦型酒花，后加香型酒花；使用同类酒花时，先加陈酒花，后加新酒花；分几次添加酒花时，先少后多。

我国主要采用传统的 3 ~ 4 次，以三次添加法举例（煮沸 90 min）如下：

第一次添加在初沸 5 ~ 10 min 后，加入总量的 20% 左右，压泡，使麦芽汁多酚和蛋白质充分作用。

第二次添加在煮沸 40 min 左右，加入总量的 50% ~ 60%，萃取 α-酸，并促进异构化。

第三次添加在煮沸结束前 5 ~ 10 min，加入剩余量，最好是香型花。萃取酒花油，提高酒花香。

酒花的添加方式有两种：一种是直接从入口加入；另一种是密闭煮沸时先将酒花加入酒花添加罐中，然后再用煮沸锅中的麦汁将其冲入煮沸锅。

②酒花的添加量。应根据酒花中的 α-酸含量、消费者的嗜好习惯、啤酒发酵的方式以及啤酒的品种等来决定。一般淡色啤酒以酒花香味和苦味为主，添加量大些；浓色啤酒以麦芽香为主，添加量小些。目前，国内热麦汁酒花添加量为 0.6 ~ 1.3 kg/m³。

5）回旋沉淀

麦汁煮沸后，打入回旋沉淀槽，进行热、冷凝固物的分离处理。

（1）热、冷凝固物

热凝固物是在较高的温度下凝固析出的凝固物。60 ℃以上，热凝固物不断析出，60 ℃以下就不再析出。热凝固物的主要成分是粗蛋白质、酒花树脂、灰分等。热凝固物不分离，会引起大量活性酵母吸附，影响发酵，若带入啤酒会影响啤酒的非生物稳定性和风味等。

麦汁经冷却析出的混浊物质称为冷凝固物。冷凝固物从 80 ℃以后就开始凝聚析出，随着温度的降低、pH 的变化以及氧化作用，析出量逐渐增多；但当麦汁重新加热至 60 ℃以上，沉淀消失，麦汁又恢复透明，主要成分有多肽、多酚、多糖等。

（2）回旋沉淀槽的操作

①进罐：时间 20 ~ 30 min。热麦汁以不低于 10 m/s 的速度以切线方向泵入回旋沉淀槽。为减少吸氧，先从底部喷嘴进料，当液位至侧面喷嘴时改为侧面喷嘴进料。

②静置:时间 30~40 min。静置后,检视浊度,测定麦汁浓度和容量。

③出罐:时间 30~40 min。静置结束后,将麦汁从出口泵入冷却器。

④除渣:时间 20~30 min。槽底中心热凝固物用水冲入凝固物回收罐。在过滤槽第二次洗槽时开耕刀,将回收罐中热凝固物全部送入过滤槽。

⑤清洗:CIP 系统清洗回旋沉淀槽。

6) 麦汁的冷却与充氧

(1)麦汁的冷却

煮沸定型的麦汁需进一步冷却至发酵温度 7~8 ℃。目前,我国啤酒厂绝大多数采用一段冷却法,冷却设备是薄板冷却器,两段冷却法已基本淘汰。

一段冷却法是指利用一种冷却介质一次性将热麦汁(95~98 ℃)冷却至发酵温度(6~8 ℃)。冷却介质为冰水,通过氨蒸发将常温水直接降到 3~4 ℃,与麦汁换热后被加热到 75~80 ℃。这部分水进入热水箱,直接用于糖化用水或洗槽。这种方法冷耗可节约 30% 左右,冷却水可回收使用,节约能源,稳定性强,便于控制。一段冷却流程如图 2.6 所示。

图 2.6 一段冷却流程图

(2)麦汁充氧

酵母是兼性微生物,有氧条件下进行生长繁殖,无氧条件下进行酒精发酵。酵母需要繁殖到一定数量才能进入发酵阶段,因此,需将麦汁通风充氧,含氧量控制在 7~10 mg/L,过高会使酵母繁殖过量,发酵副产物增加,过低酵母繁殖数量不足,降低发酵速度,通入的空气应先进行无菌处理,否则会污染发酵罐。麦汁通风供氧有几种方法,大多数采用文丘里管进行充氧。

[理论链接]

2.3.5 麦芽汁制备的生产原理

麦芽汁制造又称糖化,它是啤酒生产工艺的重要组成部分。麦芽汁制造就是要将原料(包括麦芽和辅助原料)中可溶性物质尽可能多的萃取出来,并且创造有利于各种酶的作用条件,使很多不溶性物质在酶的作用下变成可溶性物质而溶解出来,经过滤和煮沸,杀灭麦芽汁中的有害微生物,浸出酒花中的有效成分,挥发出不良气味,析出凝固物,制成符合要求的麦汁(质量要求),并得到较高的收得率(成本要求)。

2.3.6 糖化过程中主要的物质变化

原料麦芽的无水浸出物仅占 17% 左右,经过糖化,麦芽的无水浸出率提高到 75%~80%,大米的无水浸出率提高到 90% 以上,原料和辅料都得到了较好的分解。糖化过程中的物质变化主要包括:淀粉分解、蛋白质分解、β-葡聚糖分解、酸的形成等。

1) 淀粉的分解

麦芽的淀粉含量占其干物质的 58% ~ 60%，辅料大米的淀粉含量为干物质的 80% ~ 85%，玉米的淀粉含量为干物质的 69% ~ 72%。所以淀粉是酿造啤酒原料中最主要的成分，可见它的分解好坏将直接影响啤酒的成本及啤酒的质量。

（1）淀粉的糊化

大米、玉米等酿造辅料未经过发芽变化，其淀粉存在于胚乳中。胚乳细胞在一定温度下吸水膨胀、破裂，淀粉分子溶出，呈胶体状态分布于水中而形成糊状物的过程称为糊化。

（2）淀粉的液化

淀粉糊化后，继续加热或者受到淀粉酶的水解，淀粉长链断裂成短链状糊精，黏度迅速降低，此过程称为液化。为促进液化，生产中常加入麦芽或者 α-淀粉酶。

（3）淀粉的糖化

啤酒酿造中糖化过程是指辅料的糊化醪和麦芽中的淀粉受到麦芽中的淀粉酶的分解，形成低聚糊精和以麦芽糖为主的可发酵性糖的全过程。糖化过程中醪液黏度迅速下降，碘液反应，由呈蓝色、红色逐步至无变色反应。

可发酵性糖是指麦芽汁中能被下面啤酒酵母发酵的糖类，如果糖、葡萄糖、蔗糖、麦芽糖、棉籽糖和麦芽三糖等。

非发酵性糖是指麦芽汁中不能被下面啤酒酵母发酵的糖类，如低聚糊精、异麦芽糖、戊糖等。非发酵性糖虽然不能被酵母发酵，但它们对啤酒的适口性、黏稠性、泡沫的持久性，以及营养等方面均起着良好的作用。如果啤酒中缺少低级糊精，则口味淡薄，泡沫也不能持久。但含量过多，会造成啤酒发酵度偏低，黏稠不爽口和有甜味的缺点。所以在淀粉分解时，应注意麦芽中这些可发酵性糖（如麦芽糖）和非糖的比例。一般浓色啤酒糖与非糖之比控制在 1 : (0.5 ~ 0.7)，浅色啤酒与非糖之比控制在 1 : (0.23 ~ 0.35)，干啤酒及其他高发酵度的啤酒可发酵性糖的比例会更高。

2) 蛋白质的分解

与淀粉的分解不同，蛋白质的分解主要是在制麦过程中进行，而糖化过程主要起修饰作用，制麦过程中与糖化过程中蛋白质溶解之比为 1 : (0.6 ~ 1.0)，而淀粉分解之比为 1 : (10 ~ 14)。但糖化时蛋白质的水解具有重要意义，蛋白质分解产物会影响啤酒泡沫的多少和持久性，影响啤酒的风味和色泽，对酵母的营养和啤酒的稳定性也会产生影响。糖化时蛋白质的分解称为蛋白质休止，分解的温度称为休止温度，分解的时间称为休止时间。

3) 酸的形成及 pH 的变化

糖化醪的酸度主要来自于麦芽中含的酸性磷酸盐、草酸等，在糖化过程中，酸度和 pH 的变化十分复杂。

麦芽所含的磷酸盐酶在糖化时继续分解有机磷酸盐，游离出磷酸及酸性磷酸盐。麦芽中可溶性酸及其盐类溶出，构成糖化醪的原始酸度，改善醪液缓冲性，有益于各种酶的作用。以后由于微生物的作用，产生了乳酸，蛋白质分解产生氨基酸以及琥珀酸、草酸等的形成，均会使滴定酸度增加，pH 下降，缓冲能力增强。

4) 多酚类物质的变化

多酚类物质存在于大麦皮壳、胚乳、糊粉层和储藏蛋白质层中，占大麦干物质的 0.3% ~

0.4%。麦芽溶解得越好,多酚物质游离得就越多。在高温条件下,与高分子蛋白质络合,形成单宁—蛋白质的复合物,影响啤酒的非生物稳定性;多酚物质的酶促氧化聚合,贯穿于整个糖化阶段,在糖化阶段(50~65℃)表现得最突出,会产生涩味、刺激味,使啤酒口味失去原有的协调性,变得单调、粗涩淡薄,影响啤酒的风味稳定性。氧化的单宁与蛋白质形成复合物,在冷却时呈不溶性,形成啤酒混浊和沉淀。因此,采用适当的糖化操作和麦芽汁煮沸,使蛋白质和多酚物质沉淀下来。适当降低 pH,有利于多酚物质与蛋白质作用而沉淀析出,降低麦芽汁色泽。

在麦芽汁过滤中,要尽可能地缩短过滤时间,过滤后的麦芽汁应尽快升温至沸点,使多酚氧化酶失活,防止多酚氧化使麦芽汁颜色加深、啤酒口感粗糙。

5)脂类分解

脂类在脂酶的作用下分解,生成甘油酯和脂肪酸,82%~85%的脂肪酸是由棕榈酸和亚油酸组成。糖化过程中脂类的变化分两个阶段:第一阶段是脂类的分解,即在脂酶两个最适温度段(30~35℃和65~70℃)通过脂酶的作用生成甘油酯和脂肪酸;第二阶段是脂肪酸在脂氧合酶的作用下发生氧化,表现在亚油酸和亚麻酸的含量减少。滤过的麦汁混浊,可能有脂类进入麦汁中,会对啤酒的泡沫产生不利的影响。

[知识拓展]

2.3.7　糖化方法的选择依据

1)麦芽质量

使用溶解良好的麦芽,采用短时高温糖化法或浸出法,若加辅料,用双醪二次煮出法。若麦芽溶解性差,可用三次煮出法。

2)产品类型

生产上面啤酒,用浸出糖化法;生产下面啤酒,用煮出糖化法。若生产浓色啤酒,用三次煮出糖化法,且加部分深色麦芽;生产淡色啤酒,用二次煮出糖化法。

3)生产设备

若采用浸出糖化法,则用一个糖化锅;若采用煮出糖化法,则用一个糖化锅,一个糊化锅。复式糖化设备是由不同数量的锅、槽穿插使用,合理调节糖化方法,可提高设备利用率。

任务2.4　啤酒的发酵

[任务要求]

1. 掌握啤酒酵母的分类和特征,扩大培养和保藏方法。

2. 掌握酿造工艺及操作要点,并会分析控制啤酒质量。

[技能训练]

2.4.1 原料准备

1)酵母扩大培养

麦芽汁、酒精棉、滤纸等。

2)啤酒发酵

啤酒酵母、冷麦芽汁、无菌空气等。

2.4.2 器材准备

1)酵母扩大培养

三角瓶、富氏瓶、卡氏罐、繁殖罐、生化培养箱、高压灭菌锅等。

2)啤酒发酵

发酵罐、糖度计、酸度计等。

2.4.3 工艺流程

1)酵母啤酒扩大培养工艺流程(以斜面试管菌种酒母制备为例)

斜面试管菌→富氏瓶或液体试管培养→巴氏瓶或三角瓶培养→卡氏罐培养
↓
0代酵母←酵母繁殖罐培养←酵母培养罐培养←汉生罐培养

2)啤酒发酵工艺流程

冷麦芽汁→发酵罐→啤酒后处理
↑
氧气　酵母菌种←酵母扩大培养

2.4.4 操作要点

1)啤酒酵母的制备

啤酒厂获得接种酵母的方式有直接购买酵母泥、纯种酵母和自己保存并扩培纯种酵母3种途径。国内大型啤酒企业所用酵母一般采用第三种途径获得;较小的企业一般采用第一种途径获得;还有一部分小型企业为了保证啤酒质量的稳定性等而采用第二种途径,在"酵母银行"购买纯种酵母,然后再进行扩培。

(1)啤酒酵母的扩大培养

啤酒酵母扩大培养是指从斜面种子到生产所用的种子的培养过程。酵母扩培的目的是及时向生产中提供足够量的优良、强壮的酵母菌种,以保证正常生产的进行和获得良好的啤酒质量。一般把酵母扩大培养过程分为两个阶段:实验室扩大培养阶段(由斜面试管逐步扩大到卡氏罐菌种)和生产现场扩大培养阶段(由卡氏罐逐步扩大到酵母繁殖罐中的零代酵母）。扩培过程中要求严格无菌操作,避免污染杂菌,接种量应适当。

①实验室扩大培养阶段:

斜面原菌种→斜面活化(25 ℃,3～4 d)→10 mL 液体试管(25 ℃,24～36 h)→100 mL 培养瓶(25 ℃,24 h)→1 L 培养瓶(20 ℃,24～36 h)→5 L 培养瓶(18～16 ℃,24～36 h)→25 L 卡氏罐(16～14 ℃,36～48 h)。

②生产现场扩大培养阶段。

25 L 卡氏罐→250 L 汉生罐(14～12 ℃,2～3 d)→1 500 L 培养罐(10～12 ℃,3 d)→100 hL 培养罐(9～11 ℃,3 d)→20 m³ 繁殖罐(8～9 ℃,7～8 d)→0 代酵母。

③酵母的使用和管理要点。

a. 扩培麦汁要求:卡氏罐之前的麦汁为灭菌头号麦汁,浓度为 11～12°P;现场扩培用麦汁为沉淀槽中的热麦汁,浓度在 12°P 左右,α-氨基氮应为 180～220 mg/L,也可添加适量的酵母营养盐。

b. 酵母扩培要求:原菌种的性状要优良;扩培出来的酵母要强壮无污染;管路、阀门必须彻底灭菌,室内环境定期消毒或杀菌,压缩空气经过 0.2 μm 的膜过滤之后使用。最后,每一批扩培的同时还应对酵母的发酵度、发酵力等各项指标进行检测,以便及时、正确掌握酵母各种性状的变化。

c. 酵母的添加:满罐温度要求控制在 7.5～7.8 ℃,酵母添加量在 7‰左右。

d. 温度控制:根据菌种特性,采用低温发酵,高温还原。既有利于保持酵母的优良性状,又减少了有害副产物的生成,确保了酒体口味比较纯净、爽口。

(2)啤酒酵母的保藏

啤酒酵母经过活化扩培后,可根据实际要求进行短期保藏。常用保藏方法有汉生罐保藏法、发酵液保藏法、压榨酵母保藏法和泥状酵母保藏法等。

酵母菌种的保藏一定要注意是同代数的酵母,否则,不利于以后使用时发酵温度的控制。降温早,老酵母易沉降;降温晚,又可能造成降糖速度过快。

2)啤酒的发酵

(1)啤酒锥形罐发酵工艺要求

传统啤酒是在正方形或长方形的发酵槽(或池)中进行的,生产规模小,周期长。目前啤酒生产均采用大容量发酵罐发酵。大容量发酵罐有圆柱锥形发酵罐、朝日罐、通用罐和球形罐。圆柱锥形发酵罐是目前世界通用的发酵罐,可用于下面发酵和上面发酵。

①发酵周期:由产品类型、质量要求、酵母性能、接种量、发酵温度、季节等确定,一般为 12～24 d。通常,夏季普通啤酒发酵周期较短,优质啤酒发酵周期较长,淡季发酵周期适当延长。

②酵母接种量:一般由酵母性能、代数、衰老情况、产品类型等决定。接种量大小由添加酵母后的酵母数确定。发酵开始时 $(10～20)×10^6$ 个/mL,发酵旺盛时 $(6～7)×10^7$ 个/mL;排酵母后 $(6～8)×10^6$ 个/mL,0 ℃左右贮酒时 $(1.5～3.5)×10^6$ 个/mL。

③发酵温度和双乙酰还原温度:控制发酵温度应保持相对稳定,避免忽高忽低,以采用自动控温为好。低温发酵:旺盛发酵温度 8 ℃左右;中温发酵:旺盛发酵温度 10～12 ℃;高温发酵:旺盛发酵温度 15～18 ℃。国内一般发酵温度为 9～12 ℃。双乙酰还原温度是指旺盛发

酵结束后啤酒后熟阶段(主要是消除双乙酰)时的温度,一般双乙酰还原温度等于或高于发酵温度,这样既能保证啤酒质量又利于缩短发酵周期。

④罐压:根据产品类型、麦汁浓度、发酵温度和酵母菌种等的不同确定。一般发酵时最高罐压控制在 $0.07 \sim 0.08$ MPa。一般最高罐压为发酵最高温度值除以100(单位:MPa)。采用带压发酵,可以抑制酵母的增殖,减少由于升温所造成的代谢副产物过多的现象,防止产生过量的高级醇、酯类,同时有利于双乙酰的还原,并可以保证酒中二氧化碳的含量。

⑤满罐时间:从第一批麦汁进罐到最后一批麦汁进罐所需的时间称为满罐时间。满罐时间越长,酵母增殖量越大,产生代谢副产物 α-乙酰乳酸多,双乙酰峰值高,一般为 $12 \sim 24$ h,最好在20 h以内。

⑥发酵度:可分为低发酵度、中发酵度、高发酵度和超高发酵度。对于淡色啤酒发酵度的划分为:低发酵度啤酒,其真正发酵度为 $48\% \sim 56\%$;中发酵度啤酒,其真正发酵度为 $59\% \sim 63\%$;高发酵度啤酒,其真正发酵度在 65% 以上,超高发酵度啤酒(干啤酒)其真正发酵度在 75% 以上。目前国内比较流行发酵度较高的淡爽性啤酒。

此外,还要注意:糖化、发酵生产能力应配套一致,各批次麦汁组成均匀一致;防止染菌,要加强清洁卫生工作;菌种不同,生产工艺不同,产品风味也不同;双乙酰含量是衡量啤酒是否成熟的重要指标,应避免出现双乙酰超标。

(2)操作规程(一罐法发酵)

①在麦汁冷却之前用90 ℃以上的热水对发酵罐和管路进行灭菌。

②麦汁冷却期间,打开发酵罐排气阀门。

③冷麦汁进罐时按要求及时添加菌种。麦汁进罐完毕后60 min,取样测定酵母数,满罐一天开始,每天测量一次酵母数。

④麦汁满罐60 min后,取样测量一次糖度,麦汁满罐一天开始,每天上午、下午各测量一次糖度。开始升压时停止测量糖度。

⑤发酵前期温度不超过规定接种温度(如8 ℃),主发酵温度控制在规定温度(如10 ~ 14 ℃),当残糖降到规定糖度时封罐缓慢升压并保持罐压为0.12 MPa左右(根据双乙酰还原温度确定)。发酵旺盛期间注意每天及时降温,避免温度过高。

⑥发酵10 d后开始取样测定双乙酰含量,当双乙酰含量达到工艺要求(如 $0.05 \sim 0.1$ mg/L)时,逐步降温至0 ℃以下(啤酒冰点以上0.05 ℃)低温保存。

⑦酸度测定:满罐1 h后测定1次,温度升至发酵最高温度时测定1次,温度降至0 ℃时再测定1次。

⑧麦汁满罐一天后每隔24 h排冷凝固物1次,共排3次。

(3)酵母和 CO_2 的回收

酵母回收的时机非常关键,通常是在封罐 $4 \sim 5$ d后,双乙酰还原结束后开始回收酵母。回收完毕后缓慢降温到4 ℃左右,以备下次使用,在酵母罐保存的时间不得超过36 h。

CO_2 是啤酒生产的重要副产物,根据经验数据,啤酒生产过程中每百升麦汁实际可以回收为 $CO_2 \sim 2.2$ kg;回收的 CO_2,可用于 CO_2 洗涤、补充酒中 CO_2 和以 CO_2 背压等。

(4)啤酒发酵设备管理和保养

①酵母扩培、发酵设备做好日常维护工作,确保设备清洁无菌。

②做好仪表的维护和检查,发现异常及时维修或更换。

③做好管路阀门及安全阀的日常维护,发现开启不畅或渗漏及时维修或更换。

④每次发酵设备使用前做好 CIP 装置和罐内洗涤喷射器的检查,若有渗漏或喷淋、运转不畅现象要及时处理。

⑤微机仪表室要定期进行数据校对,确保无误。

(5)发酵工序的清洗

清洗和灭菌是啤酒生产的基础性工作,也是提高啤酒质量最关键的技术措施。现代化啤酒厂采用最普遍的清洗方式是原位清洗(Cleaning in Place,CIP),即在密闭条件下,不拆动设备的零部件或管件,对设备及管路进行清洗及灭菌的方法。对发酵 CIP 系统的技术要求有两点:

①CIP 各罐的容量,要求按大罐表面每平方米 1.5 L 配置。

②往 CIP 罐中加酸或碱时,要用一个定量泵和一个添加罐,一旦发现浓度不够,可及时启动计量泵按比例补充。在 CIP 管路中,应在进出口分别装有过滤器,以免污物阻塞。

[理论链接]

2.4.5　啤酒的发展历史

1)啤酒的定义

啤酒是以大麦芽为主要原料,以谷物及极少量的酒花为辅料,含有二氧化碳,具有泡沫、酒花香和爽口苦味,营养丰富,风味独特的低度酿造酒。

2)啤酒发展历史

(1)世界啤酒工业发展史

啤酒的起源与谷物的起源密切相关。人类使用谷物制造酒类饮料已有 8 000 多年的历史。已知最古老的酒类文献,是公元前 6 000 年左右巴比伦人用黏土板雕刻的献祭用啤酒制作法,最原始的啤酒也可能出自居住于两河流域的苏美尔人之手,距今至少已有 9 000 多年的历史。

自公元 1040 年建立了世界第一家啤酒厂 Weihenstephan 发展至今,全世界啤酒年产量已高居各种酒类之首,1986 年全世界生产啤酒 1.016 亿 kL,2003 年全球产量达到了 1.47 亿 kL,2005 年世界啤酒总消费量为 1.56 亿 kL。世界啤酒年产量排首位的为中国,达 3 515 万 kL,美国占据次席,其产量为 2 380 万 kL,德国为 1 053 万 kL。但国外啤酒企业的集约度很高,在美国的 7 大啤酒公司产量占全美总产量的 95.5%,其中世界第一大啤酒企业 AB(百威)公司的年产量达 1 150 万 kL,占美国国内市场的 48%,美国排名第二的米勒公司年产量近 700 万 kL,市场占有率为 22%。在日本,四大啤酒公司(朝日啤酒公司、麒麟啤酒公司、三得利公司、札幌啤酒公司)的产量占日本全国总产量的 99%。世界第二大啤酒企业比利时的时代啤酒,产量为 817 万 kL,荷兰的喜力啤酒以年产量 720 万 kL 位列第三。

(2)中国啤酒工业发展史

19 世纪,以工业化方法生产的现代啤酒酿造技术才从西方传到中国,并逐渐繁衍起来,一批啤酒厂应运而生。在中国建立最早的近代啤酒厂是俄国人 1900 年在哈尔滨建立的乌卢布

列夫斯基啤酒厂(哈尔滨啤酒厂前身),此后五年时间里,俄国、德国、捷克分别在哈尔滨建立另外三家啤酒厂。解放前夕,不论外国人开办的啤酒厂还中国人自己经营的啤酒厂,总数不过十几家,产量不大,品种较少,当时全国啤酒总产量仅有 7 000 kL。

新中国成立后,随着经济的逐步发展和人民生活水平的提高,啤酒工业取得了一定的进展。1979 年时,全国啤酒产量达 37.3 万 kL,比新中国成立前增长了 50 多倍。1979 年后十年,我国的啤酒工业每年以 30% 以上的高速度持续增长。20 世纪 80 年代,我国的啤酒厂如雨后春笋般不断涌现,遍及神州大地。到 1988 年我国大陆啤酒厂家发展到 813 家,总产量达656.4 万 kL,仅次于美国、德国,名列第三。到 1993 年超过德国跃居第二,2002 年我国以2 386 万 kL 的年产量超过美国成为世界第一啤酒生产大国,但啤酒生产厂家数降到 400 多家。2003 年,啤酒产量达 2 540.48 万 kL,啤酒工业总产值达到 561.6 亿元,比 2002 年增长了 8%,实现利润 26 亿元,为国家纳税 98.7 亿元。2004 年,啤酒年产量上升到 2 910.05 万 kL。2005年,产量为 3 061 万 kL,2006 年我国啤酒产量实现 3 515.15 万 kL,比 2005 年初报数增加453.59 万 kL,增长 14.82%。其中 19 个省市的啤酒产量增长 15% 以上,广东、山东、浙江、河南、黑龙江、辽宁 6 个省市产量超过 200 万 kL。目前,我国人均年消费量为 27.6 L,首次超过世界人均年消费量为 27 L,但发达国家人均年消费量可达到 100 L 以上,最高达 160 L左右。

2006 年,我国共出口啤酒产品为 17.7 万 kL,出口额为 8473 万美元,达历史最高水平,主要出口到缅甸等国家及中国香港和澳门地区;进口啤酒 2.1 万 kL,进口额 2 723 万美元,进口国以墨西哥和德国为主。2006 年,我国共进口大麦 214.81 万 t,约占大麦总需求量的 55%。由于国内酒花供应紧张,2006 年进口颗粒酒花量比 2005 年增加了 85.73%,达到了创纪录的1 013 t。进口酒花浸膏比 2005 年增加了 28.02%。

目前,全国啤酒生产企业有 400 多家,竞争日益激烈,啤酒生产的新技术、新设备的应用和推广速度加快,产品也逐步向多样化发展,国外生产中的各种成熟技术都已在国内落户。纯生啤酒生产技术、膜过滤技术、微生物检测和控制技术、糖浆辅料的使用、PET 包装的应用、错流过滤技术以及 ISO 管理模式在啤酒生产中普遍得到推广应用。企业向国际化、集团化、规模化、自动化、优质低耗和品种多样化等方向发展。

2.4.6　啤酒的分类

1)按啤酒酵母的性质不同分类

啤酒酵母按发酵性质可分为上面啤酒酵母和下面啤酒酵母。两种酵母形成不同的发酵方式,即上面发酵和下面发酵,酿制出以下两种不同类型的啤酒。

(1)上面发酵啤酒

上面发酵啤酒是以上面啤酒酵母进行发酵的啤酒。利用上面发酵的啤酒主要有英国、加拿大、比利时、澳大利亚等少数国家。其具代表性的啤酒主要有英国著名的淡色爱尔啤酒、司陶持黑啤酒、波特黑啤酒、浓色爱尔啤酒等。

(2)下面发酵啤酒

下面发酵啤酒是以下面啤酒酵母进行发酵的啤酒。世界上大多数国家采用下面发酵法酿造啤酒。其典型代表有著名的捷克比尔森啤酒、德国的慕尼黑啤酒、维也纳啤酒、多特蒙德啤酒和博克啤酒,丹麦嘉士伯啤酒等均属下面发酵啤酒。我国啤酒多属于此类型,如青岛淡色啤酒及波打黑啤酒、燕京啤酒等。

2)按啤酒色泽分类

根据啤酒色泽不同,可将啤酒分为以下 3 种类型:

(1)淡色啤酒

淡色浓啤酒(色度 3~14EBC)是各类啤酒中产量最大的一种,约占 98%。根据地区的嗜好,淡色啤酒又可分为淡黄色啤酒(色度 7EBC 以下)、金黄色啤酒(色度 7~10EBC)和棕色啤酒(色度 10~14EBC)3 种。

(2)浓色啤酒

浓色啤酒(色度 15~40EBC)呈红棕色或红褐色,酒体透明度较低,产量较淡色啤酒少。根据色泽的深浅,又可划分成 3 种:棕色(色度 15~25EBC)、红棕色(色度 25~35EBC)和红褐色(色度 35~40EBC)。特点是麦芽香突出、口味醇厚、酒花苦味较轻。

(3)黑色啤酒

黑色啤酒(色度大于 40EBC)的色泽呈深棕色或黑褐色,酒体透明度很低或不透明。一般原麦汁浓度高,酒精质量分数 5.5% 左右,口味醇厚,泡沫多而细腻,苦味根据产品类型而有轻重之别。此类啤酒产量较少。

3)按是否经过灭菌分类

根据啤酒是否经过灭菌分为以下 3 种类型:

(1)鲜啤酒

鲜啤酒是指不经过巴氏灭菌或瞬时高温灭菌,成品中允许含有一定数量活的酵母菌,达到一定生物稳定性的啤酒。鲜啤酒是地销产品,口感新鲜,但保质期短,多为桶装啤酒,也有瓶装者。鲜啤酒具有爽口美味的优点。

(2)熟啤酒

把鲜啤酒经过巴氏杀菌或瞬时高温灭菌法处理即成为"熟啤酒"或"杀菌啤酒"。经过杀菌处理后的啤酒,稳定性好且便于运输。熟啤酒均以瓶装或罐装形式出售。

(3)纯生啤酒

不经巴氏灭菌或瞬时高温灭菌,而是采用无菌膜过滤技术滤除酵母菌、杂菌,达到一定生物稳定性的啤酒。生啤酒避免了热损伤,保持了原有的新鲜口味,最后一道工序进行严格的无菌灌装,避免了二次污染。啤酒稳定性好,非生物稳定性在 4 个月以上。

4)按原麦汁浓度不同分类

世界各国啤酒的原麦汁浓度相差很大,主要有以下 3 大类型:

(1)低浓度啤酒

原麦汁浓度(质量分数,下同)为 2.5%~8%,酒精含量(体积分数,下同)为 0.8%~2.2%。

(2)中浓度啤酒

原麦汁浓度为 9%~12%,酒精含量为 2.5%~3.5%。其中原麦汁浓度为 10%~14%,酒精含量为 3.2%~4.2%(体积分数)的啤酒称为储藏啤酒(或淡色储藏啤酒),它是一种清爽、金色的啤酒。中浓度啤酒目前是国际上畅销的大众化啤酒,占全球啤酒消费总量的 98%。

（3）高浓度啤酒

原麦汁浓度为 14% ~ 20% ，最高 22% ，酒精含量为 4.2% ~ 5.5% ，少数酒精含量达到 7.5% 。黑色啤酒属此类型，这种啤酒生产周期长，含固形物较多，稳定性强，适宜储存或远销。其甜味较重，黏度较大，苦味小，口味浓醇爽口，色泽较深。

2.4.7　啤酒风味物质的形成

啤酒发酵期间，酵母利用麦汁中营养物质转化为各种代谢产物。其中主要产物为乙醇和二氧化碳，此外，还产生少量的代谢副产物，如连二酮类、高级醇类、酯类、有机酸类、醛类和含硫化合物等。

1) 连二酮类的形成与消除

双乙酰（$CH_3COCOCH_3$）与 2,3-戊二酮（$CH_3COCOCH_2CH_3$）合称为连二酮，对啤酒风味影响很大。双乙酰（或 2,3-戊二酮）是由丙酮酸在生物合成缬氨酸（或异亮氨酸）时的中间代谢产物 α-乙酰乳酸（或 α-乙酰羟基丁酸）转化得到的，是啤酒发酵的必然产物，国内把啤酒中双乙酰含量列入国家标准，把双乙酰含量的高低作为衡量啤酒是否成熟的唯一衡量指标。

双乙酰在啤酒中的味阈值为 0.1 ~ 0.2 mg/L，2,3-戊二酮的味阈值为 1.0 mg/L。啤酒中双乙酰和 2,3-戊二酮的气味很相近，当质量分数达 0.5 mg/L 时有明显的馊饭味，当含量 > 0.2 mg/L 时有似烧焦的麦芽味。淡色啤酒双乙酰含量达 0.15 mg/L 以上时，就有不愉快的刺激味。

影响双乙酰生成的因素主要有酵母菌种、麦汁中氨基酸的种类和含量、巴氏杀菌前啤酒中 α-乙酰乳酸含量等。可通过以下 5 种方式消除双乙酰：

①选择双乙酰产生量低的菌种，适当提高酵母接种量；

②控制麦汁成分（α-氨基氮含量、含锌量）；

③提高双乙酰还原温度；

④控制酵母增值量；

⑤采用现代生物技术：利用固定化酵母柱进行后期双乙酰还原，这样既不影响啤酒传统风味，又加快了啤酒成熟，可使整个发酵周期大大缩短。

2) 高级醇的形成

高级醇（俗称杂醇油）是啤酒发酵过程中的主要产物之一，也是啤酒的主要香味和口味物质之一。啤酒中大约 80% 的高级醇是在主发酵期间，酵母繁殖合成细胞蛋白质时形成。适量的高级醇能使酒体丰富，口味协调，给人以醇厚的感觉，但如果含量过高，会导致饮后上头并会使啤酒有异味。因此，对于啤酒中的高级醇的含量应严格控制。

影响高级醇形成的因素主要有：酵母菌种、麦汁组分与浓度、麦汁充氧量以及发酵条件、酵母自溶、储酒等。

3) 酯类的形成

酯类在啤酒中的含量很少，但对啤酒的风味影响很大。酯类大部分是在主发酵期形成的，尤其是在酵母繁殖旺盛期生成量较大，在后熟期形成量较少。酯类是由酰基辅酶 A 和醇类缩合而成。

酯类（挥发性酯）是啤酒香味的主要来源之一，啤酒中含有适量的酯才能使啤酒香味丰满协调，传统上认为过高的酯含量是异香味，但国外一些啤酒乙酸乙酯的含量大于阈值，有淡雅的果香味,形成了独特风味。影响酯类含量的因素有酯酶、酰基辅酶 A、酵母菌种、发酵温度、麦汁浓度和麦汁含氮量、通风搅拌、发酵方法等。

4) 醛类

啤酒中的醛类来自麦汁煮沸中美拉德反应和啤酒发酵过程中醇类的前驱物质或氧化产物。常见的醛类有甲醛、乙醛、丙醛、异丁醛、异戊醛、糠醛、反-2-壬烯醛等。对啤酒风味影响比较大的是乙醛、糠醛和反-2-壬烯醛。

5) 有机酸类

啤酒中的有机酸类约有 100 种,可分为不挥发酸、低挥发酸和挥发酸。酸是啤酒主要的呈味物质,正所谓"无酸不成酒"。啤酒中的酸类及其盐类决定啤酒的 pH 值和总酸含量。适量的酸赋予啤酒柔和与清爽的口感,同时为重要的缓冲物质控制啤酒的 pH 值。缺少酸类,啤酒口感呆滞、黏稠、不爽口;过量的酸会使啤酒口感粗糙、不柔和、不协调。啤酒中有机酸的种类和含量是判断啤酒发酵是否正常和是否污染产酸菌的标志。

啤酒中的总酸来自麦芽等原料、糖化发酵的反应产物、水和工艺外加酸(乳酸、磷酸或盐酸)。

6) 含硫化合物

啤酒中含硫化合物分挥发性和非挥发性两大类,其中非发挥性含硫化合物包括无机硫化物和含硫氨基酸,是挥发性含硫化合物的前驱物质。啤酒中的含硫化合物主要来自麦芽、辅料、酒花、酿造用水和酵母的硫代谢。啤酒中大多数挥发性含硫化合物是低阈值的强风味物质,对啤酒风味影响很大,尤其是低分子量的含硫化合物的影响更大。影响比较大的含硫化合物有二甲硫(DMS)、SO_2、H_2S 和 3-甲基-2-丁烯-1-硫醇。

[知识拓展]

2.4.8　新的啤酒品种

1) 干啤酒(dry beer)

干啤酒是指酒的发酵度极高,酒中残糖极低,口味清淡爽口,后味干净,无杂味的一类啤酒。1987 年首先由日本推出,之后风靡世界。一般来说,干啤酒的真正发酵度应达 72% 以上,有的则高达 80% 以上,以区别普通的淡爽型啤酒,而酒精含量则与普通啤酒差别不大。

2) 无醇(低醇) 啤酒

现在国际上命名的"无醇啤酒"(alcohol-free beer),概念非常模糊。一般认为,酒精含量为 0.5%(体积百分比) 以下者,可称为无醇啤酒;酒精含量在 2.5%(体积百分比) 以下者,可称为低醇啤酒。目前,此类啤酒还达不到正常啤酒所具有的风味特点,存在风味和质量问题。纯生啤酒常用的生产方法主要有:膜分离法、热处理法、终止发酵法。

3) 稀释啤酒

稀释啤酒是"高浓度麦汁酿造后稀释啤酒"的简称,即制备高浓度麦汁(15°P 以上),进行高浓度麦汁发酵,然后再稀释成传统的 8 ~ 12°P 的啤酒。

4) 冰啤酒

除符合淡色啤酒的技术要求外,在过滤前需经冰晶化工艺处理,口味纯净,保质期浊度不大于 0.8EBC。

任务2.5　啤酒的后处理技术

[任务要求]

1. 熟悉啤酒的过滤方法,重点掌握硅藻土过滤法及各自的优缺点。

2. 了解啤酒包装技术,重点熟悉瓶装啤酒的包装和灭菌技术。

3. 了解啤酒设备清洗与杀菌技术。

[技能训练]

2.5.1　原材料准备

待滤啤酒、硅藻土、热水、无菌冷水等。

2.5.2　器材准备

硅藻土过滤机、浊度仪、清酒罐、啤酒灌装生产线、CO_2钢瓶、玻璃瓶等。

2.5.3　工艺流程

待滤啤酒→硅藻土粗滤→精滤→清酒→包装。

2.5.4　操作要点

1)啤酒过滤的技术要求

啤酒过滤的技术要求是:除去成熟啤酒中的酵母、蛋白质与多酚络合物、酒花树脂及其氧化物等。减少导致成品啤酒产生轻微混浊的物质,如胨多酚、β-葡聚糖等。防止CO_2损失和氧的吸收,控制过滤后啤酒的清亮程度,一般浊度要求在$0.2 \sim 0.5$ EBC以下。

2)啤酒过滤

(1)粗滤—硅藻土过滤

①板框式硅藻土过滤机:板框式硅藻土过滤机由滤板和滤框交替排列而成,用支撑纸板挂附在滤框上。操作如下:

首先检查过滤机和管路是否完好,启动过滤机输液泵,打开进出水阀,输入冷清水,清洗过滤机,然后进$85 \sim 90$ ℃热水,杀菌$20 \sim 30$ min。

杀菌后通入冷水顶出热水,使过滤机冷却,同时将过滤机上部4个视镜上的排气孔打开,排尽空气,并进一步压紧。

进行第一次预涂和第二次预涂,然后过滤,并添加硅藻土。观察酒液清亮后将其导入清酒罐,并保持罐压至$0.10 \sim 0.18$ MPa。

当过滤机达到规定的工作压力时,即可停机。最后进行清洗,并更换纸板。

②叶片式硅藻土过滤机:叶片式硅藻土过滤机可分为垂直叶片式和水平叶片式两种。

垂直叶片式硅藻土过滤机:过滤准备工作是将顶盖紧闭,将啤酒与硅藻土的混合液泵送入过滤器,以制备硅藻土涂层。混合液中的硅藻土颗粒被截留在滤叶表面的细金属网上面,啤酒则穿过金属网,流进滤叶内腔,然后在汇集总管流出。浊液反流,直到流出的啤酒澄清为止。此时表明,预涂层制备完毕,接着可以过滤啤酒。过滤结束后,压出器内啤酒,然后反向压入清水,使滤饼脱落,自底部卸出。

水平叶式硅藻土过滤机操作方式与垂直叶片式硅藻土过滤机大致相同,只是在过滤结束后,它在反向压入清水后,还开动空心转轴,在惯性离心力作用下,卸除滤饼。

(2)精滤—板式过滤机

精滤机是将经过硅藻土过滤后的啤酒,再一次使用滤隙更小的过滤层过滤,该过滤层被称为精滤机。板式过滤机的操作规程为:

①安装好滤板,小心压水进入过滤板,驱除空气;

②通入热水杀菌,再通入无菌脱氧水冷却到与酒同温,即可开始滤酒;

③过滤结束时的压差不应超过 0.13 MPa,并在过滤过程中适当进行反压,防止 CO_2 膨胀,降低板的强度;

④滤纸板饱和后,可进行反冲洗涤,重复使用。

(3)微孔膜过滤法

微孔膜过滤法多用于精滤生产无菌鲜啤酒,先经过离心机或硅藻土过滤机粗滤,再经过膜滤除菌。薄膜先用 95 ℃ 热水杀菌 20 min。杀菌水则先用 0.45nm 微孔膜过滤除去微粒和胶体,用无菌水顶出滤机中杀菌水,加压检验,若压差小于规定值,是破裂之兆,应拆开检查,重新安装。

3)啤酒包装

啤酒包装是啤酒生产过程中的最后一个环节,将过滤好的啤酒从清酒罐中分别灌装入洁净的瓶、罐或桶中,立即封盖,进行生物稳定处理,贴标、装箱为成品啤酒,投放市场的啤酒多以瓶装为主。

包装工艺及操作是否合理,对啤酒质量的稳定性和保质期有直接影响。如果控制不当,就会在极短的包装时间内使酿造好的啤酒变成次酒乃至不合格啤酒。严格认真的包装,能保证产品质量,降低酒损和瓶耗。

(1)啤酒包装过程的要求

①严格做到无菌操作,必须防止啤酒被杂菌污染,使成品啤酒符合食品卫生要求。

②包装过程中,应尽量避免啤酒与空气接触,防止啤酒因氧化而造成老化味和氧化混浊。

③包装过程中,须防止啤酒中二氧化碳的溢出,以保证啤酒的杀口力和泡沫性能。

(2)瓶装啤酒的包装

①选瓶:啤酒瓶有新瓶和回收瓶两种。可根据空瓶的颜色、高度、直径和外形轮廓选择瓶型拣选装置,选择出符合要求的啤酒瓶。

回收瓶应去除瓶盖和吸管,拣出油污瓶、异形瓶、缺口瓶、裂纹瓶及杂色瓶,以增加包装能力及减少损失。

②洗瓶:洗瓶机是清洗回收旧瓶,并使瓶子达到无细菌、无标纸、洁净卫生的洗瓶设备。新瓶可直接高压水洗,回收瓶则要经过碱液清洗,再用高压水清洗,并用酚酞指示剂检查有无

碱液残留。

③空瓶检验:验瓶方法有光学检验仪验瓶和人工验瓶两种。光学检验仪验瓶采用全瓶检验技术。全瓶检验包括瓶底检验、瓶壁检验和瓶口检验。人工验瓶是利用灯光照射、人工检验瓶口、瓶身和瓶底,发现瓶子有污物、不洁、破损时,一律拣出。应控制瓶子输送速度为80~100个/min为宜,如果灌装速度快,可采用双轨验瓶。

④灌装:灌装的方法主要有加压灌装法、抽真空充CO_2灌装法、二次抽真空灌装法、CO_2抗压灌装法、热灌装法、无菌灌装法等。灌装工艺要求如下:

a. 啤酒应在等压条件下灌装,酒温要低,一般为0~4 ℃,灌装压力为0.15~0.8 MPa,压力波动绝对值小于0.03 MPa,应尽量避免CO_2的散失和酒液溢流。

b. 酒阀密封性能好,酒管畅通;瓶托风压保持在0.25~0.32 MPa,长管阀的酒管口距瓶底距离为1.5~3.0 cm。

c. 灌装后用0.2~0.4 MPa的清酒或CO_2激泡,使瓶颈空气排出,空气量降至1 mL/瓶以下。

d. 装酒容量为(640±10) mL、(355±5) mL,保持液面高度一致,注意要有4%~5%的膨胀空间,否则杀菌时易暴瓶。

e. 灌装过程中避免一切增加含氧量和带入杂菌的人工操作工序。如用手接触瓶口或人工充满啤酒等。

装瓶操作要点:

a. 装酒机在装酒前要清洗和杀菌,同时,装酒机上的储酒缸(或槽)要预先用CO_2背压,然后缓慢平稳地将啤酒由清酒罐送至装酒机的酒缸内,保持缸内2/3高度的啤酒液位。

b. 装酒过程中,随时掌握酒缸内液位、压力和装酒速度,保持平稳运转。

c. 排除瓶颈空气。装酒后,可采用机械敲击、超声波起沫,或利用高压喷射装置,喷射少量的啤酒、无菌水或CO_2激泡,将瓶颈空气排除,然后压盖。

⑤压盖:操作要点为:每个压盖元件中有行程控制间隔H,通过测量H,确定其行程值,并作适当的调节,获得最佳的压盖效果;根据瓶盖性质,如瓶盖马口铁及瓶垫厚度,调节压盖模行程和弹簧压力大小;控制瓶盖压盖后外径为$\phi 28.6 \sim 29.1$mm,有的用瓶盖密封检测仪来检验瓶盖的耐压强度,双针式压力表可自动显示和记录瓶盖失效瞬间的最大压力(0.85 MPa)。

⑥杀菌:酿造出来的鲜啤酒,一般含有酵母菌和其他杂菌;需经杀菌处理,以提高产品的生物稳定性和延长啤酒保存期。

瓶装熟啤酒应进行巴氏杀菌,小厂用吊笼式杀菌槽,大厂用隧道式喷淋杀菌机。隧道式喷林杀菌机的行业标准为ZB Y99037—1990,适用于瓶装、易拉罐装啤酒杀菌。

啤酒杀菌的工艺要求:

a. 经杀菌的啤酒不得发生酵母混浊,色、香、味不得与原酒有显著变化。

b. 在灭菌温度65 ℃以下、CO_2含量0.4%~0.5%条件下,瓶装啤酒的瓶颈空间容积应为瓶容积的3%。杀菌温度超过65 ℃,应保持瓶颈空间容积为瓶容积的4%。

c. 喷淋水喷射均匀,公称处理量时,杀菌效果为15~30 Pu,主杀菌区杀菌温度为61~62 ℃。

杀菌操作要点：

a. 根据所使用的杀菌机，严格控制各区温度和时间。各区温差不得超过 35 ℃，瓶子升降温速度控制在 2～3 ℃/min 为宜，以防止温差太大引起瓶子破裂。

b. 定时（每隔 0.5～1 h）检测各区温度，温度变化以 ±1 ℃ 为宜，每班要测 Pu 值 1～2 次。

c. 严格清洗机体、喷嘴、管路，喷淋水压 0.2～0.3 MPa。

⑦验酒、贴标：人工验酒，及时拿出不合格酒；然后进入贴标机贴标，喷码等工序。

⑧装箱：人工或机械装箱。

（3）桶装啤酒的包装

桶装啤酒是未经彻底灭菌的鲜啤酒，包装简便、成本低、口味新鲜，清爽杀口，近年来受到企业的重视，桶装啤酒的包装容器一般采用不锈钢桶或不锈钢内胆、带保温层的保鲜桶，桶的规格有 8，25，30，50 L 等。包装前，啤酒要经瞬间杀菌处理或经无菌过滤处理。前者是由板式热交换器将啤酒升温到 72 ℃，保持 30 s，然后再用 0～2 ℃ 冰水冷却后，进入缓冲罐，最后送至桶装线包装，瞬时杀菌的巴氏灭菌值可达到 25～30 Pu，可延长保质期。后者是采用微孔超滤法，以滤除细菌、酵母细胞，保持生啤的生物稳定性。工艺流程如下：

空桶→浸泡→刷洗→巴氏灭菌（无菌过滤）→灌装→垛装

（4）罐装啤酒的包装

一般用铝镁合金二片易拉罐包装，容量 355 mL，其体轻，便于运输和携带。空罐经清洗、紫外线灭菌后进行灌装。装罐封口后，罐倒置进入巴氏杀菌机。杀菌温度一般为 61～62 ℃，时间 10 min 以上。杀菌后，经鼓风机吹除罐底及罐身的残水。然后使用自动喷墨机在易拉罐底部喷上生产日期或批号。最后罐装啤酒倒正，装箱。

罐装啤酒应注意要保证容器、设备、压缩空气或 CO_2、环境等卫生，防止氧的进入。灌装温度控制在 2～4 ℃，灭菌后快速冷却至 35 ℃ 以下等。

[理论链接]

2.5.5　啤酒过滤的基本原理

啤酒过滤澄清的原理主要是通过过滤介质的阻挡作用（或截留作用）、深度效应（介质空隙网作用）和静电吸附作用等使啤酒中存在的微生物、冷凝固物等大颗粒固形物被分离出来，而使啤酒澄清透亮。

2.5.6　啤酒过滤方法

（1）滤棉过滤法

滤棉过滤是一种古老的过滤法，它是用脱脂的棉纤维或木纤维，再掺入 1%～5% 石棉制成棉饼，并以此作为过滤介质的过滤方法。滤棉过滤法能滤出清亮透明的啤酒，保持传统产品的独特风味，并有较好的稳定性。但因其存在的诸多缺点：如费工费时，过滤成本高，石棉对人体有害，存在安全隐患等，已逐步被淘汰。

（2）硅藻土过滤法

硅藻土是在古老地质年代中沉积在湖底、海底的藻类-硅藻的化石，其化学成分是二氧化

硅,经特殊加工而成轻质、松软的粉状矿物,具有极大的吸附和渗透能力,是一种惰性的助滤剂或清洁剂。

与滤饼过滤法相比,硅藻土过滤法具有明显的优点:

①实现自动化,人员减少约一半,在室温下操作方便。

②不断更新滤床,过滤速度加快,生产效率提高。

③滤酒损耗降低1.4%左右。

④硅藻土表面积大,吸附力强,无毒,能滤除$0.1 \sim 1.0~\mu m$以下的微粒,提高啤酒的清亮度,对啤酒风味无影响,能延长成品啤酒的保质期。

硅藻土过滤法具有的缺点是:

①设备一次性投资大。

②消耗硅藻土量大。

硅藻土过滤机型号有很多,一般分为3种类型:板框过滤机、叶片式过滤机和柱式过滤机。其设计的特点是体积小,过滤能力强,操作自动化。

（3）微孔膜过滤法

微孔薄膜是用生物和化学稳定性很强的合成纤维和塑料制成的多孔膜。该方法多用于精滤生产无菌鲜啤酒,先经过离心机或硅藻土过滤机粗滤,再经过膜滤除菌。

2.5.7　影响啤酒过滤的因素

（1）成熟啤酒的质量状况

成熟啤酒中的悬浮颗粒的组成、数量、大小等都会直接影响过滤质量和速度。一般要求酵母细胞数在$2 \times 10^6/mL$以下;若啤酒中高分子β-葡聚糖多,黏度高,会造成啤酒过滤困难。

（2）过滤设备及其技术条件

过滤工艺要求低温、稳压、合理回流,以使过滤的啤酒符合清亮透明、富有光泽、口味纯正等的要求,而且啤酒损耗较少,达到降低成本的目的。

任务2.6　成品啤酒

[任务要求]

1. 了解啤酒的生物性、非生物性稳定性因素,学会分析解决啤酒常见的风味危害。

2. 熟悉啤酒的质量标准要求。

[理论链接]

2.6.1　啤酒的稳定性

1）啤酒的生物稳定性

经过一般过滤的成品啤酒中或多或少存在培养酵母和其他细菌、野生酵母等,由于存在数量少（$10^2 \sim 10^3$个/mL）,对啤酒的澄清、透明度影响不大。若在啤酒保存期中,这些微生物

繁殖到 $10^4 \sim 10^5$ 个/mL 以上，啤酒就会发生口味的恶化，变成混浊和有沉淀物，这种现象称为啤酒的"生物稳定性破坏"或"生物混浊"。

不经过除菌处理的鲜啤酒，其生物稳定性仅能保持 $7 \sim 30$ d。经过除菌处理的啤酒，能保持长期的生物稳定性。

目前允许使用的啤酒除菌的方法有两种，即低热消毒法（杀菌法）和过滤除菌法。啤酒热消毒的原理是微生物在受到某一高于生长温度的作用下，微生物中的蛋白质、核酸、酶就会逐步发生不可逆的变性、失活，甚至导致微生物的死亡。过滤除菌法是利用细菌不能通过致密具孔滤材的原理以除去气体或液体中微生物的方法。常用于热不稳定的药品溶液或原料的除菌。

2）啤酒的非生物稳定性

啤酒是一种稳定性不强的胶体溶液，含有多种有机和无机成分，如糊精、β-葡聚糖、蛋白质和它的分解产物多肽、多酚、酒花树脂，还有少量的酵母等微生物。当外界条件发生变化时，一些胶体颗粒便聚合成较大粒子而析出，形成混浊沉淀，影响产品的外观质量。啤酒生产者在生产啤酒时，力求减少成品啤酒中这些不稳定的大分子物质，使啤酒在保质期内始终是稳定的，即保持澄清、透明。但这些大分子胶体物质又是口味物质，非生物稳定性长的啤酒并不一定口味最好。

影响啤酒非生物稳定性的因素主要有以下两种：

（1）高分子蛋白质

高分子蛋白质是啤酒非生物混浊的主要因素之一。可通过单宁沉淀法、蛋白酶水解法、吸附法除去，减少此类浑浊。

（2）多酚物质

多酚物质是啤酒非生物混浊的主要因素之二。多酚是指同一苯环上有两个以上的酚羟基的化合物。在非生物混浊啤酒中，主要是多酚-蛋白质形成的混浊。减少啤酒中的多酚物质的措施有：

①选择适宜的酿造原料；

②控制适当的麦芽粉碎度；

③采取有效措施降低酶活性；

④选择适当的浸麦工艺；

⑤控制适当的 pH 值；

⑥采用适当的过滤、煮沸工艺和发酵工艺；

⑦适当使用添加剂等。

多酚是啤酒出现混浊的潜在物质之一，影响成品啤酒的非生物稳定性，但也是风味物质。虽然啤酒中总多酚（包括花色苷）的减少能增加啤酒的非生物稳定性，但过多减少反而会影响啤酒的风味。因此，在确保延长保质期而又不影响啤酒风味的前提下，国外成品啤酒中一般控制总多酚在 100 mg/L 以内，花色苷在 $30 \sim 50$ mg/L 以内。

3）啤酒风味稳定性

要掌握风味变化的规律，从原料、酵母、工艺上采取措施，恰如其分地进行微量分析和品评，制定科学的酿造工艺，就会把握住酒质的风味，酿造新鲜可口的好啤酒。影响风味稳定性的主要因素有以下 7 种：

（1）原料问题

麦芽皮厚，粒小，多酚含量高；辅料油脂已氧化；酒花陈旧、氧化；水质暂时硬度过高，pH偏碱性等。

（2）制麦问题

大麦精选不良，含杂质多；浸麦水偏酸，添加石灰或苛性钠不足，麦皮中色素、多酚浸出不够；麦芽过溶解，干燥温度偏高，会使啤酒色深味粗。

（3）糖化问题

糖化各工序应尽量避免氧的吸收，以防还原物质被氧化；控制过滤麦汁浊度，减少脂肪酸含量；避免麦汁过分暴露在热环境中，以防美拉德反应及类似物反应。

（4）发酵问题

加强酵母的管理，防止变异退化；麦汁充氧不适当；热冷凝固物分离不彻底，发酵温度偏高，双乙酰还原不充分等致使发酵副产物不良，酒龄太短，储酒温度偏高等。

（5）过滤问题

硅藻土质量不好，含杂味重；滤酒操作不当，酒不清，溶解氧多，二氧化碳溢出过多。

（6）灌装问题

灌装会直接影响啤酒的风味。洗瓶后残留碱液，瓶颈空气含量多，杀菌温度高、时间长，啤酒储存温度高，光照等均会严重影响啤酒的风味。

（7）卫生问题

凡和成品接触的容器及管道，清洗和杀菌不彻底，污染化学残液和杂菌，铁质涂料脱落，压缩空气不净化处理、带水带油等，都会影响啤酒的风味。

2.6.2　啤酒常见的风味病害及产生原因

酿造者只有熟悉啤酒常见的风味病害及产生原因，才能积极采取措施加以防止和纠正。

（1）啤酒的涩味

涩味是使舌头感到不滑润、不好受的一种滋味，即使人舌头有发木、发滞、粗糙的感觉。

造成啤酒苦涩的原因：糖化水的 pH 偏高，高硫酸盐、高镁和铁，麦汁煮沸时 pH 高，使用陈旧酒花和冷凝物进入发酵液，过分使用单宁酸作沉淀剂，非正常高酒精含量等。

（2）酵母味

酵母死亡后除产生酵母自溶外，还产生一种苦涩的异味，俗称酵母味。导致酵母自溶的因素主要有酵母储养温度高、发酵温度高，酵母衰老、退化，酵母添加量过大，麦汁供氧不足等。此外，啤酒中硫化氢超过 5 μg/L 时也会出现酵母味。如麦汁煮沸不完善，麦汁过分氧化，劣质酵母，发酵缓慢，使用亚硫酸盐，污染了产生硫化氢的微生物，巴氏灭菌温度过高，包装啤酒高温储藏和曝光等都可能导致硫化氢含量的增加。

（3）腻厚味

啤酒产生腻厚味的原因可能是啤酒中高级醇含量超过 100 mg/L，发酵度低，残余浸出物多，糊精含量高。

（4）氧化味或老化味

啤酒生产从制麦到发酵过程，形成大量的风味老化物质的前体，如杂醇、脂肪酸（尤其是不饱和脂肪酸）、α-氨基酸、还原糖等，以及一些本身无风味活性，但其可以通过氧化还原作用和催化活性来影响风味老化的物质，如类黑色素、多酚等。

（5）日光臭味

啤酒中存在的异葎草酮、硫化氢、核黄素、含硫氨基酸和维生素 C 等，在波长为 350～500 nm 的光线照射下，均会不同程度地加速日光臭的特性物质 3-甲基-2-丁烯-1-硫醇的形成。这种波长的光透过无色瓶最多，绿色瓶次之，棕色瓶和铝罐最少，所以应避免日光照射或采用透光少的材料包装。

（6）微生物的污染产生的异味

高温发酵染上杆菌和球菌，会产生令人恶心的芹菜味和酸味；染上野生酵母，会产生异香、酸、霉、辣、苦涩、甜味等。染上乳酸杆菌后，会使啤酒变酸，很快产生混浊；污染八叠球菌会带来酸味和双乙酰味。

（7）设备缺陷产生的异味

容器涂料不良产生的涂料味、溶剂味，酒液与铁质容器接触产生的铁腥味等，从而降低了啤酒的品质。

2.6.3 啤酒的质量标准要求

1）感观指标

啤酒的感官指标应符合 GB 4927—2001 的要求。淡色啤酒的感观指标应符合表 2.3 的规定。

表 2.3　淡色啤酒的感观指标

项目		优级	一级	二级
外观[1]	透明度	清亮透明，允许有肉眼可见的微细悬浮物和沉淀物（非外来异物）		
	浊度/EBC≤	0.9	1.2	1.5
泡沫	形态	泡沫洁白细腻，持久挂杯	泡沫较洁白细腻，较持久挂杯	泡沫尚洁白，尚细腻
	泡持性[2]，S≥　瓶装	200	170	120
	听装	170	150	
	香气和口味	有明显的酒花香气，口味纯正，爽口，酒体谐调，柔和，无异香、异味	有较明显的酒花香气，口味纯正，较爽口，协调，无异香、异味	有酒花香气，口味较纯正，无异味
[1]对非瓶装的"鲜啤酒"无要求。				
[2]对桶装（鲜、生、熟）啤酒无要求。				

注：此表引自王文甫，《啤酒生产工艺》，中国轻工业出版社。

2）啤酒理化指标

啤酒的理化要求应符合 GB 4927—2001。淡色啤酒的理化要求见表2.4。

表2.4　淡色啤酒理化要求

项目		优级	一级	二级
酒精度[1]，%（V/V）[或%（m/m）]≥	大于、等于 14.1°P	5.5[4.3]		5.2[4.1]
	12.1～14.0°P	4.7[3.7]		4.5[3.5]
	11.1～12.0°P	4.3[3.4]		4.1[3.2]
	10.1～11.0°P	4.0[3.1]		3.7[2.9]
	8.1～10.0°P	3.6[2.8]		3.3[2.6]
	等于、小于 8.0°P	3.1[2.4]		2.8[2.2]
原麦汁浓度[2]，°P≥	大于、等于 10.1°P		X-0.3	
	等于、小于 10.0°P		X-0.2	
总酸，mL/100 mL≤	大于、等于 14.1°P		3.5	
	10.1～14.0°P		2.6	
	等于、小于 10.0°P		2.2	
二氧化碳[3]，%（m/m）		0.40～0.65		0.35～0.65
双乙酰，mg/L ≤		0.10	0.15	0.20
蔗糖转化酶活性[4]			呈阳性	

[1]不包括低醇啤酒。

[2]"X"为标签上标注的原麦汁浓度，"-0.3"或"-0.2"为允许的负偏差。

[3]桶装（鲜、生、熟）啤酒二氧化碳不得小于 0.25%（m/m）。

[4]仅对"生啤酒"和"鲜啤酒"有要求。

3）啤酒卫生指标

啤酒的卫生理化指标应符合 GB 2758—2005，见表2.5。

表2.5　啤酒卫生理化指标

项目	指标
总二氧化硫（SO_2）/（mg/L）	—
甲醛/（mg/L）	≤2.0
铅（Pb）/（mg/L）	≤0.5

4）啤酒的微生物指标

啤酒的微生物指标应符合发酵酒卫生标准 GB 2758—2005，见表2.6。

表 2.6　啤酒的微生物指标

项目	指标	
	鲜啤酒	生啤酒、熟啤酒
菌落总数/(cfu·mL⁻¹)	—	≤50
大肠菌群/(MPN·100 mL⁻¹)	≤3	≤3
肠道致病菌(沙门菌、金黄色葡萄球菌、志贺菌)	不得检出	

• 项目小结 •

　　本项目主要介绍了啤酒的定义及分类,啤酒生产的原辅料及生产过程(主要包括制麦、糖化、发酵、灌装 4 个部分);发酵过程中糖类和含氮物质的转化以及啤酒风味物质的形成等基本理论;啤酒的生物稳定性和非生物稳定性,风味危害和产生原因等。

 复习思考题

1.麦芽粉碎的目的与要求?麦芽粉碎的方法有哪几种?

2.麦汁糖化的方法有哪些?它们的特点是什么?

3.麦汁糖化时有哪些主要物质发生了变化?

4.麦汁的煮沸与添加酒花的目的和作用是什么?

5.试述糖化生产的技术要求和操作规程。

6.分析啤酒常见的风味危害及产生原因。

项目 3

葡萄酒生产技术

【项目导读】

葡萄酒是世界三大酿造酒之一,传统酿酒技术发展已近成熟,并发展了二氧化碳浸渍法、旋转罐法等新工艺与新技术。中国的葡萄酒产业在未来将发生巨大的变化,打造自己的葡萄酒消费文化。

【知识目标】

➤熟悉葡萄酒的种类及其特点;葡萄酒酿造前原料的选择与准备的相关知识;

➤掌握酿酒葡萄的种类、采收、葡萄汁的制备及二氧化硫的添加等相关知识;

➤掌握红、白葡萄酒的酿造工艺技术;葡萄酒的后处理及其罐装技术;

➤了解其他葡萄酒及葡萄酒新工艺生产的基本知识。

【能力目标】

➤能够熟练操作葡萄酒酿造的各项技能;

➤能够分析葡萄酒酿造过程的影响因素,并学会用本项目所学基本理论分析解决生产实践中的相关问题。学会分析产品生产中常见的问题。

任务 3.1 葡萄酒生产的原辅料

[任务要求]

1. 了解葡萄原料的构造及成分。
2. 掌握酿酒葡萄的品种以及葡萄采收的相关知识。

[理论链接]

3.1.1 葡萄酒酿造主料——葡萄

葡萄是一种营养价值很高、用途很广的浆果植物,具有高产、结果早、适应性强、寿命长的特点,因此世界上栽种范围很广,我国也有大面积栽培。如今,随着人民生活水平的提高和酿酒工业的发展,葡萄的栽培得到了快速发展。

在所有水果中,葡萄最适于酿酒,其主要原因如下:

①葡萄皮上带有天然葡萄酒酵母;

②葡萄汁里含有酵母生长所需的所有营养成分,满足了酵母的生长繁殖;

③葡萄汁酸度较高,适宜酵母的生长,但能抑制细菌生长;

④由葡萄汁发酵得到的葡萄酒酒度高、酸度高,可保证酒的生物稳定性。

⑤葡萄果皮拥有美丽的颜色,或浓郁或清雅的香味,可酿制成色、香、味俱佳的美酒。

1)葡萄的组成和成分

葡萄果实的组成可分成果梗、果皮、果肉、葡萄籽4个部分。每一部分的成分对于酒的品质产生极大影响,而且葡萄的成分常常变化,不但因品种而不同,即使同一品种也常因土壤气候、施肥方法、栽培方法等而改变其成分。白葡萄酒是将葡萄汁榨出发酵,主要与果汁的成分有关,红葡萄酒连同果皮、果核等一起发酵,因此,除果汁外,果皮等的成分也会影响成品的色、香、味。

(1)果梗

果梗是支撑浆果的骨架,含有单宁和树脂等成分。单宁具有粗糙的涩味,树脂会使酒产生过重的涩味。此外,发酵时果梗的存在,会影响红葡萄酒的色泽。因此,在葡萄浆果破碎的同时要进行除梗。

(2)果粒

果粒即葡萄浆果包括:果皮、葡萄籽、果肉(浆)3个部分,其质量比为:果皮6% ~ 12%,葡萄籽2% ~ 5%,果肉(浆)83% ~ 92%。

①果皮:葡萄的果皮由表皮和皮层构成,在表皮上有一层蜡液,可使表皮不被湿润。皮层由一层细胞构成。在果粒发育成长时,果皮的质量增加很少。果粒长大后,果皮成为有弹性的薄膜,能使空气渗入,而阻止微生物的进入,保护了果实。

果皮中含有单宁和花色苷,这两种成分对酿造红葡萄酒极其重要,是葡萄和葡萄酒中的主要色素物质。果皮中含有的芳香成分赋予果实一种特有的果实香味,不同的葡萄品种,这种香味也是特定的,它决定于它们所含有的芳香物质的种类及其比例。

②葡萄籽:一般葡萄有4个籽,有的葡萄由于发育不全而缺少几个籽,有些葡萄无籽,如新疆无核白葡萄。葡萄籽含有对葡萄酒有害的物质,如脂肪和单宁。葡萄籽中的单宁与果皮中的单宁结构不一样,这反映在两者的乙醇指数和高聚指数的不同上。葡萄籽中所含单宁具有较高的收敛性。因此要避免在破碎、压榨时,葡萄籽被压碎,而使脂肪和单宁进入葡萄酒。

③果肉:破碎的果肉即为果浆,这是葡萄的主要部分。果肉由细胞壁很薄的大细胞构成,每个大细胞中都有一个很大的液泡,其中含有糖、酸及其他物质。酿酒用葡萄的果肉柔软多汁,而食用品种则显得组织紧密而耐嚼。果肉中的主要成分是还原糖和有机酸,其还原糖是果糖和葡萄糖。中部果肉的含糖量最高。果肉成分见表3.1。

表3.1　果肉中的主要成分

成分	水分	还原糖	矿物质	苹果酸	酒石酸	单宁	果胶物质
含量/%	65~80	15~30	0.2~0.3	0.1~1.5	0.2~1.0	痕量	0.05~0.1

2)酿酒用葡萄品种

酿酒葡萄按其用途可分为3类,即酿造红葡萄酒品种、酿造白葡萄酒品种和调色调香品种。

(1)酿造红葡萄酒的优良品种

酿造红葡萄酒的优良品种,有赤霞珠、品丽珠、梅鹿汁、佳丽酿、黑品乐、法国兰、宝石解百纳等。这些品种大都是1892年由欧洲传入我国的,有的品种20世纪80年代后又经多次引入。其中法国兰适应性强,早熟高产,成酒呈宝石红色,味醇厚,是我国酿造红葡萄酒的主要良种之一。赤霞珠是法国波尔多地区酿造干红葡萄酒的传统名贵品种之一,具有"解百纳"的典型性,成酒酒质优,随着近几年"干红热"的流行,已成为我国红葡萄酒的重要原料品种。

①佳丽酿(*Carignane*):佳丽酿别名法国红,属欧亚种,原产西班牙。1892年引入我国,目前山东烟台、青岛、济南及黄河故道及北京栽培较多。它的生长期为150~168 d,为晚熟品种。浆果含糖量150~190 g/L,含酸量9~11 g/L,出汁率75%~80%,它所酿之酒为深宝石红色,味纯正,酒体丰满。该品种适应性强,耐盐碱,丰产,是酿制红葡萄酒的良种之一,也可酿制白葡萄酒。

②法国兰(*Blue French*):法国兰别名玛瑙红,属欧亚种,原产奥地利。1892年引入我国的山东烟台后,1954年再次从匈牙利引入北京。目前烟台、青岛、黄河故道和北京等地均有栽培。它的生长期为126~140 d,为中熟品种。浆果含糖160~200 g/L,含酸7~8.5 g/L,出汁率75%~80%。它所酿之酒呈宝石红色,味醇香浓。该品种适应性强,栽培性能好,丰产易管,是我国酿制红葡萄酒的良种之一。

③赤霞珠(*Cabernet Sauvignon*):赤霞珠别名解百纳,属欧亚种,原产法国。1892年由西欧引入我国烟台,目前山东、河北、河南、陕西、北京等地区均有栽培。它的生长期为148~

158 d,为中晚熟品种。浆果含糖量 160~200 g/L,含酸量 6~7.5 g/L,出汁率 75%~80%。它所酿之酒呈宝石红,醇和协调,酒体丰满,具典型性。该品种耐旱抗寒,是酿制干红葡萄酒的传统名贵品种之一。

④汉堡麝香(Muscat Hamburg):汉堡麝香别名玫瑰香、麝香,属欧亚种,原产英国。我国于 1892 年引入山东烟台,目前我国各地均有栽培。它的生长期为 130~155 d,为中晚熟品种。浆果含糖量 160~195 g/L,含酸量 7~9.5 g/L,出汁率 75%~80%,它所酿之酒呈红棕色,柔和爽口,浓麝香气。该品种适应性强,各地均有栽培,除作甜红葡萄酒原料外,还可酿制干白葡萄酒。

⑤蛇龙珠(Cabernet Gernischet):蛇龙珠属欧亚种,原产法国。我国 1892 年引入,目前烟台、青岛、河北昌黎等地栽培较多。它的生长期为 150 d 左右,浆果含糖量 160~195 g/L,含酸量 5.5~7.0 g/L,出汁率 75%~78%。它所酿之酒为宝石红,酒质细腻爽口。该品种适应性强,结果期较晚,产量高。与赤霞珠、品丽珠共称酿造红葡萄酒的三珠,是酿制高级红葡萄酒的品种。

⑥品丽珠(Cabernet Franc):品丽珠别名卡门耐特,属欧亚种,原产法国。我国烟台、河南、北京等地均有栽培。它的生长期为 150~155 d,为中晚熟品种。浆果含糖量 180~210 g/L,含酸量 7~8 g/L,出汁率约 70%,是优良红葡萄酒品种。

(2)酿造白葡萄酒的优良品种

酿造白葡萄酒的优良品种,有贵人香、霞多丽、白诗南、龙眼、赛美蓉等。其中,我国主栽品种是贵人香和龙眼。尤其龙眼,是我国古老的栽培品种,现在从黄土高原到山东均有广泛栽培,其中河北怀涿盆地栽培面积最大。屡次在国际获奖,被誉为"东方美酒"的长城干白,就是用的龙眼葡萄作为原料,成酒品质极佳,呈淡黄色,酒香纯正,具果香,酒体细致,柔和爽口,回味延绵。20 世纪 80 年代大量从法国引进的赛美蓉,现河北、山东、陕西和新疆均有栽培。

①雷司令(Gray Riesling):雷司令属欧亚种,原产德国,是世界著名品种。1892 年我国从西欧引入,在山东烟台和胶东地区栽培较多。它的生长期为 144~147 d,为中熟品种。浆果含糖量 170~210 g/L,含酸量 5~7 g/L,出汁率 68%~71%。它所酿之酒为浅禾黄色,香气浓郁,酒质纯净。该品种适应性强,较易栽培,但抗病性较差,主要酿制干白、甜白葡萄酒及香槟酒,具典型性。

②贵人香(Italian Riesling):贵人香别名意斯林、意大利里斯林,属欧亚种,原产法国南部。1892 年我国从西欧引入山东烟台,目前山东半岛及黄河故道地区栽培较多。它的生长期 147~156 d,浆果含糖量 170~200 g/L,含酸量 6~8 g/L,出汁率 80%。它所酿之酒为浅黄色,果香浓郁,味醇爽口,回味绵长。该品种适应性强,易管理,是酿造优质白葡萄酒的主要品种之一,是世界古老的酿酒品种。

③李将军(Pinot Gris):李将军别名灰品乐、灰比诺,属欧亚种,原产法国。1892 年我国从西欧引入,目前在烟台地区有栽培,它的生长期为 133~148 d,浆果含糖量 160~195 g/L,含酸量 7~10 g/L,出汁率 75%。它所酿之酒为浅黄色,清香爽口,回味绵延,具典型性。该品种为黑品乐的变种,故其有黑品乐相似的品质,适宜酿造干白葡萄酒与香槟酒。

④白羽:白羽别名尔卡齐杰利、白翼,原产格鲁吉亚。1956 年引入我国,目前山东、河南、

江苏、陕西等地均有大量栽培。它的生长期为144～170 d，为中晚熟品种。浆果含糖量为120～190 g/L，含酸量8～10 g/L，出汁率80%。它所酿之酒为浅黄色，果香协调，酒体完整。该品种栽培性状好，适应性强，是我国目前酿造白葡萄酒主要品种之一，同时还可酿造白兰地和香槟酒。

⑤龙眼：龙眼别名秋子、紫葡萄等，属欧亚种，原产中国，在我国具有悠久的历史，是我国古老的栽培品种。我国河北昌黎、张家口、山东、山西等地均有栽培。它的生长期160～180 d，为极晚熟品种。浆果含糖量120～180 g/L，含酸量8～9.8 g/L，出汁率75%～80%。它所酿之酒为淡黄色，酒香纯正，具果香，酒体细致，柔和爽口。该品种适应性强，耐储运，是我国酿造高级白葡萄酒的主要原料之一。

（3）山葡萄

山葡萄是我国特产，盛产于黑龙江、辽宁、吉林等省。

公酿一号具有山葡萄的特性，抗寒性、抗逆性强，是酿造山葡萄酒的良种之一。公酿一号别名28号葡萄，原产中国，山欧杂种，是汉堡麝香与山葡萄杂交育成。它的生长期为123～130 d，浆果含糖量150～160 g/L，含酸量15～21 g/L，出汁率65%～70%，它所酿之酒呈深宝石红、色艳、酸甜适口，具山葡萄酒的典型性。

（4）调色品种

调色品种其果实颜色呈紫红至紫黑色，葡萄皮和果汁均为红色或紫红色。按红葡萄酒酿造方法酿酒其酒色深可达黑色，专作葡萄酒的调色用。酿制调（染）色葡萄酒的优良品种，有烟74、晚红蜜、红汁露、巴柯等。

①紫北塞（*Alicante Bouschet*）：紫北塞属欧亚种，原产法国，目前我国烟台有少量栽培。它的生长期为130～150 d，浆果含糖量140～170 g/L，含酸量6～6.8 g/L，出汁率70%。该品种是世界古老品种，适应性与抗病性弱，所酿之酒经陈酿后色素易沉淀。

②烟74：烟74属欧亚种，原产中国，烟台张裕公司用紫北塞与汉堡麝香杂交而成。山东半岛栽培较多。它的生长期为120～125 d，浆果含糖量160～180 g/L，含酸量6～7.5 g/L，出汁率70%。它所酿之酒呈紫黑色，色素极浓。

3.1.2　酿酒用其他原材料

1）白砂糖（蔗糖）

配酒和葡萄汁改良需使用白砂糖或绵白糖。白砂糖应符合国标（GB 317—84）优级或一级质量标准。

2）食用酒精

配酒时要用到食用酒精，其质量必须达到国标一级的质量标准，若为二级酒精则需要进行脱臭、精制。也可采用葡萄酒精原白兰地（葡萄皮渣经发酵和蒸馏而得到的，又称皮渣白兰地）。

3）酒石酸、柠檬酸

葡萄汁的增酸改良要用到酒石酸和柠檬酸。另外，在配酒时，要用到柠檬酸以调节酒的滋味,并可防止铁破败病。柠檬酸应符合国标(GB 2760—81)所规定的质量标准,纯度98%以上。

4)二氧化硫

在发酵基质中或在葡萄酒中加入适量的二氧化硫,可使发酵顺利进行或有利于葡萄酒的储存。

(1)二氧化硫的作用

①杀菌和抑菌:二氧化硫是一种杀菌剂,它能抑制各种微生物的活动。微生物抵抗二氧化硫的能力不一样。细菌最为敏感,其次是尖端酵母。而葡萄酒酵母抗二氧化硫能力较强(250 mg/L)。通过添加适量的二氧化硫,能使葡萄酒酵母健康发育与正常发酵。

②澄清作用:添加适量的二氧化硫,可延缓葡萄汁的发酵进程,有利于葡萄汁中悬浮物的沉降,使葡萄汁很快获得澄清。这对酿造白葡萄酒、桃红葡萄酒及葡萄汁的杀菌均有很大的好处。

③溶解作用:二氧化硫添加到葡萄汁中,与水化合生成的亚硫酸有利于果皮中色素、酒石、无机盐等成分的溶解,可增加浸出物的含量和酒的色度。

④增酸作用:增酸是杀菌与溶解两个作用的结果,一方面二氧化硫阻止了分解苹果酸与酒石酸的细菌活动,另一方面亚硫酸氧化成硫酸,与苹果酸及酒石酸的钾、钙等盐类作用,使酸游离,增加了不挥发酸的含量。

⑤抗氧化作用:二氧化硫能防止酒的氧化,特别是阻碍和破坏葡萄中的多酚氧化酶,包括健康葡萄中的酪氨酸酶和霉烂葡萄中的虫漆酶,减少单宁、色素的氧化,二氧化硫不仅能阻止氧化浑浊,颜色退化,还能防止葡萄汁过早褐变。

总之,二氧化硫在葡萄酒生产及储藏中具有不可取代的地位。对于二氧化硫有利作用的发挥和不良作用的避免,需要通过合理的用量及使用时间实现。

(2)二氧化硫的添加量

二氧化硫的具体添加量与葡萄品种,葡萄汁成分、温度、存在的微生物和它的活力、酿酒工艺及时期有关。

1953 年国际葡萄栽培与酿酒会议提出参考允许量:

成品酒中总二氧化硫含量为:干白 350 mg/L;干红 300 mg/L;甜酒 450 mg/L;我国规定为250 mg/L。

游离二氧化硫含量为:干白 50 mg/L;干红 30 mg/L;甜酒 100 mg/L;我国规定为50 mg/L。

葡萄汁(浆)在自然发酵时二氧化硫的一般参考添加量见表3.2。

表3.2　破碎和发酵时二氧化硫的用量　　　　　　　　单位:mg/L

葡萄状况	红葡萄酒	白葡萄酒
清洁、无病、酸度偏高	40~80	80~120
清洁、无病、酸度适中(0.6%~0.8%)	50~100	100~150
果子破裂、有霉病	120~180	180~220

（3）二氧化硫添加方式

①气体：燃烧硫磺绳、硫磺纸、硫磺块，产生二氧化硫气体，一般仅用于发酵桶的消毒，使用时需在专门燃烧器具内进行，目前已很少使用。

②液体：一般常用市售亚硫酸试剂，使用浓度为 5% ~ 6%。它有使用方便、添加量准确的优点。

③固体：常用偏重亚硫酸钾（$K_2S_2O_5$），加入酒中产生二氧化硫。偏重亚硫酸钾又名双黄氧，白色结晶，理论上含二氧化硫 57.6%（实际按 50% 计算），需保存在干燥处。这种药剂目前在国内葡萄酒厂普遍使用。

5）澄清剂

葡萄酒澄清使用的澄清剂（又称下胶材料）有：明胶、硅胶，鱼胶、蛋清、干酪素（酪蛋白）、皂土、单宁、血粉、果胶酶等。

白葡萄汁澄清使用的澄清剂有：二氧化硫、果胶酶、皂土等。

[知识拓展]

3.1.3　酿酒葡萄的采收

科学地确定采收期，不但能提高葡萄的产量，而且更重要的是能提高葡萄酒的质量。

1）葡萄酒类型对葡萄浆果成熟度的要求

葡萄浆果中各种成分的含量及其比例是影响葡萄酒质量的重要因素，而且不同类型葡萄酒对此具有不同的要求。浆果中各种成分的含量及比例的差异除了品种特性之外，正如上述浆果的成熟度也是决定的因素。因此要酿造优质葡萄酒，首先就要根据酒的类型，选择适当的葡萄品种，并在接近成熟期时采收。

①对于酿造果香味清雅的干白葡萄酒和起泡葡萄酒，应在葡萄即将完全成熟，葡萄浆果中的芳香物质含量接近最高时采收。

②对于红葡萄酒，应在葡萄完全成熟时，即色素物质含量最高，但酸又不过低时采收。

③对于要求酒度高或甜葡萄酒，则应在过熟期采收，尽量增加葡萄汁的糖度。

2）影响采收期确定的其他因素

除了要考虑在质量上对葡萄浆果的要求，还应兼顾葡萄的产量，以得到最大经济效益为目的。除此之外，还需要防止病害和自然灾害给葡萄带来的损失，对于容易发生病害和自然灾害的地区，可提早采收。还要考虑本厂的运输能力、劳力安排以及发酵能力等。

3）采收和运输

葡萄的采收方式可分为成片采摘和挑选采摘，但不管哪种方式都应根据确定采收期的原则确定采摘的每一果穗，不符合要求的暂时不采。好坏分开，分别酿造。

在运输中，为了防止葡萄受尘土污染，应用包装纸盖好。每箱要装实，但不可过满，以防挤压。使用卡车运输要满载，以免过于颠簸，而且要用绳子把箱子捆牢，防止箱子跳动而造成葡萄破损。车顶部要有覆盖物，以防葡萄受日晒和雨淋。采收后的葡萄应迅速地运走。

3.1.4 葡萄酒发展历史及发展趋势

1)世界葡萄酒工业发展历史

葡萄酒是以新鲜葡萄或葡萄汁经发酵酿制而成的低酒精度饮料酒,酒精含量为11%左右。葡萄酿酒历史悠久,据考古资料,人类在10 000年前的新石器时代就开始了采集野生葡萄果实和天然葡萄酒的酿造。公元前6世纪,希腊人把小亚细亚原产的葡萄酒通过马赛港传入高卢(即现在的法国),并将葡萄栽培和葡萄酒酿造技术传给了高卢人;公元1世纪时,高卢被征服,法国葡萄酒就此起源,并在公元2世纪时到达波尔多地区;15至16世纪,葡萄栽培和葡萄酒酿造技术随着传教士的足迹,传入南非、澳大利亚、新西兰、日本、朝鲜和美洲等地;17世纪末,欧洲的葡萄栽培和葡萄酿酒已经非常兴旺。19世纪中叶,是美国葡萄和葡萄酒生产的大发展时期。

进入20世纪,酿酒技术得到了很大程度的发展,发明了各种新式的酿造方法,并且能够精确控制酿造过程,同时人们也意识到了葡萄种植的重要性,形成了葡萄酒"七分原料,三分酿造"的认识。世界葡萄酒的产量在20世纪80年代的初期达到其最高峰(333.6亿L),逐年下降,到20世纪90年代初,全球葡萄酒产量下降了70亿L(下降21%)。2004年的世界葡萄酒总产量中,欧洲占主导地位,占总产量的71%,仅25国欧盟就占全球产量的62%。其次为美洲,占全球产量的16%。其他的各大洲共占总产量的4%~5%。

2)中国葡萄酒工业发展历史

中国是葡萄属植物的起源中心之一。据文字记载,葡萄酒在我国已有2 000多年的历史。公元前138年,张骞出使西域带回了酿酒葡萄,并引进酿酒艺人传授酿造葡萄酒的技术。汉代虽然曾引入了葡萄及葡萄酒生产技术,但葡萄酒的酿造技术并未大面积推广。直到唐太宗也从西域引入葡萄和酿酒方法,使得葡萄酒在内地有了较大的影响力,并在唐代延续了较长的历史时期。中国古代时期的葡萄酒生产水平在元代达到历史最高峰,败落于清末。

1892年,爱国华侨张弼士先生在山东烟台建立张裕葡萄酒公司。引进120多个酿酒葡萄品种和国外的酿酒工艺和酿酒设备,使我国的葡萄酒生产走上工业化大生产的道路。

新中国成立后,我国的葡萄酒工业获得了新生。除张裕葡萄酒公司外,相继成立了王朝葡萄酒公司、长城葡萄酒公司等知名企业,葡萄酒生产的水平逐步提高,葡萄酒行业不断壮大。葡萄酒企业的数量迅速增加,由1985年底的240多家增至目前的近500家,酿酒葡萄基地也由原来的10多万亩发展到目前40多万亩。产量过万吨的企业已经有7家。与此同时,还有一批严格按照国际标准、专业生产干型葡萄酒的中小企业也得到了国内外消费者的认可。苹果酸-乳酸菌发酵及气囊式压榨机和滚动式发酵罐等先进技术和设备的应用,进一步缩短了我国葡萄酒行业与国际水平的差距,为我国葡萄酒工业的腾飞奠定了坚实的基础。

3)我国葡萄酒工业发展趋势

进入21世纪,随着人民生活的不断提高和饮酒方式的改变,我国葡萄酒的生产量、消费量均呈现快速增长的趋势。根据国家统计局统计数据显示,2003年和2004年我国葡萄酒产量分别为34.3万t和39.3万t,同比增幅分别高达13.5%和14.6%,为同期饮料酒行业中增长速度最快的酒种。2006 年葡萄酒行业进入平稳发展期。全年行业销售收入达到 129.52 亿元,同比增长 25.04%,利润总额达到 13.53 亿元,同比增长 19.6%。2007 年 1—5 月,国内葡萄酒产量同比增长 15.3%,销售收入同比增长 18%,行业保持快速增长势头。

葡萄酒行业集中度远高于啤酒和白酒。张裕、长城和王朝的销量占 50% 的市场份额,利润总额更是占到行业的 67%。王朝、张裕、长城三家国产品牌通过超市等多渠道的扩张,已在国内消费者心目中占据重要的位置。

中国葡萄酒产业在未来将发生巨大的变化,主要有以下发展趋势:

(1)发展高端葡萄酒

伴随着葡萄酒市场的规范化,消费的成熟化,品牌、品质成为葡萄酒消费的主要因素,加上经济发展、消费者可支配收入等宏观经济因素的影响,消费者的葡萄酒消费逐渐转向奢侈消费,葡萄酒行业结构也向倒金字塔形转变。高端葡萄酒发展势头迅猛,增加了高端葡萄酒市场的竞争压力,但葡萄酒市场高端化趋势不会改变,高端市场也会成为中外企业争夺的焦点。

(2)打造葡萄酒消费文化

葡萄酒文化是浪漫、时尚和个性的文化,消费群体主要是城市中高收入阶层。近年来,酒庄建设已成为葡萄酒行业的一个热点,葡萄酒企业已开始生产精品酒和发展葡萄酒特色旅游。与此同时,多元化的投资,大规模的葡萄酒生产企业的建立,也使得中国的葡萄酒行业充满活力。

(3)洋酒进口量增加,占据高价位市场

随着消费观念的转变,葡萄酒消费也从初期追逐流行风尚为主,渐向注重品牌、讲究口味、讲究质量的理性消费转变,国产优质葡萄酒因其价格合适,受到消费者喜爱。此时,国外品牌的葡萄酒进口猛增。据统计,1994 年我国进口散装葡萄酒 165 t,1995 年进口 771 t,1996 年进口 4 646 t,1997 年 1—9 月就进口达 2.7 万 t,进口洋酒由于运作市场经验丰富、品牌含金量高、促销手段高明,20 多年来一直占据着中国三星级以上酒店高消费场所。随着中国加入 WTO 和进口关税的逐年下调,洋葡萄酒还会向中低档葡萄酒市场渗透,中国葡萄酒面临着更为严酷的市场竞争。

(4)中国葡萄酒产业面临产业升级

品牌化、集团化、优质高档化是我国葡萄酒行业未来的发展方向。不论从国内葡萄酒企业还是从国际葡萄酒竞争态势观察,我国葡萄酒产业都面临一个产业升级的问题。除几大名牌之外,中小品牌企业大都面临产业规模小、品牌和产品缺乏个性和影响力,营销手段单一、营销方法落后、行业从业人员整体素质偏低,忽视长期营销网络营建与维护,忽视酒文化传播和固定消费群体的培养等诸多方面的危机。

(5)消费地区和人群逐步扩大

目前,我国葡萄酒的消费主要集中在东部地区、大中型城市和中青年、高学历、高收入人群,但从趋势来看,消费的地区和人群已有向外延伸的趋势,并将继续保持下去。随着消费者的名牌消费意识日益增长,将会越来越多的崇尚世界大牌葡萄酒。

21 世纪的中国,交通方便,通信发达,信息传递极为便捷。这些都为葡萄酒的发展,创造了极为有利的条件。当人们真正认识了葡萄酒,就能大力促进葡萄酒的消费。中国将成为世界上葡萄酒消费增长最快的市场,中国葡萄酒产业的发展面临着非常广阔的前景。

任务 3.2　葡萄酒酒母的制备

[任务要求]

1. 了解葡萄酒酵母的来源。
2. 掌握葡萄酒酒母培养的基本操作要点。

[技能训练]

3.2.1　原料准备

葡萄酒酵母斜面试管菌种、麦芽汁培养基、葡萄汁、亚硫酸等。

3.2.2　器材准备

无菌操作室、生化培养箱、三角瓶、玻璃瓶、酒母罐等。

3.2.3　工艺流程

斜面试管菌种(活化)→液体试管培养(扩培 12.5 倍)→三角瓶培养(扩培 12 倍)→玻璃瓶(卡氏罐)培养(扩培 20 倍)→酒母罐(桶)培养→酒母。

3.2.4　操作要点

1)斜面试管菌种

斜面试管菌种由于长时间保藏于低温下,细胞已处于衰老状态,需转接于 5 °Be′麦芽汁制成的新鲜斜面培养基上,25～28 ℃培养 3～4 d,使其活化。

2)液体试管培养

取灭过菌的新鲜澄清葡萄汁,分装入经过干热灭菌的 10 mL 试管中,用 0.1 MPa(1 kgf/cm²)的蒸汽灭菌 20 min,放冷备用。在无菌条件下接入斜面试管活化培养的酵母,每支斜面试管可接种 10 支液体试管,摇匀使酵母分布均匀,置于 25～28 ℃恒温培养 24～28 h,发酵旺盛时转接入三角瓶培养。

3)三角瓶培养

往经干热灭菌的 500 mL 三角瓶中,注入新鲜澄清的葡萄汁 250 mL,用 0.1 MPa 的蒸汽灭菌 20 min,冷却后接入两支液体培养试管,摇匀于 25 ℃恒温箱中培养 24～30 h,发酵旺盛时转接入玻璃瓶培养。

4)玻璃瓶(卡氏罐)培养

往洗净的 10 L 细口玻璃瓶(或容量稍大的卡氏罐)中加入新鲜澄清的葡萄汁 6 L,常压蒸

煮（100 ℃）1 h以上，冷却后加入亚硫酸，使其二氧化硫含量达80 mL/L，经4～8 h后接入两个发酵旺盛的三角瓶培养酒母，摇匀后换上发酵栓于20～25 ℃室温下培养2～3 d，其间需摇瓶数次，至发酵旺盛时接入酒母培养罐（桶）。

5）酒母罐（桶）培养

使用木桶培养酒母，木桶要洗净并经硫磺烟熏杀菌，过4 h后往一桶中注入新鲜成熟的葡萄汁至80%的容量，加入100～150 mg/L的亚硫酸，搅匀，静止过夜。吸取上层清液至另一桶中，随即添加1～2个玻璃瓶培养酵母，25 ℃培养，每天用酒精消毒过的木耙搅动1～2次，使葡萄汁接触空气，加速酵母的生长繁殖，经2～3 d至发酵旺盛时即可使用。每次取培养量的2/3留1/3，然后再放入处理好的澄清葡萄汁继续培养。若卫生管理严格，可连续分割培养多次。在大型葡萄酒厂，使用各种形式的酒母培养罐进行通风培养，酵母不仅繁殖快，而且质量好。

6）酒母的使用

培养好的酒母一般应在葡萄醪添加SO_2后经4～8 h发酵再加入，目的是减少游离SO_2对酵母生长和发酵的影响。酒母的用量为1%～10%，具体添加量要视情况而定。一般来讲，在酿酒初期为3%～5%；至中期，因发酵容器上已附着有大量的酵母，酒母的用量可减少为1%～2%；如果葡萄有病害或运输中有破碎污染，则酵母接种量应增加到5%以上。

[理论链接]

3.2.5　葡萄酒酵母的形态与特性

葡萄酒酿造所需的酵母，必须具有良好的发酵力。因此，在葡萄酒的生产中，常常将具有良好发酵力的酵母称作"葡萄酒酵母"。在分类学上，葡萄汁和葡萄酒中的葡萄酒酵母（Saccharomyces ellipsoideus）是属于真菌中的子囊菌纲的酵母属（Saccharomyces），酿酒酵母（Saccharomyces serevisiae）种，是一种单细胞微生物，其细胞形状以卵形和长形为主，也有圆形和短卵形细胞，大小为（8～9）μm×（15～20）μm。常形成假丝，但不发达也不典型。

葡萄酒酵母繁殖主要是无性繁殖，以单端（顶端）出芽繁殖。在条件不利时也易形成1～4个子囊孢子。子囊孢子为圆形或椭圆形，表面光滑。产酒精能力强（17%），转化1°酒精需17～18 g/L糖，抗SO_2能力强（250 mg/L）。在葡萄汁琼脂培养基上，25 ℃培养3 d，形成圆形菌落，色泽呈奶黄色，表面光滑，边缘整齐，中心部位略凸出，质地为明胶状，很易被接种针挑起，培养基无颜色变化。葡萄酒酵母除了用于葡萄酒生产以外，还广泛应用于苹果酒等果酒的发酵上。

3.2.6　葡萄酒酵母的来源

酿造葡萄酒可采用天然酵母发酵、菌种扩大培养发酵和活性干酵母发酵3种方法。

（1）天然葡萄酒酵母

酵母菌广泛存在于自然界，凡是有糖的地方就可能有酵母菌的存在。葡萄成熟后，其浆果果皮的蜡质层上附着大量的天然酵母菌，且浆果很容易从穗上脱落进入土壤，流出果汁，为酵母菌的繁殖提供了良好的环境条件。可以说,土壤是酵母菌的大本营。在秋季,采收葡萄后残留的酵母菌摄取充分的营养,在土壤里大量生长繁殖;在冬季,酵母菌以孢子状态进入休眠期来越冬,到来年春、夏季,酵母菌又大量繁殖,并随风飘散,依附于葡萄果皮上。总之,葡萄酒厂内的土壤、发酵容器、盛酒容器以及管道都可以成为酵母菌繁殖的场所。

（2）优良葡萄酒酵母的选育

为了保证发酵的正常顺利进行,获得质量优等的葡萄酒,往往要从天然酵母中选育出优良的纯种酵母。一般来说,优良葡萄酒酵母菌株应具有以下发酵特性:

①产酒风味好,除具有葡萄本身的果香外,酵母菌也产生良好的果香与酒香;

②发酵能力强,发酵的残糖低(残糖达到 4 g/L 以下),这是葡萄酒酵母最基本的要求;

③耐亚硫酸的能力强,具有较高的对二氧化硫的抵抗力;

④具有较高的耐酒精能力,一般可使酒精含量达到 16%(体积分数)以上;

⑤有较好的凝集力和较快沉降速度,便于从酒中分离;

⑥耐低温发酵,能在低温(15 ℃)下发酵,以保持果香和新鲜清爽的口味。

为了确保正常顺利的发酵,获得质量上乘且稳定一致的葡萄酒产品,往往选择优良葡萄酒酵母菌种培养成酒母添加到发酵醪液中进行发酵。另外,为了分解苹果酸、消除残糖、产生香气、生产特种葡萄酒等目的,也可采用有特殊性能的酵母添加到发酵液中进行发酵。国内目前使用的优良葡萄酒酵母菌株有 1450、Am-1、TQ 嗜杀酵母、法国酵母 SAF-OENOS 等。

（3）活性干酵母

活性干酵母(active dry yeast)是由特殊培养的鲜酵母经压榨干燥脱水后,仍保持强的发酵能力的干酵母制品。将压榨酵母挤压成细条状或小球状,利用低湿度的循环空气经流化床连续干燥,使最终酵母含水量达 8% 左右,并保持酵母的发酵能力。

活性干酵母有两个基本特点:一是常温下长期储存而不失去活性;二是将活性干酵母在一定条件下复水活化后,即恢复成自然状态并具有正常酵母活性的细胞。其中,细胞含量超过 200 亿 cfu/g,含水量小于 6% 的活性干酵母被称为高活性干酵母。与活性干酵母相比,高活性干酵母具有性能稳定、含水量低、颗粒小、复水快、储藏时间长、易于运输、使用方便等优点,被广泛地应用于发酵面食加工和酿酒领域。目前的产品种类有面包、酒精、葡萄酒用的活性干酵母。

活性干酵母的用法主要有两种:

①复水活化后直接使用。活性干酵母必须先复水恢复其活性,才能直接投入发酵使用。此法简单,为工厂所常用。其做法是:将添加量为 10% 的活性干酵母加入 35 ~ 38 ℃ 的含 4% 葡萄糖或蔗糖的温水中,加入或不加 SO_2 的稀葡萄汁中,小心混匀,每隔 10 min 轻轻搅拌一下,30 min 后,培养的酵母已经完成复水活化,可直接添加到经 SO_2 处理的葡萄汁中发酵。

②活化后扩大培养制成酵母使用。为了提高活性干酵母的使用效果,减少商品活性干酵母的用量,并使酵母在扩大培养中进一步适应使用环境,恢复全部的潜在能力。也可在复水活化后再进行扩大培养,制成酒母使用。具体做法是:将复水活化的酵母投入澄清的含 80 ~ 100 mg/L SO_2 的葡萄汁中培养,扩大倍数为 5 ~ 10 倍,当培养至酵母的对数生长期后,再次扩大 5 ~ 10 倍培养,为了防止污染,最多不超过 3 级为宜。培养条件与一般的葡萄酒酵母扩大

培养一致。

在实际生产中,为降低生产成本,减少活性干酵母的用量,还可采用正处于发酵的葡萄醪接种,即所谓的"串罐"。

任务 3.3 红葡萄酒的酿造

[任务要求]

1. 熟悉葡萄酒酿造前原料的选择与准备的相关知识。

2. 掌握葡萄汁改良的要求及技术要点。

3. 掌握红葡萄酒的酿造工艺流程及操作要点。

[技能训练]

3.3.1 原材料准备

红葡萄、白砂糖、葡萄酒酵母、偏重亚硫酸钾、澄清剂等。

3.3.2 器材准备

破碎机、发酵罐、橡木桶等。

3.3.3 工艺流程

添加 SO_2　　白砂糖、酸　　葡萄酒酵母　　皮渣

原料采收→原料挑选→除梗破碎→葡萄汁改良→前发酵→压榨分离→后发酵→陈酿→调配→澄清过滤→包装→成品

3.3.4 操作要点

1)原料采收与挑选

葡萄完全成熟后要进行采收,采收后应及时运到酒厂就行加工。酿造红葡萄酒的葡萄原料要求有:

①色泽红,紫红,黑紫红。

②成熟度好,酸度为 5~8 g/L,含糖量一般在 180 g/L 以上。

③健康,不腐烂,不感染任何病菌。

④采摘时果皮上不能附有任何有效的药残。

⑤如果葡萄成熟度不够,或果皮色泽浅时,可选用调色品种进行调色。采收标准:酸度为 6~10 g/L,糖度大于 120 g/L。

为防止杂物对破碎、压榨等设备造成损害和对产品造成污染等,葡萄果实进入下一道工序前一定要进行挑选,将腐烂、不成熟的葡萄,杂枝叶、铁器、石块、泥土块及其他与葡萄无关的杂物剔除出去。

2)破碎与除梗

(1)葡萄的破碎

葡萄进入破碎机后将果实打碎,梗随之从机器中吐出,而皮、浆果、汁、籽的混合醪被泵入指定的发酵罐,这一过程称为破碎。破碎要求如下:

①每粒葡萄都要破碎。

②籽实不能压破,梗不能压碎,皮不能压扁。

③破碎过程中,葡萄及汁不得与铁、铜等金属接触。

(2)葡萄的除梗

除梗是使葡萄果粒或果浆与果梗分离并将果梗除去的操作。酿制红葡萄酒,应完全除梗,而且除梗率越高越好。新式葡萄破碎机都附有除梗装置,有先破碎后除梗,或先除梗后破碎两种形式,分为卧式除梗破碎机、立式除梗破碎机、破碎—去梗—送浆联合机、离心破碎去梗机等。

除梗对于葡萄酒酿造的好处有:

①可减少发酵醪液体积。除梗以后,醪液体积减少,从而减少了发酵容器的用量。

②便于输送。可选用较简单的输送设备,并提高了输送效率。

③改良了葡萄酒的味感。由于防止了果梗中草味和苦涩物质的溶出,更为柔和。

④防止了因果梗固定色素所造成的色素损失。

(3)二氧化硫的添加

破碎的同时应往混合醪中添加二氧化硫,为了避免二氧化硫对设备造成腐蚀,不应直接将二氧化硫添加于破碎机中或破碎前的葡萄中,而是直接添加到对应的发酵罐中。为添加方便,二氧化硫一般制成6%的亚硫酸溶液。添加量应根据葡萄的健康程度、酸度、pH 值而定,添加量一般为 40~80 ppm,即葡萄越健康,酸度越高,pH 越低,二氧化硫的添加量越少,反之,越多。

3)葡萄汁的改良

葡萄汁的改良主要包括糖度和酸度的调整。葡萄汁的改良只能在一定程度上调整葡萄中某些组分的缺少或过多,对于未成熟或过熟的葡萄,此法显得无能为力。因此,不能依赖于葡萄成分的调整而过早或粗心大意地采摘葡萄。

(1)糖度的调整

以每 1.7 g 糖可生成 1%(即 1 mL)酒精计算,一般干酒的酒精在 11% 左右,甜酒在 15% 左右,若葡萄汁中含糖量低于应生成的酒精含量时,必须提高糖度,发酵后才能达到所需的酒精含量。

①添加白砂糖。用于提高潜在酒精含量的糖必须是蔗糖,常用 98.0%~99.5% 的结晶白砂糖。加糖量的计算如下:

例如:利用潜在酒精含量为 9.5% 的 5 000 L 葡萄汁发酵成酒精含量为 11% 的干白葡萄

酒,则需要增加酒精含量为 11% -9.5% =1.5%,需添加糖量:1.5 ×17.0 ×5 000 =127 500 g = 127.5 kg。

②添加浓缩葡萄汁。世界上很多葡萄酒生产国家,不允许加糖发酵,或加糖量有一定限制。遇上葡萄含糖低时,只有采用添加浓缩葡萄汁。

浓缩葡萄汁可采用真空浓缩法制得,使果汁保持原来的风味,有利于提高葡萄酒的质量。加浓缩葡萄汁的计算:首先对浓缩汁的含糖量进行分析,然后用交叉法求出浓缩汁的添加量。

采用浓缩葡萄汁来提高糖分的方法,一般不在主发酵前期间加入,因葡萄汁含糖太高易造成发酵困难,一般采用在主酵后期添加。

(2)酸度的调整

葡萄汁在发酵前一般酸度调整到 6 g/L 左右,pH3.3 ~3.5。

①补酸。成熟葡萄中酸度的缺乏可用添加酒石酸或柠檬酸的方法来加以调整。

a. 添加酒石酸和柠檬酸。一般情况下,酒石酸加到葡萄汁中,最好在酒精发酵开始时进行。因为葡萄酒酸度过低,pH 值就高,则游离二氧化硫的比例较低,葡萄易受细菌侵害和被氧化。

在葡萄酒中,可用加入柠檬酸的方式防止铁破败病。由于葡萄酒中柠檬酸的总量不得超过 1.0 g/L,因此,添加的柠檬酸量一般不超过 0.5 g/L。

b. 添加未成熟的葡萄压榨汁来提高酸度。加酸时,先用少量葡萄汁与酸混合,缓慢均匀地加入葡萄汁中,需搅拌均匀(可用泵),操作中不可使用铁质容器。

②降酸。一般情况下,不需要降低酸度,因为酸度稍高对发酵有好处。在储存过程中,酸度会自然降低为 30% ~40%,主要以酒石酸盐析出。但酸度过高,必须降酸。方法有生物法苹果酸-乳酸发酵降酸和化学法添加碳酸钙降酸等。

(3)添加单宁

在某些情况下,允许在葡萄酒中添加酿酒专用单宁。某些酿酒添加剂、发酵激活剂除了含有偏重亚硫酸钾外,还以液体或固体的形式含有一定量的单宁,使用这种添加剂往往是不可取的。

所用的单宁添加剂其组成成分与葡萄单宁差异较大。添加单宁并不利于色素的溶解和稳定性,对于单宁含量较低的红葡萄酒,可采用延长果皮浸泡时间的方法来弥补单宁的不足,即带皮发酵也比添加单宁的效果好。用霉烂的葡萄酿酒,即使添加单宁也不能阻止氧化破败病的发生。

4)前发酵

前发酵是葡萄醪中可发酵性糖分在酵母的作用下将其转化为酒精和二氧化碳,同时浸提色素物质和芳香物质的过程。前发酵进行的好坏是决定葡萄酒质量的关键。

红葡萄酒发酵方式分密闭式和开放式,开放式发酵主要以开放的水泥池作为发酵容器,现在基本上已淘汰。目前基本采用带控温和外循环设施的新型葡萄酒发酵罐进行密闭式发酵。

前发酵的管理：

①容器的充满系数：发酵醪在进行酒精发酵时体积增加。原因：发酵时本身产生热量导致发酵醪温度升高使体积增加；产生大量二氧化碳不能及时排除，导致体积增加。为了保证发酵正常进行，发酵醪不能充满容器，一般充满系数为75%～80%。

②酵母的添加：国内大多数企业使用经培育优选的成品酵母，其特点：使用方便，酵母强壮且耐二氧化硫。添加时要先将其活化，活化方法为：将酵母颗粒缓缓撒入40 ℃的糖水溶液中(含糖量一般要大于20 g/L)，边撒边搅拌，待均匀后静止15～20 min，观其外观，如泡沫浓厚、蓬松且迅速膨胀，可基本断定活化成功，将活化后的酵母液均匀倒入发酵醪的表面上即可，添加量按产品使用说明。

③皮渣的浸提：皮渣浸提的充分与否直接决定葡萄酒的色泽和香气质量。葡萄皮渣相对密度比葡萄汁小，又加上发酵时产生大量的二氧化碳，这会使得大多数的葡萄皮渣浮在葡萄汁的上表面，而形成很厚的盖子，这种盖子称"酒盖"或"皮盖"。因皮盖与空气直接接触，容易感染有害杂菌，从而破坏了葡萄酒的质量，同时皮渣未能最大限度的浸泡而影响了香气和色素的浸提。为保证葡萄酒的质量，需将皮盖压入发酵醪中。其方式有两种：一种用泵将汁从发酵罐底部抽出，喷淋到皮盖上，喷淋时间和频次视发酵的实际情况而定；另一种是在发酵罐内壁四周制成卡口，装上压板，压板的位置恰好使皮渣完全浸于葡萄汁中。

④发酵温度控制：发酵是一个不断释放热量的过程。随着发酵的不断进行，发酵醪的温度会越来越高，这直接影响了葡萄酒的质量。为此应有效地控制(降温)发酵醪的温度。其控温方式：外循环冷却；葡萄汁循环；发酵罐外壁焊接冷却带和内部安装蛇形冷却管。一般来讲，发酵温度越高，色泽浸提越好，色价值越高，但过高的发酵温度，会导致过多的不和谐副产物产生和香气流失，而导致酒质粗糙，口味寡淡。为求得口味醇和，酒质细腻，果香及酒香浓郁幽雅的葡萄酒，发酵温度应控制低一些。综合以上考虑红葡萄酒发酵温度一般应控制在25～30 ℃。

5)压榨分离

当前发酵结束后，把发酵醪泵入压榨机中，通过机器操作而将葡萄酒汁与皮籽分开，这一过程称为压榨。

当前发酵进行5～8 d后，基本结束。判定发酵结束因素：

①残糖4 g/L以下。

②发酵液面只有少量或没有二氧化碳气泡，液面较平静。

③"皮盖"已经下沉；发酵液温度接近室温，并有明显的酒香。

如符合以上因素，表明前发酵已结束，可以出罐压榨，压榨前先将自流原酒放出，放净后，打开出渣口，螺旋泵将皮渣运至压榨机内，压榨后得到的酒汁为压榨酒。自流和压榨原酒成分差异较大，一般来说，要分开存放，自流原酒质量好，是酿制优质名贵葡萄酒必需的基础原酒。

葡萄酒的压榨设备，国内常用卧式转筐双压板压榨机、连续压榨机、气囊压榨机等。

6)后发酵

前发酵结束后，进入后发酵时期。

（1）后发酵的目的和启动

后发酵是残糖继续发酵,酒汁逐步澄清并陈酿,诱发苹果酸-乳酸发酵的过程。

前发酵结束后,为保证苹果酸-乳酸发酵的顺利进行,禁止向酒液中添加二氧化硫。苹果酸-乳酸发酵的启动一般有自然启动和人工诱导启动。自然启动,由于酒液中存在着一些天然的能够启动苹果酸-乳酸发酵细菌群(明串珠菌),在18~25℃能够利用苹果酸生成乳酸。但自然启动的发酵时间长、速度慢,容易造成杂菌的污染,而导致葡萄酒不良风味和挥发酸的增加。人工诱导启动,为克服自然发酵的缺点,现在大多数企业采用人工诱导启动发酵,即往酒液中直接添加启动苹果酸-乳酸发酵的成品细菌制剂,这种方式能够快速启动发酵,并缩短发酵时间,一般1~2周即可结束。

（2）后发酵的管理

后发酵的管理主要有以下3项:

①隔绝空气,实行严格的厌氧发酵。

②酒温应控制在15~20℃,此温度范围适合苹果酸-乳酸发酵的正常进行和酒液的澄清。

③卫生管理,由于新酒含有丰富的营养成分,易感染杂菌,应对与新酒接触的容器、阀门、管道等定期进行卫生控制。

7）陈酿

在原料发酵结束获得原酒后,通常需要立即向酒液中添加一定量的 SO_2,以杀死乳酸菌、抑制酵母菌和防止氧化,同时便于酒液的沉淀、澄清,使酒液能安全的进入储藏陈酿期。经过陈酿可以除去酒液中残存的 CO_2 气体、生涩味和某些异味,增加芳香物质,增强酒的深度、广度和复杂性,凸显葡萄酒的特殊风味。

（1）陈酿容器

用于葡萄酒陈酿的容器主要有两大类:一类是以不锈钢罐、碳钢桶和水泥池为代表的现代容器;另一类是传统容器橡木桶。

不锈钢罐等容器的特点是结实耐用、使用方便、造价低、不渗漏、不与酒反应,不会对葡萄酒的风味和口味造成影响。这类容器通常容积较大,但葡萄酒在此类大型容器中成熟速度较慢,一般用于普通葡萄酒的陈酿。

橡木桶是选用天然橡木焙烤加工而成的储酒容器,其造价较高,使用期限较短,容积有限。橡木桶常用于高档葡萄酒的陈酿,其主要原因在于橡木桶的恰当使用会提升葡萄酒的品质,赋予葡萄酒馥郁、宜人、具有个性的香气和柔和、饱满、醇厚的口感。

近年来,国内外的一些生产者结合上述两大类陈酿容器的优点,创造出了新的陈酿方式,在使用不锈钢罐等现代容器来储存葡萄酒的同时,向酒中加入适量特殊工艺处理后的橡木片,这样既可降低陈酿成本又能提升葡萄酒的品质。

（2）陈酿条件和时间

适宜的葡萄酒陈酿的地点,通常是冬暖夏凉、避光、阴暗、可恒温储藏的地下酒窖。酒窖内的温度应恒定在11℃左右,湿度为70%~80%,还应装有通风设备,酒窖在使用之前应用硫磺(30 g/m³)消毒,以防止微生物对葡萄酒的污染。不同类型的葡萄酒其陈酿时间也各不相同,并非所有的葡萄酒均适于长期陈酿。以玫瑰香、美乐、黑虎香等葡萄酿造的新鲜、果香浓郁的红葡萄酒,当年酿造后经过澄清和稳定性处理即可上市销售,其平均的陈酿期只有半年。以赤霞珠、蛇龙珠、品丽珠、西拉等葡萄品种酿造的葡萄酒通常适合较长时间的陈酿,其原酒陈酿可达 2 ~ 10 年。

（3）陈酿过程中的添桶和换桶

在苹果酸-乳酸发酵结束后,立即往酒中添加 25 ~ 40 mg/L 的二氧化硫(以游离计),并使酒液满罐存放。

陈酿中,从储酒容器中,通过吸取上清液的方式将葡萄酒泵入另一容器中,从而除去酒中的沉降物-酒泥(果胶、纤维、酵母、酒石酸盐等),以达到初步澄清的目的。换桶时,微量氧气进入酒中,促进了酒的后熟,同时损失了部分二氧化硫,为安全起见,应往酒中补充二氧化硫,补至 25 ~ 40 mg/L(以游离计),并使酒液满罐存放。换桶时间一般在当年的秋冬至第二年的春末,换桶次数 2 ~ 3 次,换桶间隔一月左右。

8）调配

调配就是将不同品质的葡萄原酒,根据目标成品要求和各自特点,按照适当的比例制成具有主体香气、独特风格葡萄酒的过程。葡萄酒的调配技术是一项技术性很强的工作,通过适当的调配可以消除和弥补葡萄酒质量的某些缺点,使葡萄酒的质量得到最大的提升,赋予葡萄酒新的活力。一般通过化糖罐和配酒罐对葡萄酒进行调配。

葡萄酒的调配勾兑包括以下 3 个方面:

①色泽调整:可通过与色泽较深的同类原酒合理混配、添加中性染色葡萄原酒和添加葡萄皮色素方式提高色度。

②香气调整:可选择相应的原酒和通过橡木桶储藏来改善酒的香气。

③口感调整:主要是指对酒的酸、糖、酒精、涩的调整。必须采用科学的方法,在法规及标准允许的前提下合理调配。

9）澄清过滤

葡萄酒的澄清是指去除酒液中含有的容易变性沉淀的不稳定胶体物和杂质,使酒保持稳定澄清状态的操作。澄清的方法一般可分为自然澄清和人工澄清两大类。

（1）自然澄清

自然澄清法是利用重力作用而自然静置沉降,使葡萄酒中已经存在的悬浮物自然下沉以澄清酒液的方法。这些悬浮物在容器底部形成酒脚(酒泥),可通过一次次倒酒将其除去,但是单纯依靠自然澄清的方法,无法将酒液中存在影响葡萄酒稳定性的未沉淀成分去处掉,因此,为达到葡萄酒对澄清的要求还须结合人工澄清的方法。

（2）人工澄清

澄清过程一般也称为下胶过程,通过往酒中加入适量的澄清剂,而使酒中的不稳定物质形成絮状沉淀,并吸附了造成葡萄酒浑浊的细小微粒沉降下来,使酒得以澄清的过程。由于葡萄酒是一种胶体溶液,存在着一些不稳定沉降因素。高档葡萄酒经过 3 年以上的定期换桶,可以通过自然沉降获得澄清,而对于一般的佐餐葡萄酒,需要进行下胶处理。

澄清的作用:葡萄酒通过下胶,酒的澄清度大大提高,极大的提高了酒过滤效率,避免浪

费过多的过滤材料;改善酒质,下胶可以去除酒的生青味和粗糙感,使酒的香气、口感细腻;提高了酒的生物稳定性,下胶时,大部分微生物被絮状沉淀吸附下来,并与沉淀一起从酒中分离出去,提高了酒的生物稳定性。

红葡萄酒常用的澄清剂一般有明胶、植源胶、蛋清粉、牛血清、皂土等。

(3)葡萄酒的稳定性处理

①冷稳定处理:在低温状态下,将葡萄酒中不稳定的酒石酸盐、胶体物质及部分微生物快速从酒中沉降,进而与酒分离的过程。这是葡萄酒生产极其重要的工艺,尤其适合陈酿期短而装瓶的原酒。

酒的冷稳定处理一般是将葡萄酒冷却至冰点上 $0.5 \sim 1$ ℃时,人为往酒中添加晶种作为晶核,吸附酒中悬浮的酒石晶粒,形成较大的晶粒和晶簇共生体,加快结晶及沉淀速度。另外,在冷冻过程中必须伴随着搅拌,可生成更大的晶粒和共生晶簇,缩短冷冻时间,提高冷冻效果,搅拌工作在冷冻结束后停止。以便让酒石沉降下来,利于过滤。沉降时间一般为 $24 \sim 36$ h。

②热处理:可使葡萄酒的色、香、味有所改善,产生老酒味,加速葡萄酒老熟;可除去酵母等微生物,达到生物稳定;还可使部分蛋白质凝固析出,酒的香味更佳,口感更佳醇厚柔和。

葡萄酒的热处理一般在密闭容器中进行,酒被间接加热到工艺所要求的温度并保持一定时间,以达到灭菌、酶促稳定和除去蛋白质、陈化等作用。

(4)过滤

过滤是利用多孔介质对葡萄酒的固相和液相进行分离的操作,是使已产生浑浊的葡萄酒快速澄清的最有效手段。在葡萄酒生产中广泛使用的过滤设备有:硅藻土过滤机、板框过滤机和膜式过滤机。

硅藻土过滤机多用于刚发酵完的原酒的粗过滤,板框过滤机通常用于装瓶前的成品过滤,膜过滤主要是为了除去葡萄酒中的微生物,提高其生物稳定性,常用于装瓶前的除菌过滤。

10)灌装

处理好的葡萄原酒要根据市场的需要,将其灌装到玻璃瓶或其他专用容器中,这一过程称为灌装。通常这一环节由自动化的灌装系统来完成,主要包括:检验、洗瓶、装瓶、压塞(盖)、套帽、贴标、卷纸、装箱等工序。

(1)检验

在灌装以前必须对葡萄酒的质量和相关设备情况进行检验。

(2)洗瓶

葡萄酒瓶的容量一般有 125 mL,187 mL,250 mL,375 mL,500 mL,750 mL,1 000 mL,1 500 mL 等几种,酒瓶的形状较多,如长颈瓶、方形瓶、椰子瓶等。无论新酒瓶还是回收酒瓶,在使用以前都必须进行清洗和杀菌。

(3)装瓶

经彻底清洗、灭菌且检验合格的酒瓶即可用于灌装,灌装机种类很多,主要有等压灌装机和真空灌装机。在装瓶过程中应注意工作空间和灌装机的灭菌:操作空间可用甲醛水溶液熏蒸的方式来进行灭菌;贮酒容器、管路可用蒸汽灭菌;管头可用消毒酒精擦拭;灌装时所用空气应过滤除菌。此外,还应注意灌装液面的高度要适当,若液面过高会增大压塞的难度、增加漏酒的可能性;液面过低,内含较多的空气会增加酒液氧化的机会。

（4）压塞

葡萄酒的瓶塞主要有软木塞和塑料塞两大类。软木塞一般是由栓皮栎的皮层经切割、打磨、除尘、消毒、脱色制成,成本较高,具有密度低、弹性大、不漏酒、不漏气等优点。塑料塞主要是聚乙烯塞,其最大优点是价格便宜,缺点是聚乙烯对气体的通透性容易导致葡萄酒的氧化。

在选择瓶塞时,应充分考虑葡萄酒的种类及装瓶后的运输、存放方式和消费等因素来选择合适的类型。一般来说,软木塞主要应用于干型葡萄酒、香槟酒,塑料塞多用于罐式发酵的起泡葡萄酒和氧化陈酿的葡萄酒。确定好瓶塞的类型以后,再对其进行质量检验,就可进行压塞包装。

灌装后的葡萄酒,可以放在酒窖中继续陈酿,或者完成后续的缩帽、贴标、卷纸、装箱等工序进入成品库等待销售。

[理论链接]

3.3.5 葡萄酒的分类

根据我国最新的国家标准(GB 15037—2006),葡萄酒是以新鲜葡萄或葡萄汁为原料,经酵母发酵酿制而成的、酒精度不低于7%(体积分数)的各类葡萄酒。葡萄酒品种繁多,有不同的分类方法。常见的分类方法如下:

（1）按葡萄酒的色泽分类

①白葡萄酒:用白葡萄或皮红汁白的葡萄的果汁发酵制成,酒的色泽从无色到金黄,有近似无色、微黄带绿、浅黄、禾秆黄色、金黄色等。

②红葡萄酒:用皮红肉白或皮肉皆红的酿酒葡萄带皮发酵,或用先以热浸提法浸出了葡萄皮中的色素和香味物质的葡萄汁发酵制成。酒的颜色有紫红、深红、宝石红、红微带棕色、棕红色。

③桃红葡萄酒:用红葡萄或红、白葡萄混合,带皮或不带皮发酵制成。葡萄固体成分浸出少,颜色和口味介于红、白葡萄酒之间,主要有桃红、淡玫瑰红、浅红色,颜色过深或过浅均不符合桃红葡萄酒的要求。

（2）按二氧化碳含量分类

①平静葡萄酒:指的是在20 ℃,二氧化碳压力小于0.05 MPa的葡萄酒。

②起泡葡萄酒:指葡萄原酒经密闭二次发酵产生二氧化碳,在20 ℃时二氧化碳的压力大于或等于0.35 MPa的葡萄酒,酒精度不低于8%(体积分数)。

③加气起泡葡萄酒:指在20 ℃时二氧化碳(全部或部分由人工充填)的压力大于或等于0.35 MPa的葡萄酒,酒精度不低于4%(体积分数)。

（3）按含糖量多少分类

①干葡萄酒:也称干酒,含糖量(以葡萄糖计)小于或等于4.0 g/L,葡萄酒中的糖分几乎已发酵完,饮用时觉不出甜味,微酸爽口,具有柔和、协调、细腻的果香与酒香。由于颜色的不同,又分为干红葡萄酒、干白葡萄酒、干桃红葡萄酒。

②半干葡萄酒:含糖量4.1~12.0 g/L,饮用时微感甜味。由于颜色的不同,又分为半干

红葡萄酒、半干白葡萄酒、半干桃红葡萄酒。

③半甜葡萄酒:含糖量 12.1 ~ 50 g/L,饮用时有甘甜、爽口感。由于颜色的不同,又分为半甜红葡萄酒、半甜白葡萄酒、半甜桃红葡萄酒,是日本和美国消费较多的品种。

④甜葡萄酒:含糖量等于或大于 50.1 g/L,饮用时有明显甘甜、醇厚适口的酒香和果香,其酒精含量一般在 15% 左右,也称浓甜葡萄酒。由于颜色的不同,又分为甜红葡萄酒、甜白葡萄酒、甜桃红葡萄酒。

天然的半干、半甜葡萄酒是采用含糖量较高的葡萄为原料,在主发酵尚未结束时即停止发酵,使其中的糖分保留下来。我国生产的半甜或甜葡萄酒常采用调配时补加转化糖来提高含糖量,也有的采用添加浓缩葡萄汁的方法以提高含糖量。

(4)按酿造方法分类

①天然葡萄酒:完全用葡萄为原料发酵而成,不添加糖分、酒精及香料的葡萄酒。

②加强葡萄酒:用人工添加白兰地或脱臭酒精,以提高酒精含量的葡萄酒称为加强葡萄酒;除了提高酒精含量外,同时提高含糖量的葡萄酒称加强甜葡萄酒,在我国称浓甜葡萄酒。

③加香葡萄酒:按含糖量不同可将加香葡萄酒称为干酒和甜酒。甜酒含糖量和葡萄酒含糖标准相同。开胃型葡萄酒采用葡萄原酒浸泡芳香物质,再经调配制成,如味美思、丁香葡萄酒等;或采用葡萄原酒浸泡药材,制成滋补型葡萄酒,如人参葡萄酒等。

3.3.6　陈酿过程中葡萄酒的物理、化学变化

陈酿的过程实际上就是原酒发生一系列物理、化学变化的过程。酒中的果胶、蛋白质、色素被沉淀,酒石酸盐析出,酒液变得清澈明净、稳定性提高;有机酸、高级醇和酚类化合物氧化、聚合成为醛和酯,增加了酒的香气,令口感更加醇厚;花色苷与单宁、多糖发生聚合、缩合形成稳定的聚合体和缩合体,使酒的色泽更加稳定。

1)氧化反应

在葡萄酒的储藏、陈酿过程中,空气中的氧可以通过多种途径进入酒液之中,如可通过橡木桶桶壁上的微孔缓慢进入,或者在分离及换桶过程中以较快地速度进入。氧可以和酒中的乙醇、酒石酸、单宁、色素等多种成分发生反应,其反应还常受离子浓度、酒的酸度和温度的影响。如酒精发酵所产生的乙醇会被进一步氧化形成乙醛,过量的乙醛会导致葡萄酒产生过氧化味,适量 SO_2 的处理可避免葡萄酒产生过氧化味;单宁和色素在氧气的参与下会被缓慢氧化,从而引起葡萄酒的色泽和口味发生变化;酒石酸被氧化为草酰乙醇酸,通气过度会削弱葡萄酒的醇香,影响葡萄酒的质量。

2)酯化反应

在发酵过程中,葡萄酒中的有机酸与发酵所产生的酒精能较快的酯化形成醋酸乙酯和乳酸乙酯等挥发性中性酯,这些反应主要是由微生物活动引起的生物化学反应,这一过程所形成的酯是构成果香和酒香的重要物质。而在陈酿过程中,酯化反应也在进行,不过是缓慢地进行,这一阶段主要是酒石酸、苹果酸、柠檬酸和各种醇类发生化学反应形成中性酯和酸性酯,如酒石酸可以和乙醇生成酸性酒石酸乙酯或酒石酸乙酯。

3)聚合反应

聚合反应是葡萄酒陈酿过程中非常重要的反应,它能起到稳定葡萄酒颜色的作用。发生

聚合反应的物质主要是单宁和花色素苷,单宁可与多种物质形成聚合物,如某些单宁可与蛋白质结合形成沉淀;可与花色素苷形成颜色稳定的聚合物,其色泽不随葡萄酒 pH 值或氧化-还原电位的变化而改变,是稳定葡萄酒颜色的重要物质。

花色素苷除了与单宁聚合外还可与酒石酸形成复合物,导致酒石酸的沉淀;与蛋白质、多糖聚合形成复合胶体,导致色素沉淀。

[知识拓展]

3.3.7 苹果酸-乳酸发酵技术

苹果酸-乳酸发酵是在葡萄酒发酵结束后,在乳酸菌的作用下,将葡萄酒中主要有机酸-苹果酸分解成乳酸和二氧化碳的过程。

1) 苹果酸-乳酸发酵的微生物

引起苹果酸-乳酸发酵的微生物是乳酸菌,主要包括乳杆菌属、明串珠菌属及足球菌属。这些微生物主要来自酿酒设备,如发酵罐、木桶、泵、阀门、管道等,葡萄皮和叶中也少量存在。

2) 苹果酸-乳酸发酵的机理

苹果酸-乳酸发酵是在乳酸细菌的作用下,将 L-苹果酸转变成 L-乳酸和二氧化碳的过程。这一反应主要是在苹果酸酶和乳酸脱氢酶的催化作用下进行的,苹果酸首先在苹果酸酶作用下,转化为丙酮酸并释放出二氧化碳。丙酮酸再在乳酸脱氢酶的作用下被转化为乳酸。苹果酸-乳酸发酵可起到降酸、改善风味和增加细菌学稳定性的作用,但控制不当,如 pH 较高($pH3.5 \sim 3.8$),温度较高(大于 16 ℃),二氧化硫浓度过低,乳酸细菌可变为病原菌,从而引起葡萄酒病害。

3.3.8 苹果酸-乳酸发酵的抑制与诱发

在葡萄酒发酵过程中是否进行苹果酸-乳酸发酵,要视当地葡萄的情况、酿酒条件、对酒质的要求而定。一般气候较热的地方,葡萄或葡萄酒的酸度不高,进行苹果酸-乳酸发酵会使酒的 pH 值升高,酒味淡薄。大多数白葡萄酒和桃红葡萄酒进行苹果酸-乳酸发酵会影响风味的清新感。故要采取措施抑制苹果酸-乳酸发酵。但对气候寒冷的地区,如瑞士、德国、法国等国的一些地区的葡萄酸度偏高,特别是对法国波尔多地区的优质红葡萄酒和高酸度白葡萄酒,需要进行苹果酸-乳酸发酵,故应采取措施诱发苹果酸-乳酸发酵。

1) 苹果酸-乳酸发酵的抑制

在生产过程中,可以采取以下主要措施来抑制苹果酸-乳酸发酵:

①高度注意工艺和卫生环境,减少乳酸菌的来源。

②新酿制的葡萄酒在酒精发酵结束后应尽早倒池、除渣、分离酵母。

③及时采取沉淀、过滤、离心、下胶等澄清工艺手段,减少或除去乳酸菌及某些促进苹果酸-乳酸发酵的物质。

④添加足够的二氧化硫(使总二氧化硫含量为 100 mg/L 或游离二氧化硫含量为 30 mg/L)。

⑤控制新酒 pH 在不适于苹果酸-乳酸发酵的范围,即 pH 在 3.3 以下。

⑥在低温下(低于 16 ~ 18 ℃)储酒。

2)苹果酸-乳酸发酵的诱发

(1)自然诱发苹果酸-乳酸发酵

自然诱发苹果酸-乳酸发酵的措施有:

①酒精发酵后的新葡萄酒中不再添加二氧化硫,使总二氧化硫含量不超过 70 mg/L。

②控制新酒 pH 不低于 3.3,使其 pH 在适于苹果酸-乳酸发酵的范围内。

③减少澄清、精滤等程序,保留适当的乳酸菌。

④适当延长带皮浸渍、发酵的时间。

⑤控制酒精含量不超过 12%。

⑥酒精发酵后不马上除酒脚,延长与酵母的接触时间,增加酒中酵母自溶的营养物质。同时保持二氧化碳含量,促进苹果酸-乳酸发酵。

⑦提高储酒温度在 20 ℃左右。

(2)人工诱发苹果酸-乳酸发酵

对于因缺乏具有活性的乳酸菌而不能进行苹果酸-乳酸发酵的情况,可以采用人工诱发的方式。将 20% ~50% 的正在进行或刚完成苹果酸-乳酸发酵的葡萄酒与待诱发的新酒混合,或用离心回收的苹果酸-乳酸发酵末期的葡萄酒中的乳酸菌细胞,接入待诱发的新酒中,都能获得良好的效果。

人工诱发成功的关键之一是选育出优良的苹果酸-乳酸发酵菌株。优良的苹果酸-乳酸发酵菌株应能在葡萄酒中良好生长,有较强的苹果酸降解能力,并有利于葡萄酒感官质量的提高。二是培养出大量活性强的纯培养菌体。三是菌株添加的时间,目前添加方法尚未统一,可在酒精发酵后添加或与酒精酵母同时添加,应根据葡萄酒的种类、葡萄汁的组成、酵母菌种、作业条件等灵活掌握。

任务 3.4　白葡萄酒的酿造

[任务要求]

1. 了解白葡萄酒酿造的原料选择及处理要求。

2. 掌握白葡萄酒酿造的工艺流程及操作要点。

[技能训练]

3.4.1　原料准备

酿酒用葡萄、蔗糖、果胶酶、偏重亚硫酸钾等。

3.4.2　器材准备

破碎除梗机、压榨机、发酵罐等。

3.4.3　工艺流程

```
          SO₂              SO₂         澄清剂      白砂糖、酸      葡萄酒酵母
           ↓                ↓            ↓           ↓             ↓
酿酒葡萄→分选→  破碎除梗  →压榨  →白葡萄汁→  低温澄清  →葡萄汁改良→  发酵  →换桶
           ↓                ↓                        ↓                          ↓
          果梗              皮渣                    沉淀物                      酒脚

        成品←检验包装←过滤除菌←澄清←陈酿←
```

3.4.4　操作要点

1）原料选择及分选

酿造白葡萄酒的葡萄可选用皮、肉无色、浅绿、浅黄带绿、浅黄的白色酿酒葡萄，或者果皮略带红或淡紫色，但果肉无色的葡萄。采收标准，除葡萄颜色外，其余要求等同于红葡萄。

葡萄分选一般采用手工完成，将混在葡萄中的杂物和有质量问题的葡萄挑选出来。

2）破碎、压榨和果汁分离

葡萄分选后应尽快除梗破碎，并加入适量的 SO₂，破碎要求同红葡萄酒酿造。

红葡萄酒酿造需要葡萄的皮、肉一起混合发酵，这样可以将皮中的颜色、单宁类物质浸提到葡萄酒中。与红葡萄酒加工工艺不同，白葡萄酒注重纯汁发酵，即发酵前必须将果皮、肉与汁分离，果汁单独发酵，以体现白葡萄酒的新鲜、清爽、纯正、优雅的特点。

常用的果汁分离方法有螺旋或连续压榨机分离果汁、气囊式压榨机分离果汁、果汁分离机分离果汁、双压板（或单压板）压榨机分离果汁等。果汁分离时速度要快，以缩短葡萄汁与空气接触的时间，尽量避免葡萄汁被氧气所氧化。

3）果汁澄清

（1）果汁澄清的目的

酿制优质的白葡萄酒，葡萄汁在启动发酵前要进行澄清处理，尽量将葡萄汁中的杂质减少到最低含量，以避免葡萄汁中的杂质因参与发酵而产生不良的成分给酒带来杂味，使发酵后的葡萄酒保持新鲜、天然的果香和纯正、优雅的滋味。

（2）白葡萄汁澄清的方法

①二氧化硫低温静置澄清法：将准确计算后的二氧化硫的量加入葡萄汁（二氧化硫的添加量应为 60～120 ppm）。控制葡萄汁的温度为 8～12 ℃。加入二氧化硫后要搅拌均匀，然后静止一定的时间，待以罐的取清侧阀放出的汁子达到澄清后（时间一般为 16～36 h）可确定葡萄汁中的悬浮物全部下沉，随即快速从侧阀将澄清的汁子与沉淀物分开，将澄清后的汁子单独存放以备发酵。

②果胶酶澄清法：果胶酶是一种复合酶，可分解果胶质，提高出汁率 3%，并且易于分离过滤。可根据葡萄汁自身特点结合果胶酶的使用说明进行针对性地选择。在使用前应做小试验，找出最佳的使用量。确定好使用量后，将酶粉剂放入恰当的容器中，用 5～10 倍水稀释均匀，放置 1～2 h，输送到葡萄汁或正在破碎的葡萄中，搅拌，静置 24 h 后，取上清葡萄汁即可。实际应用中一般都是二氧化硫与果胶酶结合使用进行澄清。

③皂土澄清法:皂土澄清一般常用于白葡萄酒的澄清,不建议用于白葡萄汁的澄清,但当白葡萄汁由于种种原因而受到不同程度的氧化时,应用皂土结合二氧化硫进行澄清处理。

④机械澄清法:利用离心机高速旋转产生巨大的离心力,使葡萄汁与杂质因密度不同而得到分离。离心力越强,澄清效果越好。它不仅使杂质得到分离,也能除去大部分野生酵母,为人工酵母的使用提供有利条件。使用前在果汁内先加入果胶酶,效果更好。

4) 葡萄汁改良

当葡萄汁澄清分离后回温到 15 ℃以上时,要取汁化验其含糖量、总酸、游离 SO_2 等指标,然后根据工艺指标进行适当调整,包括糖分和酸度的调整,调整方法参照红葡萄酒。

5) 发酵

白葡萄酒发酵是采用人工培育的优良酵母,活力强且抗二氧化硫,通过控制发酵醪的温度,使其在相对低温下(14 ~ 18 ℃)进行发酵。

(1)酵母的选择及活化使用

酵母选择原则如下:

①专业性强,适合葡萄品种的酵母。

②要有抗低温、抗二氧化硫的使用能力,且能快速生长繁殖,形成压倒优势性细胞群落,以抑制野生酵母和其他微生物的生长。

③发酵平衡,有后劲,发酵彻底,发酵结束后残糖含量低。

酵母活化及使用方法,可参照红葡萄酒。

(2)控温发酵

白葡萄汁在发酵过程中对温度的控温是非常重要的,低温发酵是保证白葡萄酒质量好坏的重要环节,实践证明低温发酵有利于保持葡萄中果香的挥发性化合物和芳香物质,能够赋予白葡萄酒清爽、优雅、细腻的特性。白葡萄发酵温度一般在 14 ~ 18 ℃为宜,主发酵期为 15 d。

(3)白葡萄主发酵的日常管理

①参与发酵的容器必须干净洁净无异味,一般情况下要用二氧化硫气体熏 30 min,以达到杀灭杂菌消毒的效果,管路及阀门在使用前要使用 5% 的碱、酸溶液依次清洗 5 ~ 15 min,最后用无菌水冲洗干净,与酒接触的管道外表面及阀门要用 75% 食用酒精擦洗。

②要经常检查发酵容器的门和口,及时清洗消毒,对室内环境、地沟、地面及时清刷,室内定时除菌,需排风保持室内空气新鲜。

③在发酵过程中要保持密闭发酵。

④控制温度:在发酵期间要控制温度为 14 ~ 18 ℃,工作人员每 2 h 测温度和发酵醪的糖度,并如实记录。当发酵醪的糖度达到 60 g/L 时,酵母活力降低,这时不宜控温(由于酵母活力及生命力的下降,降低了对相对低温度的适应性和抵抗力,可能导致酵母的死亡,而使发酵终止),让其自然发酵至结束。

⑤葡萄汁入罐成分分析、原料品种、产地、入罐数量、入罐时间、调入的辅助材料等录到发酵记录上。

(4)白葡萄发酵结束的判定

①外观:发酵液面只有少量 CO_2 气泡,液面平静,发酵温度接近室温,酒体成浅黄色、浅黄

带绿或乳白色,浑浊有悬浮的酵母,有明显的果实香、酒香、CO_2 气体和酵母味,品尝有刺舌感,酒质纯正。

②理化指标:酒精 9% ~ 13%(或达到指定的酒精含量),残糖 4 g/L 以下,相对密度 1.01 ~ 1.02。

(5)白葡萄酒发酵结束后的管理

①尽快使白葡萄酒汁处于满罐状态,以避免酒质的氧化和细菌的快速繁殖,而导致酒体粗糙和挥发酸含量的上扬。

②大多数白葡萄酒不进行苹果酸-乳酸发酵,但随着国际酿酒工艺的不断发展进化,也出现了一些白葡萄酒品种进行苹果酸-乳酸发酵,如莎当妮,其苹果酸-乳酸的控制可参考红葡萄酒进行学习掌握。

③对不参与苹果酸-乳酸发酵的白葡萄酒,在添满罐同时要添加二氧化硫。进行苹果酸-乳酸发酵的白葡萄酒在其发酵结束后立即添加二氧化硫,添加量一般为 40 ~ 60 ppm(使酒中游离二氧化硫在 20 ~ 30 ppm 为宜)。

6)白葡萄酒的澄清(下胶)

发酵结束后满罐静置 3 ~ 4 周后,要对白葡萄酒进行澄清处理,其原理及操作方法与红葡萄酒相似,可参照红葡萄酒。但白葡萄酒与红葡萄酒使用的澄清剂有所区别。常用的白葡萄液澄清剂为皂土、酪蛋白、鱼胶。

7)白葡萄酒的防氧化

在白葡萄酒的整个酿制过程,防氧措施是非常关键的。防氧的成败与否直接影响白葡萄酒的口感和香气。白葡萄酒中含有较强嗜氧性的多种酚类化合物,如色素、单宁、芳香物质等,很容易被空气氧化,生成棕色聚合物,使白葡萄酒的颜色变深,酒的新鲜感减少,甚至造成了酒的氧化味,从而引起白葡萄酒外观和风味上的不良变化。

白葡萄酒氧化现象存在于生成过程的每一个工序,所以对每一个工序都要进行有效的防氧措施。目前,国内生产的白葡萄酒中,采用的防氧化措施见表 3.3。

表 3.3　白葡萄酒生产中的防氧措施

防氧措施	内容
选择最佳采收期	选择最佳葡萄成熟期进行采收,防治过熟霉变
原料低温处理	葡萄原料先进行低温处理(10 ℃以下),然后再压榨分离果汁(有条件的企业可采用),一般来讲在保证葡萄健康、未氧化的情况下,不采用此处理
快速分离	快速压榨分离果汁,减少果汁与空气接触时间
低温澄清处理	将果汁进行低温处理(8 ~ 10 ℃),加入二氧化硫,进行低温澄清
控温发酵	果汁转入发酵罐中,将品温控制在 14 ~ 18 ℃,进行低温发酵
皂土澄清	应用皂土澄清果汁(或原酒),减少氧化物质和氧化酶的活性,若果汁新鲜、健康,不建议采用皂土处理

续表

防氧措施	内容
避免与铁铜等金属物接触	凡与酒(汁)接触的铁、铜等金属工具,设备、容器均需有防腐蚀涂料,最好全部使用不锈钢材质
添加二氧化硫	在酿造白葡萄酒的全部过程中,适量添加二氧化硫
充加惰性气体	在果汁澄清、发酵前后、下胶、冷冻处理、储存、罐装等过程中,硬充加氮气或二氧化碳气,以隔绝葡萄酒(汁)与空气的接触
添加抗氧剂	白葡萄酒装瓶前,添加适量抗氧剂,如二氧化硫、维生素 C 等

8)冷热处理

冷热处理的原理及操作与红葡萄酒基本相同,可参照红葡萄酒的冷处理进行学习掌握。

[理论链接]

3.4.5 影响葡萄酒发酵的主要因素

1)温度

葡萄酒的发酵温度一般为 15 ~ 30 ℃。发酵温度过高或过低对酵母的正常活动都有影响。采用低温发酵工艺能使葡萄酒的口感细腻、风味柔和、香气优雅宜人。目前,高档红葡萄酒的发酵温度为 20 ~ 25 ℃,高档白葡萄酒的发酵温度为 15 ~ 22 ℃。

2)氧气

酵母属于兼性厌氧菌,在生长繁殖时,需要适当通风;在陈酿或生产果香丰富的葡萄酒时,则应尽量避免接触空气,否则会对葡萄酒的颜色、香气和风味产生不良影响。

3)SO_2

葡萄酒酿造中添加适量的 SO_2,可抑制腐败微生物的生长并防止葡萄酒变色。但用量过高,会使酒液脱色,并使酒中含有不良刺激性气味。因此,在发酵结束后,特别是陈酿和灌装前,要做好总 SO_2 和游离 SO_2 的含量分析工作。

4)总酸和 pH

葡萄中的酸主要是酒石酸和苹果酸。葡萄汁在发酵时适宜的酸含量是 7 ~ 8 g/L,若低于 5 g/L 应加以调整。因为酸度低的发酵醪液容易滋生有害微生物,酿造的葡萄酒也欠醇厚、协调。

5)酒精

酒精是葡萄汁发酵的主要产物。酒精对所有的酵母都有抑制作用,葡萄酒酵母比其他酵母忍耐的酒精度要高,达 13 ~ 16 g/L。实际上,当酒精浓度超过 8 g/L,酵母发酵速度已显著降低,并且随着酒精浓度的提高,其发酵速度也降低得越快。

6)糖和渗透压

由于糖经发酵而形成酒精,酒精对酵母造成的渗透压增大并对酵母细胞产生毒害作用。当糖浓度超过 20 g/L 时,酵母的发酵作用就会减缓或受到抑制,因此,葡萄酒发酵时的含糖量控制在 20 g/L 以下。在酿造酒精度较高的葡萄酒时,一般分批次加入所需要的糖,以保证发酵顺利进行。

[知识拓展]

3.4.6 干白葡萄酒酿造新工艺

干白葡萄酒的特点是澄清透明,淡黄色或近似无色,香气宜人,滋味爽快。由于其颜色浅、香味娇,一切外来干扰,都会对白葡萄酒的色香味产生显而易见的影响。因而在白葡萄酒的酿造过程中,操作必须严谨。新工艺即是利用新技术、新设备来优化干白葡萄酒的品质,主要特点如下:

(1)提前分离,加抗氧化剂

酿造白葡萄酒,果实破碎后要尽快分离,尽量减少果汁与果渣接触的时间。因为皮渣中含有较高数量的单宁和色素,如果实破碎后,不能及时分离,势必会有更多数量的单宁、色素转入果汁,这不仅会影响未来产品的口味,而且对产品的颜色也有影响。

酿造白葡萄酒,果实破碎时,即加入一定的抗氧剂二氧化硫,对防止氧化起重要作用。如果破碎时,不加入亚硫酸,榨出的果汁,很快就氧化,颜色变深,这样的果汁做成酒后,颜色也深,质量不好。

所以,白葡萄酒酿造,果实破碎时即加入一定数量的 SO_2,破碎后皮渣和果汁迅速分离,这是新工艺的一个重要特征。

(2)果汁先澄清,后发酵

新工艺酿造白葡萄酒,强调先对压榨果汁进行澄清处理,而后将清澈透亮的果汁进行发酵。可避免果汁中的果渣、果胶、蛋白等物质,经过发酵,影响产品的外观颜色、风味和口味。对压榨出来的葡萄汁进行澄清处理的方法,一般采用把压榨果汁泵入有降温设备的澄清罐或发酵罐中,降低品温 6~8 ℃,加入一定数量的 SO_2,以此控制果汁在澄清期间,不能起发酵作用。

为使果汁澄清,需要往果汁中加入一定数量的皂土和果胶分解酶。皂土可以吸附果汁中溶解的蛋白质,果胶分解酶能分解难过滤的果胶。果汁经过 24~48 h 的澄清处理后,采用硅藻土过滤或其他过滤方法,或采用离心澄清的方法,把果汁处理得清澈透亮,再泵入发酵罐,接入人工培养的酵母菌,进行发酵。

(3)加入人工酵母

发酵前加入经过人工筛选培养的纯酵母菌,是按新工艺生产白葡萄酒的另一特点。添加方法有两种:一种是把野生酵母杀死,完全以纯种酵母替代之。另一种是果汁不经杀菌,即在保留野生酵母的情况下,加入人工培养的纯种酵母。在发酵的过程中,虽然野生酵母和人工酵母共存,但起主导作用、占压倒优势的还是人工培养的纯种酵母。这种方法,操作简便,被广泛地应用于生产中。

目前用于果酒生产的酵母,已被制成酵母干粉,真空包装,以商品出售。干酵母粉在使用时,需要用果汁进行扩大培养。这样的酵母,活力旺盛,适应性强。

(4)发酵与储藏

为了保持充足的果香,增加酒的新鲜感,新的果酒酿造工艺,在发酵和储藏过程中具有以下特点:

①低温发酵、低温储藏。新工艺酿造白葡萄酒,一般将发酵温度控制在15 ℃左右,甚至更低。低温发酵,发酵时间长,果香味保持的好。发酵结束后,可继续降低温度,进行低温储藏。

②隔绝空气,防止氧化。为了保持原始的果香,并增加酒的稳定性,新工艺酿造白葡萄酒要求从果实破碎、发酵,到成品酒装瓶,要尽量避免与空气接触,防止酒的氧化。

③废除橡木桶,缩短储藏期。传统的橡木桶储存有利于酒的氧化成熟,还可增加酒的陈酿香。而新工艺酿造果酒,为了防止酒的氧化以及陈酿香的干扰,陈酿容器大都采用不锈钢罐,也可使用铁罐涂料或水泥池涂料。

传统的果酒酿造,一般需要两年或两年以上的储存期。新工艺酿造果酒,储存时间显著缩短。如澳大利亚威格纳伦斯葡萄酿酒有限公司生产的白葡萄酒,从葡萄进厂发酵到装瓶出厂,只有8个星期的时间就可以保证酒的稳定性。

任务3.5 其他葡萄酒的生产

[任务要求]

1.了解桃红葡萄酒、山葡萄酒和冰葡萄酒的特点。

2.掌握桃红葡萄酒、山葡萄酒和冰葡萄酒的酿造技术。

[技能训练]

3.5.1 桃红葡萄酒的酿造

1)桃红葡萄酒的特点及原料

桃红葡萄酒是含有少量红色素,色泽和风味介于红葡萄酒和白葡萄酒之间的佐餐型葡萄酒。因选用原料和酿造工艺的不同,桃红葡萄酒的颜色多样,常见的有:黄玫瑰红、橙玫瑰红、玫瑰红、橙红、浅红、紫玫瑰红色等。桃红葡萄酒的单宁含量一般为 0.2 ~ 0.4 g/L,酒度为10 ~ 12 度,含糖量为 10 ~ 30 g/L,酸度为 6 ~ 7 g/L,游离二氧化硫含量为 10 ~ 30 mg/L,干浸出物为 15 ~ 18 g/L。优质桃红葡萄酒除了拥有令人愉悦的色泽外,还应澄清透明,具有类似新鲜水果的香气及醇美的酒香。

用于生产桃红葡萄酒的原料主要有歌海娜、神索、西哈、玛尔拜克、佳丽酿、黑比诺、阿拉蒙、赤霞珠等品种。通常对原料的要求是果粒饱满,色泽红艳,成熟一致,无病害;果汁的含酸量为 7 ~ 8 g/L,含糖量为 160 ~ 180 g/L。

2)桃红葡萄酒的酿造工艺

(1)白葡萄酒工艺酿造桃红葡萄酒

如果原料的色素含量较高,可以采用酿造白葡萄酒的方法来酿造桃红葡萄酒。为了获得满意的颜色,生产时应让果汁与皮渣进行短时间(4~8 h)的浸渍,以提取适量的色素,然后再进行果汁分离,并将皮渣的前段压榨汁(约占压榨汁的60%)与分离自流汁一起发酵(温度控制在20 ℃以下),发酵结束后添加 SO_2 以防止氧化,且保留部分苹果酸,其后处理则与白葡萄酒酿造相同。

(2)红葡萄酒工艺酿造桃红葡萄酒

此工艺是在原料破碎除梗后,先进行12~24 h的浸渍,具体时间因葡萄品种而异,色素含量高的品种浸渍时间较短,反之,浸渍时间可适当延长。当葡萄浆颜色达到既定要求后,立即进行果渣分离,分离出来的果汁应单独控温发酵(温度不超过20 ℃)。主发酵结束后进入苹果酸-乳酸发酵,其他后处理则同白葡萄酒。

(3)二氧化碳浸渍法

二氧化碳浸渍法是在酒精发酵之前,先将整粒葡萄放在充满 CO_2 气体(或无氧环境)的容器中进行厌氧代谢,利用葡萄细胞的酶系统将少部分糖转化为酒精,并形成特殊的香气。利用二氧化碳浸渍法酿造的葡萄酒具有独特的口味和香气,成熟较快。

(4)混合工艺

混合工艺是用红皮白肉的葡萄分别酿造出白葡萄酒和红葡萄酒,然后再按一定比例将二者混合来制得桃红葡萄酒。采用此种工艺需要注意以下几个问题:

①在酿造白葡萄酒时要对原料进行轻微破碎和压榨。

②对获得的葡萄汁用膨润土、酪蛋白等进行澄清以降低氧化酶和多酚类物质的含量。

③在白葡萄酒出罐时加入约10%的红葡萄酒,即二者的比例为9∶1。

④红葡萄酒最好采用二氧化碳浸渍法酿造,以获得良好稳定的色调。

(5)桃红葡萄酒生产注意事项

①为了保证葡萄酒的色泽、香气和清爽感,不宜选择皮肉带色的原料,否则,色泽难以掌控;不能选择易氧化的"玫瑰香"等品种,否则会导致陈酿储存时产生中药味;所选原料还不能过熟。

②在采收和运输过程中应保证葡萄原料完好无损,同时避免对原料进行不必要的机械处理。

③不能使用热浸渍酿造法,浸渍温度不能超过20 ℃,发酵温度应控制在18~20 ℃,以避免高温使酒产生熟果味。

④可始终保持适量的二氧化硫,来防止葡萄汁和葡萄酒在空气中的氧化,以保持酒的新鲜感。

⑤避免长时间陈酿,通常陈酿时间为半年至一年,否则会引起酒质老化,颜色加深变褐,果香味降低。

⑥灌装后瓶储应卧放,以防止木塞干裂进气,引起酒的氧化变质。

3.5.2 山葡萄酒的生产工艺

1)山葡萄酒的原料品种

山葡萄酒是一种以野生或人工栽培的山葡萄为原料,经发酵酿制而成的特殊的葡萄酒。不仅营养丰富、口味独特,而且具有美容、保健的作用。国家规定用以酿造山葡萄酒的原料有:野生的山葡萄、毛葡萄、刺葡萄、秋葡萄;人工选育栽培的山葡萄有:双庆、左山一、左山二、双丰、双红、公酿一号、左红一、北醇等品种。原料的含糖量为:野生山葡萄不低于 100 g/L,栽培的山葡萄不低于 140 g/L。

2)山葡萄酒的生产工艺要点

①由于山葡萄皮厚、果汁少、含糖量低,为了达到酿酒要求,可采用加糖或加脱臭食用酒精的方法进行改良。加糖时,可直接将砂糖撒入葡萄浆中;在添加食用酒精时,通常将葡萄浆酒精含量调整到 4% ~ 5%。

②对于全汁干酒发酵工艺,在破碎除梗后的葡萄浆中应加 0.1% ~ 0.2% 的果胶酶,控温 30 ~ 35 ℃,浸渍 2 ~ 3 h 后再分离发酵。

③发酵时可用碳酸钙调整酸度。

④发酵所添加酵母应为驯化后适应山葡萄特点的酵母。

⑤由于山葡萄酒的 pH 值较低,鞣酸含量较高,抗氧化能力较强,储存时游离二氧化硫应控制在 10 ~ 15 mg/L。

⑥干红山葡萄酒陈酿时间为 2 ~ 3 年,陈酿温度应控制在 8 ~ 16 ℃。

3.5.3 冰葡萄酒的生产工艺

1)冰葡萄酒的原料品种

冰葡萄酒又称为冰酒,是葡萄酒中的精品,具有色泽如金、口感滑润、甜美醇厚、甘冽爽口等特点。冰酒是以在葡萄树上经历了天然霜冻的葡萄为原料,通过特殊工艺酿制而成的甜白葡萄酒。由于生产冰酒的原料非常难得,葡萄的出汁率非常少(仅有 10% ~ 20%,普通葡萄酒葡萄出汁率约为 75%),再加上经过冰冻后的葡萄其糖分和风味得到浓缩(葡萄汁含糖量为 320 ~ 360 g/L,总酸度为 8.0 ~ 12.0 g/L),使酿成的冰酒的口感、品质及营养价值独树一帜,正宗的冰葡萄酒也成为世界上最昂贵的酒种之一。

酿造冰酒的葡萄品种有雷司令、威达尔、霞多丽、贵人香、米勒、琼瑶浆、白品乐、灰品乐、美乐、长相思等,由于冰葡萄酒的生产受到自然气候条件的严格制约,因此,在中国的各大葡萄酒产区中只有东北地区才具备生产条件。

2)冰葡萄酒的生产工艺要点

①葡萄必须经自然冰冻,不能进行人工冷冻,采摘和压榨均须在 -8 ℃ 以下进行。

②由于水分以冰晶形式在压榨时被去除,所获得的为浓缩汁,故压榨过程需要施加较大压力。

③发酵之前应将浓缩汁升温至 10 ℃ 左右,按 20 mg/L 添加果胶酶澄清,澄清后再按 1.5% ~ 2.0% 接入酵母进行控温发酵。

④由于冰酒的品质受温度的影响很大,所以控温发酵是一个非常关键的生产环节。如果发酵温度过低,酵母菌的活性受到抑制,会导致葡萄汁的糖、酸不能被适当转化,获得的原酒糖度、酸度过高,而酒度过低;反之,若发酵温度过高则会导致原酒的酒度过高、糖度过低。一般应将温度控制在 10 ~ 12 ℃,时间为数周。

⑤发酵获得的原酒需经数月的桶藏陈酿,然后用皂土澄清,同时调节游离 SO_2 至 40 ~ 50 mg/L。再经冷冻、过滤除菌、灌装,制得成品冰葡萄酒。

任务 3.6 葡萄酒新工艺生产技术

[任务要求]

1. 了解葡萄酒酿造新技术。
2. 了解果香型红葡萄酒的特点,掌握果香型红葡萄酒的酿造工艺。

[技能训练]

3.6.1 二氧化碳浸渍法

二氧化碳浸渍法(Carbonic Maceration,CM)是把整粒葡萄放入充满二氧化碳的密闭罐中进行浸渍,然后压榨得果汁,再进行酒精发酵。二氧化碳浸渍法不仅用于红葡萄酒、桃红葡萄酒的酿造,而且可以用于一些原料酸度较高的白葡萄酒的酿造。

1)二氧化碳浸渍法的原理

二氧化碳浸渍法生产葡萄酒包含两个阶段。一是在发酵之前进行的二氧化碳浸渍阶段,此阶段实质是葡萄果粒厌氧代谢的过程,即果粒受二氧化碳的作用进行细胞内发酵及其他物质的转化。浸渍时果粒内部发生了一系列生化变化,如乙醇和香味物质的生成、琥珀酸生成、苹果酸的分解、蛋白质的分解,以及酚类化合物(色素、单宁等)的浸提等。二是酒精发酵阶段,即葡萄浸渍后压榨得到的葡萄汁在酵母菌的作用下进行酒精发酵。

2)二氧化碳浸渍法生产工艺

(1)工艺流程

$$CO_2、SO_2 \qquad 皮渣 \qquad SO_2$$
$$\downarrow \qquad\qquad \uparrow \qquad\quad \downarrow$$
原料处理→入密闭浸渍罐浸渍→压榨→果汁→发酵→后处理→成品

(2)操作要点

①葡萄原料的处理:葡萄在采收和运输过程中防止果实的破损和挤压,尽量降低浆果的破损率是保证成品质量的首要条件。整粒葡萄原料不进行除梗处理。

②浸渍阶段:浸渍多采用不锈钢罐,浸渍罐内预先充满二氧化碳,整粒葡萄称重后置于罐中,在此过程中继续充二氧化碳,使其达到饱和状态。

不同的葡萄酒品种浸渍温度和浸渍时间不同:酿制红葡萄酒时,浸渍温度为 25 ℃,浸渍时间为 3 ~ 7 d;酿制白葡萄酒时,浸渍温度为 20 ~ 25 ℃,浸渍时间为 24 ~ 28 h。每天测定浸渍温度、发酵液比重、总酸、苹果酸等指标,观察色泽、香气及口味的变化,以便及时控制,并决定出罐时间。

③酒精发酵阶段:浸渍后将整粒葡萄进行压榨,尽快分离自流汁和压榨汁,防止氧化。将自流汁和压榨汁混合,加入二氧化硫 50 ~ 100 mg/L,进行酒精发酵和苹果酸-乳酸发酵。发酵管理同传统的酿造方法。

④皮渣处理:皮渣可以制作皮渣白兰地。

3.6.2 旋转罐法

旋转罐发酵法是采用可旋转的密闭发酵容器进行色素、香气等成分的浸提和葡萄浆的酒精发酵。主要用于红葡萄酒的发酵生产。

1）旋转罐法生产葡萄酒的原理

旋转罐法生产方式是首先将破碎后的葡萄输入密闭、控温、隔氧的旋转罐中,保持一定的压力,浸提葡萄皮上的色素和芳香物质,同时进行酒精发酵。也可以只在旋转罐中进行浸提,当发酵醪中色素等物质的含量不再增加时,即可进行皮渣分离,将果汁输入另外的发酵罐中进行纯汁发酵。

2）旋转罐法生产工艺

目前使用的两种不同旋转罐为 Vaslin 型和 Seitz 型,其发酵方法也不同。

（1）Vaslin 型旋转发酵罐法

①利用 Vaslin 型旋转发酵罐生产的工艺流程如下:

原料处理→破碎→入罐浸提发酵→压榨→原酒→后处理→成品
　　　　　　　↑　　　　　　　　　　↓
　　　　　　SO₂　　　　　　　皮渣→蒸馏→白兰地

②操作要点:

葡萄破碎后输入罐中,在罐中进行色素和香气成分的浸提,同时进行酒精发酵。发酵温度为 18 ~ 25 ℃。

发酵过程中,旋转罐每天旋转若干次,使葡萄皮渣与葡萄汁充分混合,以浸提色素等物质。一般控制每小时旋转 2 次左右,每次旋转 5 min,正反转依次交替进行,转速为 2 ~ 3 r/min,转动方向、时间、间隔可自行调节。当残糖降至 5 g/L 时排罐压榨,得到的发酵液为原酒,储存后即为成品。皮渣经发酵、蒸馏生产皮渣白兰地。

（2）Seitz 型旋转发酵罐法

①利用 Seitz 型旋转发酵罐生产的工艺流程如下:

原料处理→破碎→入旋转罐浸提→压榨→果汁→发酵→原酒→后处理→成品
　　　　　　　↑　　　　　　　　　　↓
　　　　　　SO₂　　　　　　　皮渣→发酵→蒸馏→白兰地

②操作要点:

葡萄破碎之后输入密闭、控温、隔氧的 Seitz 型旋转罐中,保持一定压力的条件下,浸提葡萄皮上的色素物质和芳香物质。最佳浸提温度为 26 ~ 28 ℃。在浸提过程中,旋转罐正反交替转动,每小时旋转 2 次左右,每次旋转 5 min,转速 5 r/min。浸提时间以葡萄浆中花色素的含量不再增加作为依据。葡萄品种不同浸提时间也不同,如佳丽酿需 24 h,玫瑰香为 30 min。

浸提完成后进行压榨、分离皮渣,将果汁输入另一发酵罐中进行纯汁发酵。皮渣进行发酵、蒸馏生产白兰地。

3.6.3 连续发酵法

连续发酵法是指连续供给原料并连续输出产品的一种发酵方法。连续发酵的罐内,葡萄浆总是处于旺盛发酵状态。

1)连续发酵系统

连续发酵是一个开放系统,通过连续流加新鲜培养基并以同样的流量连续地排放出发酵液,可使微生物细胞群体保持稳定的生长环境和生长状态,并以发酵中的各个变量多能达到恒定值而区别于瞬变状态的分批发酵。连续培养的最大特点是微生物细胞的生长速度、代谢活性处于恒定状态,达到稳定连续培养的最大特点是微生物细胞的生长速度、代谢活性处于恒定状态,达到稳定高速培养微生物或产生大量代谢产物的目的。

连续发酵的优势是简化了菌种的扩大培养、发酵罐的多次灭菌、清洗、出料,缩短发酵周期,提高设备利用率,降低人力、物力的消耗,增加生产效率。连续发酵法虽具有上述优点,但其设备投资大,杂菌污染的几率也大。

2)操作要点

①生产投料前罐体内部各处均刷洗干净,无死角。

②葡萄浆用泵从下部进料口送入发酵罐,进行发酵。第一批葡萄浆发酵后,即可连续进料,连续排料,进行连续发酵。每日进料量需与排酒量、果渣及籽的排放量相适应。

③发酵期间皮渣上浮在液面上部,不利于色素等物质的溶出,故定期可以将发酵液通过循环喷淋管从上部进入,喷洒在皮渣盖的表面。当皮盖过于坚硬时,开动皮盖表面搅拌器,使其疏松。

3.6.4 热浸提发酵法

热浸提法是将整粒葡萄或破碎的葡萄在开始发酵前加热,使其在一定温度下保持一段时间,充分提取果皮和果肉中的色素和香味物质,然后压榨分离皮渣,纯汁进行酒精发酵。这种发酵方法不仅能更完全地提取果皮中的色素、酚类和其他物质,而且可以抑制酶促反应。热浸提法用于生产红葡萄酒,特别适合于色素用常规工艺难以浸出的红葡萄。

1)热浸提法生产工艺

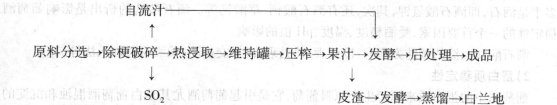

2)操作要点

(1)热浸提方式

热浸提法的方式有 3 种:一是全果浆加热,即葡萄破碎后全部果浆都经过热处理;二是部分果浆加热,即分离出 40% ~60% 果浆进行加热处理;三是整粒加热。

（2）浸提条件

加热浸提条件为浸提温度 40 ~ 60 ℃，浸提时间 0.5 ~ 24 h，或者浸提温度 60 ~ 80 ℃，浸提时间 5 ~ 30 min。

（3）热浸提法的优缺点

热浸提法的优点有：

①加热破坏多酚氧化酶，杀死了大多数杂菌，能有效地防止酒的酶促褐变与氧化，利于进行纯种发酵。

②酒挥发酸含量低，成品酒质量高。

③加热加快了色素的浸提，成品酒色泽较传统法深，呈艳丽的紫红色。

④苦涩物质浸出少，酒体丰满，醇厚味正，后味净爽。

⑤纯汁发酵，可节省罐容积 15% ~ 20%。

⑥酒体成熟快。

热浸提法的缺点有：

①设备一次性投资大，耗能多。

②成品酒果香弱，有时有"焙烤"味。

③发酵前需加果胶酶，增加了成本。

④货架期短。

[知识拓展]

3.6.5　葡萄酒的非生物稳定性

葡萄酒的非生物稳定性主要是由于化学或酶的反应而造成的。葡萄酒是不稳定的胶体溶液，在其陈酿和储存期间会发生物理、化学方面的变化，导致出现浑浊甚至沉淀现象，影响成品葡萄酒的品质澄清透明，破坏葡萄酒的稳定性。

影响葡萄酒非生物稳定性的物理化学因素主要有：酒石酸盐的稳定性、蛋白质的稳定性、颜色的稳定性、葡萄酒破坏病以及葡萄酒的氧化等。

1）酒石酸盐的稳定性

葡萄酒装瓶后，遇冷天或储存在冷库内，将瓶倒置后经常出现一些发亮的晶体，这种晶体多半是酒石，即酒石酸氢钾，其次，还有酒石酸钙、草酸钙等。酒石酸盐的析出是影响葡萄酒稳定性的一个首要因素，受酒精度、温度、pH 值的影响。

酒石酸盐沉淀的预防方式有：冷处理、热处理、离子交换法、偏酒石酸加入法等。

2）蛋白质稳定性

葡萄酒中的蛋白质来源于生产原料葡萄，它是引起葡萄酒尤其是白葡萄酒混浊和沉淀的主要原因之一。葡萄酒中的单宁与蛋白质相结合便产生蛋白质浑浊，影响酒的稳定。因此，必须在装瓶前对蛋白质进行必要的处理，以保证酒的长期稳定性。

预防葡萄酒中蛋白质不稳定性的方法有：热处理、加入蛋白酶法、下胶澄清处理等。

3）颜色的稳定性

葡萄酒的色泽主要来源于葡萄酒及木桶中的呈色物质，不同的呈色物质给葡萄酒以不同的颜色。葡萄酒的呈色物质为多酚类化合物和单宁,它们在一定条件下相互转变,赋予葡萄酒以色泽和口感。

葡萄酒中的多酚类物质包括花色素苷、黄酮类化合物、非黄酮类化合物及水解单宁类。葡萄酒中多酚类物质中含量受皮渣浸提时间、发酵温度、酒精含量、酒醪中氧含量以及所用原料葡萄品种等多方面因素的影响。

4)葡萄酒的破坏病

由于土壤、农药、肥料等因素,使得葡萄中含有一定量的金属元素。葡萄酒生产设备及容器所含的金属也会溶解到酒中,导致葡萄酒金属破坏病的发生,其中以铁和铜为典型。患有破坏病的酒不但外观和色泽发生变化:如浑浊、沉淀、褪色等,而且有时还将影响葡萄酒的风味。

(1)铁破坏病

①机理:葡萄酒中铁的含量一般应小于 10 mg/L,若铁含量比较大,在有氧的情况下,二价铁离子逐渐被氧化为三价铁离子。其与酒中单宁结合生成黑色的不溶性化合物,使葡萄酒产生黑色(蓝色)浑浊与沉淀,因此,这种病被称为"黑色破败病"。三价铁离子还会与酒中的磷酸根化合生成磷酸铁白色沉淀,称为"白色破败病"。在红葡萄酒中含有充足的单宁,故黑色破败病常出现在红葡萄酒中,而白色破败病通常表现在白葡萄酒中。

②预防措施:防止或尽量减少铁离子浸入葡萄酒,铁制容器的内部必须上涂料,葡萄粉碎前认真分选,防止铁质杂质混入其中;防止葡萄酒过分接触空气而发生氧化,保持酒中一定的二氧化硫含量;经下胶澄清处理以消除单宁,可以实现黑色破坏病的预防;控制葡萄酒中磷酸盐的含量,实现白色破坏病的预防。

③去除方法:氧化加胶、亚铁氰化钾法、柠檬酸络合法、维生素 C 还原法、植酸钙除铁法和麸皮除铁法。

(2)铜破坏病

铜反应生成硫化铜,以胶体的形式存在,在电解质或蛋白质的作用下,发生凝聚出现沉淀。应尽可能防止铜浸入酒中,生产过程中尽量少使用铜质器具,在葡萄采摘前 20 d 停止使用含铜的农药(如波尔多液)。可通过加入硫化钠以除去酒中的铜。

5)葡萄酒的氧化

葡萄酒的氧化分为由空气中的氧引起的非酶氧化和由多酚氧化酶引起的酶促褐变。由于氧化作用会导致葡萄酒失去芳香气味,发生色变,所以应加以预防尽量避免氧化的发生。因此,在葡萄酒酿造操作过程中,特别强调容器中不留空间,以及酒中溶氧的置换,尽量避免与空气长时间接触。

酶促褐变主要是由于酿造过程中霉烂葡萄的氧化酶促使葡萄酒中的多酚类物质氧化,特别是使色素被氧化导致酒出现暗棕色浑浊沉淀。可通过以下措施进行预防:

①做好葡萄的分选工作,防止腐烂的葡萄带入霉菌。

②添加适量的二氧化硫,利用其抗氧化作用,阻碍和破坏多酚氧化酶,防止酒的氧化。

③加热处理,氧化酶对温度较为敏感,温度越高,氧化酶活性就越低。

④添加维生素 C。

⑤加入柠檬酸等螯合剂,柠檬酸等螯合剂与多酚氧化酶中铜离子络合,从而使氧化酶的活性丧失。

3.6.6 葡萄酒的生物稳定性

葡萄酒是一种营养价值非常高的饮料,微生物在葡萄汁及低酒精度的葡萄酒中极易生长繁殖,其中一些有害菌会使酒发生病害,从而使得葡萄酒的生物稳定性下降。葡萄酒的生物稳定性处理是指针对由有害生物引起的葡萄酒的气味、味道、色泽乃至品质的变化而采取的一系列防治措施。与葡萄酒的非生物稳定性相比,微生物引起的葡萄酒品质的劣度,涉及食品安全问题,所以更应该引起注意并加以防范。

葡萄酒中的微生物主要来源于生产原料和葡萄酒的容器和设备,尤其是收购葡萄时所用的设备及输送葡萄汁和葡萄醪所用的设备。

葡萄酒中常见的有害微生物有:酵母、醋酸菌、乳酸菌和其他好气细菌。下面将逐一介绍各主要有害微生物病害及相应的防治措施。

1) 葡萄酒醭酵母污染

(1) 病态

葡萄酒醭酵母俗称酒花菌。当葡萄酒感染上酒花菌时,在酒的表面上产生一层灰白色(或暗黄色)的光滑的薄膜,随后加厚并且变得不光滑,膜上产生许多皱纹,将酒面全部盖满。当膜破裂后,分成许多白色小片或颗粒下沉,使酒变得浑浊。时间稍长,酒的口味便开始变坏。当容器中酒未装满,就会有大量空气存在,使得该菌大量繁殖。

除葡萄酒醭酵母外,其他的产膜酵母还有毕赤氏酵母、汉逊氏酵母和假丝酵母的一些种。假丝酵母只影响酒的外观,而毕赤氏酵母还会使乙酸乙酯达到有害的浓度。

(2) 防治措施

①满桶储存,不开口储存,避免酒液表面与空气过多接触。

②不满的酒桶,采用充二氧化碳或二氧化硫的方法排出并隔绝空气。

③提高储存原酒的酒精含量(酒精含量在12%以上)或在酒的表面放一层高度酒精。

④对于已被酒花菌污染的葡萄酒,通过无菌过滤等方法除去酒花菌。

2) 醋酸菌病害

(1) 病态

醋酸菌是酿造和陈酿中的大敌,常见的是醋酸杆菌,一般为$(1 \sim 2)$ μm × 0.4 μm。葡萄酒感染醋酸菌后酒面上形成一层淡色薄膜,开始透明,随后变暗,有时还会出现褶皱。当膜沉入桶中时,便形成一种黏性的稠密物体,俗称醋蛾或醋母。被侵害的葡萄酒可以明显地闻到醋酸气味,这是乙醇氧化生成醋酸的结果。

(2) 防治措施

①葡萄原料质量较差、发酵温度高时,可加入大剂量的二氧化硫。

②储存期间,经常添桶,在无法添满时可在酒液上方充二氧化碳或在酒液表面添加一层高度酒精。

③注意地窖卫生,定时杀菌。

(3) 去除方法

对于已感染上醋酸菌的葡萄酒,没有最有效的处理方法,只能采用加热灭菌方法处理,温度在72~80 ℃范围内保持20 min即可。对于严重污染的酒,可采取渗透和离子交换除去乙酸。凡存过病酒的容器,需用碱液浸泡,洗净并用硫磺杀菌后方可使用。

3)葡萄酒粘丝病

(1)病态

有时葡萄酒会出现黏度明显增加,外观看起来像鸡蛋清,这种病称为粘丝病。最近的研究成果表明,粘丝病来源于足球菌,葡萄酒中的足球菌产生的多糖物质,通过下胶和过滤的方法很难除去。

(2)防治措施

改善卫生条件,适当地添加二氧化硫。

4)苦味病菌

(1)病态

苦味菌多为杆状,有断的、多枝多节、互相重叠的。这种菌浸入葡萄酒后会使酒味变苦。苦味主要来源于从甘油生成的丙烯醛,或是由于生成了没食子酸乙酯。丙烯醛本身不苦,但它与花色素中的酚基团反应生成苦味物质。这种病主要发生在总酚含量高的红葡萄酒中,白葡萄酒中较少发生。

(2)防治措施

采用二氧化硫杀菌及防止酒温很快升高;若染上苦味菌,要马上进行加热灭菌,然后下胶处理除去苦味菌。

·项目小结·

本项目主要介绍了葡萄酒的定义、分类,葡萄酒的发展历史和趋势;红、白葡萄酒的生产用葡萄原料品种、生产工艺及操作规程;桃红葡萄酒、山葡萄酒等其他葡萄酒的生产工艺;葡萄酒的新工艺生产技术,分析了葡萄酒的稳定性因素。要求重点掌握红白葡萄酒的生产原料、生产工艺及操作规程要点,会分析解决葡萄酒生产中的质量问题。

 复习思考题

1. 简述葡萄酒的分类。

2. 什么是活性干酵母？生产中如何使用活性干酵母以及在使用中应该注意哪些问题？

3. 苹果酸-乳酸发酵的机理是什么？对葡萄酒的品质有何影响？

4. 试述二氧化碳浸渍法生产葡萄酒的原理及操作要点。

5. 红葡萄酒发酵前,需对葡萄汁成分进行调整,若葡萄成熟度不足,应如何调整？

6. 二氧化硫的作用是什么？如何确定二氧化硫添加的方法？

7. 从原料和工艺流程两个方面入手阐述红、白葡萄酒酿造的不同点。

项目 4
黄酒生产技术

【项目导读】

我国是世界上酿酒最早的国家。最早出现的酒就是黄酒，它是我国最古老的酒种，是酒中之祖、酒中之王，是中国独有的酿造酒品种。黄酒产地较广，品种较多，尤其是以绍兴黄酒最具中国特色，它是被中国酿酒界公认的最能够代表中国黄酒品质的黄酒品牌。在科学技术迅猛发展、人们对健康密切关注的今天，我们应该更好地继承与创新，不断地改进黄酒发酵工艺过程，创造出更多风味独特、品质上佳、保健功能突出的黄酒新品种，把黄酒工业的发展提高到新的水平，为弘扬和保护中华民族优秀的科学文化遗产做出贡献。

【知识目标】

➢熟悉黄酒的种类及特点，黄酒酿造原料的选择与准备的相关知识。

➢掌握黄酒酒曲的种类和制备技术。

➢掌握干型、半干型、半甜型、甜型黄酒的酿造工艺技术，黄酒的后处理技术。

➢了解黄酒新工艺生产的基本知识和工艺流程。

【能力目标】

➢能熟练操作黄酒酿造的各项技能。

➢能分析黄酒酿造过程的影响因素，并学会用本项目所学基本理论知识分析解决生产实践中的相关问题。

任务4.1 黄酒酒药的制作技术

[任务要求]

1. 掌握小曲（白药）制作的基本操作要点。
2. 掌握纯种根霉曲制作的基本操作要点。

[技能训练]

酒药又称小曲、酒饼、白药，主要用于生产淋饭酒母或淋饭法酿制甜黄酒。酒药的制作方法有传统法和纯种法两种。传统法有白药（蓼曲）和药曲之分；纯种法主要采用纯根霉和纯酵母分别培养在麸皮或米粉上，然后混合使用。

4.1.1 白药的制作技术

1）原辅料、器具准备

①原辅料：新早籼米、辣蓼草、种母、水。

②酒药生产用具：陶罐、陶坛、缸盖、竹匾等。

2）工艺流程

$$辣蓼草粉、水 \qquad\qquad 种母$$
$$\downarrow \qquad\qquad\qquad\qquad \downarrow$$

新早籼谷→破碎→磨粉→ 拌料→上臼→上箱切块→接种→保温发酵→出锅→上蒸房
$$\qquad\qquad\qquad\qquad\qquad\qquad\qquad\qquad\qquad\qquad\qquad\qquad\qquad \downarrow$$

成品←晒药←并篓←装篓←并匾←翻匾

3）操作要点

（1）原辅料制备及要求

①新早籼米粉的制备：酒药制作前一天磨好米粉，细度以通过50目筛为佳，磨后摊开冷却，以防止米粉升温发热变质。要求碾一批磨一批，务必确保米粉的新鲜度，进而确保酒药质量。

②辣蓼草粉的制备：每年7—8月。取尚未开花前割取野生辣蓼草，除去黄叶、杂草，洗净，必须当日晒干，趁热搓软去茎，将叶磨成粗末，过筛后装入坛子内备用。注意：采收辣蓼草必须选择晴天时日，从而确保当日晒干。如果当日不能晒干，则辣蓼草粉色泽变黄，严重影响酒药的制作质量。

③种母的选择：有很多厂家把种母称为"娘药"。生产时，应挑选上一年生产中发酵正常、糖化发酵能力强、温度容易掌控、产酸低、酒的品质好的酒药作为种母。接入米粉量的1%～3%，可以稳定地提高酒药的质量。

④水质要求：黄酒生产用水包括酿造用水、浸米水、洗涤用水、冷却用水和锅炉用水，一般生产1 t黄酒要10～20 t水。优质酿造用水要求符合生活饮用水标准（GB 5749 — 2006）要

求。黄酒酿造用水必须水体清洁,不受污染,否则酿成的酒浑浊无光,称为"失光"。如有杂质,则酒味不纯,甚至产生异味。酿造用水对硬度也有要求,水质过硬则发酵不良;水质过软则容易使酒味不甘洌而产生涩味。

⑤生产准备:为了确保酒药的生产质量,制作酒药时必须由专人负责,并做好环境卫生和设备用具的清洁工作。对酒药生产用具,包括陶罐、陶坛、缸盖、竹匾等一切用具进行彻底的清洗与曝晒工作,确保消毒灭菌效果。制备酒药用的新稻草应该去皮晒干。谷壳要求用新鲜的早稻壳。

（2）配方

籼米粉:辣蓼草粉末:水 = 20:(0.4 ~ 0.6):(10.5 ~ 11),使混合料含水量达到45% ~ 50%。

（3）上臼、过筛

将称好的新鲜米粉、辣蓼草粉倒入石臼中,充分搅拌,加水后再经过充分拌和,用木槌春数十下,以增强它的黏塑性,而后去除在谷筛上搓碎,移入打药框内进行打药。

（4）打药

每臼料(20 kg 左右)分 3 次打药,然后装入长约 90 cm、宽约 60 cm、高约 10 cm 的木框内,上面覆盖草席,用铁板压平、去框。再用刀沿着木条(俗称划尺)纵横切开成方块,分 3 次倒入悬空的大竹匾内,前后、上下滚制成圆形。然后加入2% ~ 4%的种母粉,通过不断翻滚进行接种,然后过筛使药粉均匀地黏附在新药上,碎屑并入下次配料。

（5）摆药

采用缸窝培养药酒。先在缸内放置新鲜谷壳,然后铺上去皮的新鲜稻草,将药粒分行摆放,粒间留有一定的间隙。摆好后,由专人检查,并盖上草缸盖和麻袋,进行保温培养。保持室温为 30 ~ 32 ℃,经过 14 ~ 16 h 后,温度上升至 36 ~ 37 ℃时除去麻袋。再经过 6 ~ 8 h,用手触摸缸的内壁,看是否有冷凝水,如果有冷凝水且有香味散发出来,则立即将缸盖移开。观察菌丝生长情况,如酒药表面还能看到辣蓼草粉末的绿色,则表示药坯还比较嫩,不能将缸盖全部打开,应该逐步移开,以此来调节酒药的培养温度,促进根霉菌的生长,直到药粒上的菌丝手摸不粘手,像粉状的小球一样,才可以将缸盖打开以降低缸内的温度,此时酒药充分地接触空气,缸内温度迅速降低,菌丝也随之逐渐萎缩,再经过 3 h 左右即可出窝,凉至室温,经过 4 ~ 5 h,待药坯结实即可出药并匾。

（6）出药并匾

将酒药移到匾内,每匾盛 3 ~ 4 缸酒药,厚度适中,以免升温过高影响质量。原则上以药粒不重叠并粒粒分散为好。

（7）保温培养

将竹匾放入不密封的保温室中。室内设木架,每架分档,档距为 30 cm 左右,并匾后移在木架上。气温在 30 ~ 34 ℃,匾内温度控制在 32 ~ 34 ℃,不得超过 35 ℃。装匾后经 4 ~ 5 h 进行一次翻匾(将药坯倒入空匾内),培养 12 h,上下调换位置,经 7 h 左右,第二次翻匾和调换位置。再经 7 h 后倒入竹簟上先摊开两天,然后装入竹箩内,挖成凹形,并将竹箩置于通风处,以防止升温,早晚各倒箩一次,2 ~ 3 d 移出保温室,随机放到通风处,再培养 1 ~ 2 d,每天早晚各倒笭一次,自投料开始培养 6~7 d 即可晒药。

(8)晒药装坛

在晴朗的天气下,一般需要连续晒 3 d。第一天晒药时间为上午 6:00~9:00 时,品温不超过 36 ℃;第二天为上午 6:00~10:00 时,品温为 37~38 ℃;第三天晒药时间与第一天相同,然后趁热装坛、密封备用。装药用的坛要提前洗净晾干,坛子外粉刷石灰。特别注意的是第一天晒药时间要短,温度要低。

4.1.2 纯种根霉曲的制作技术

根霉在自然界分布很广,用途广泛,其淀粉酶活性很强,是酿造工业中常用糖化菌。我国是世界上最早利用根霉糖化淀粉(即阿明诺法)生产酒精的国家。根霉能生产延胡索酸、乳酸等有机酸,还能产生芳香性的酯类物质。黄酒酿制所用原料多为糯米,其主要成分为淀粉,经过蒸煮糊化后,利用酒曲中根霉菌较强的液化和糖化能力将其中的淀粉降解为不可酵糖和可酵糖,由淀粉降解为葡萄糖等还原糖,可酵糖供根霉菌本身的酒化酶及酵母菌利用产生酒精,不可酵糖则残留在发酵醪中形成米酒或酒酿特有的甜香味。

1)原料准备

根霉菌斜面试管菌种、黄酒酵母斜面试管菌种、早籼米米粉、麸皮、麦芽汁培养基、米曲汁琼脂培养基等。

2)工艺流程

纯种根霉曲的制作工艺流程如图 4.1 所示。

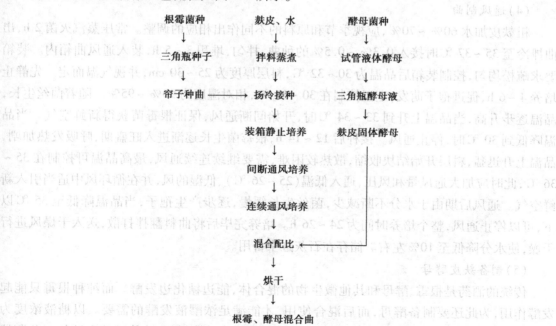

图 4.1 纯种根霉曲的制作工艺流程图

3）操作要点

（1）根霉试管斜面培养

采用米曲汁琼脂培养基,使用的菌种有 Q303,3866 等。

（2）三角瓶种曲培养

采用麸皮或者早籼米粉作为培养基。具体操作如下:取筛过的麸皮,加入 80% ~ 90% 的水(籼米粉加 30% 的水),拌匀后分别装入经干热灭菌的 500 mL 三角瓶中,料层厚度在1.5 cm 以内,经 121 ℃蒸汽灭菌 30 min 或常压灭菌两次。冷却至 35 ℃左右开始接种,接种后,28 ~ 30 ℃培养 20 ~ 24 h 后即可长出菌丝,然后,轻微摇瓶一次,调节空气,促进菌体繁殖。再培养 1 ~ 2 d,出现孢子,菌丝布满培养基并结成饼状,进行扣瓶。其目的是增强与空气接触面,促进根霉菌进一步生长,直至成熟。取出后装入灭菌过的牛皮纸袋里,置于 37 ~ 40 ℃下干燥至含水分 10% 以下,保存备用。

（3）帘子曲培养

称取过筛后的麸皮,加水 80% ~ 90%,堆积拌匀 30 min 后经常压蒸汽灭菌,摊冷至 30 ℃,接入 0.3% ~ 0.5% 的三角瓶种曲,拌匀,堆积保温、保湿,促使根霉菌孢子萌发。经过 4 ~ 6 h,品温开始上升,可进行装帘,料层厚度为 1.5 ~ 2.0 cm,继续保温培养。控制室温在 28 ~ 30 ℃,相对湿度为 95% ~ 100%,经过 10 ~ 16 h 的培养,菌丝把麸皮捆成块状,这时最高品温应控制在 35 ℃左右,相对湿度为 85% ~ 90%。再经过 24 ~ 28 h,麸皮表面布满大量菌丝,此时可出曲干燥。出曲的标准是帘子曲菌丝生长旺盛,并有浅灰色孢子,无杂色异味,手抓疏松不粘手,成品曲酸度在 0.5 g/100 mL 以下,水分在 10% 以下。

（4）通风制曲

粗麸皮加水 60% ~ 70%,应视季节和原料的不同作出相应的调整。常压蒸汽灭菌 2 h,出曲摊冷至 35 ~ 37 ℃时接入 0.3% ~ 0.5% 的种曲,拌匀,堆积 3 ~ 5 h,装入通风曲箱内。装箱要求疏松均匀,控制装箱后品温为 30 ~ 32 ℃,料层厚度为 25 ~ 30 cm,并视气温而定。先静止培养 4 ~ 6 h,促进孢子萌发,室温控制在 30 ~ 31 ℃,相对湿度为 90% ~ 95%。随着菌丝生长,品温逐步升高,当品温上升到 33 ~ 34 ℃时,开始间断通风,保证根霉菌获得新鲜空气。当品温降低到 30 ℃时,停止通风。接种后 12 ~ 14 h,根霉菌生长逐渐进入旺盛期,呼吸发热加剧,品温上升迅猛,料层开始结块收缩,散热较困难,需要继续连续通风,最高品温可控制在 35 ~ 36 ℃,此时应加大通风量和风压,通入低温(25 ~ 26 ℃)、低湿的风,并在循环风中适当引入新鲜空气。通风后期由于水分不断减少,菌丝生长缓慢,逐步产生孢子,当品温降低至 35 ℃以下,可以停止通风,整个培养时间为 24 ~ 26 h。培养完毕后将曲料翻拌打散,送入干燥风进行干燥,使水分降低至 10% 左右。储存在石灰缸中备用。

（5）制备麸皮酵母

传统的酒药是根霉、酵母和其他微生物的混合体,能边糖化边发酵。而纯种根霉只能起发酵作用,为此还要制备酵母,而后混合使用,才能满足浓醪液发酵的需要。以糖液浓度为 12 ~ 13 °Bx 的米曲汁或者麦芽汁作为黄酒酵母菌的固体试管斜面、液体试管和液体三角瓶培养基,在 28 ~ 30 ℃下逐级扩大、保温培养 24 h,然后以麸皮作为固体酵母曲的培养基,再加入 95% ~ 100% 的水,拌匀后经蒸煮灭菌,品温降至 31 ~ 32 ℃,接入 2% 的三角瓶酵母成熟培养液和 0.1% ~0.2% 的根霉曲。目的是利用根霉繁殖后产生的糖化作用,对麸皮中的淀粉继续糖化,供给酵母菌必要的糖分。

接种拌匀后装帘培养,装帘要求疏松均匀,料层厚度为 1.5 ~2.0 cm,品温为 30 ℃,在 28 ~30 ℃的室温下保温培养 8 ~10 h,进行划帘。划帘采用经体积分数 75% 的酒精消毒后的竹木制成或者铝制的橛。划帘的目的是使酵母呼吸新鲜空气,排除料层中的二氧化碳,降低品温,促使酵母均衡繁殖,继续保温培养,品温升高至 36 ~38 ℃,再次划帘。培养 24 h 后,品温开始下降,待数小时后品温培养结束,进行低温干燥。干燥方法与根霉帘子曲相同。将根霉曲和酵母曲按照一定的比例混合成纯种根霉曲,混合时一般以酵母细胞数为 4×10^8 个/g 计算,通常加入根霉曲中的酵母曲量在 5% ~6% 为宜。

4) 根霉曲质量的鉴定

目前,国家尚无统一的根霉曲质量判定标准和检测方法。各个相关企业主要从感官和理化指标两个方面进行鉴定。

(1) 感官鉴定

要求色泽均匀,无杂色,具有根霉曲特有的曲香,无霉杂气味。试饭按照甜酒酿的制作方法,要求饭面均匀,饭粒松软,口尝后酸甜适口,具有良好的酒香。

(2) 理化指标

理化指标主要从水分、试饭糖分、试饭酸度、糖化发酵力等方面进行鉴定。

[理论链接]

4.1.3 黄酒酒曲概述

利用生米粉或生麦粉或利用经过强烈蒸煮的稻米、麦子或谷物,接种曲霉的分生孢子,然后保温,米块或麦块上茂盛地长出菌丝,此即酒曲。酿酒加曲,是因为酒曲上生长有大量的微生物,分泌了大量酿酒相关的酶(淀粉酶、糖化酶和蛋白酶等),酶具有生物催化作用,可以加速将谷物中的淀粉,蛋白质等转变成糖、氨基酸,可发酵性糖分在酵母菌的作用下,生成酒精。

1) 黄酒酒曲分类

黄酒的生产过程就是利用大米或小麦为原料,通过曲这一糖化剂、发酵剂或者糖化发酵剂的作用,最终酿造出品质独特的黄酒的过程。严格来讲,发酵剂、糖化剂和糖化发酵剂是不同的。所谓糖化剂是指对以淀粉为主要成分的原料降解成小分子糖的一类制剂。如黄酒生产中常用的不与人工酵母混合的纯根霉曲、纯种麦曲、纯种黑曲霉麸曲、纯种红曲及淀粉酶制剂等。发酵剂主要是将糖质原料或淀粉质原料经过糖化后形成的小分子糖发酵成以酒精为主的一类制剂,如人工培养的纯种酒母等。而糖化发酵剂则兼具糖化剂和发酵剂的双重功能,如天然块曲、天然酒药及酵母根霉菌共培养物或者分别培养后以一定的比例混合而成的混合曲。在实际的黄酒生产过程中,糖化剂、发酵剂和糖化发酵剂区分的相对比较模糊。如天然块曲在白酒生产中,除了可以作为糖化发酵剂外,也可视作糖化剂,因为它经常与酒母并用;如红曲中往往有少量酵母与红曲霉共生,或者红曲霉本身就有少量产生酒精的功能,但是按照红曲的主要功能则将其视为糖化剂。

现代发酵酿酒主要把酒曲分为大曲和小曲两种,它们统称为糖化发酵剂。

大曲种类很多。根据制曲原料的不同可分为麦曲、米曲和麸曲;根据制曲方式不同分手工曲和机械曲;根据制曲工艺不同也可分为生麦曲、炒熟麦曲、炒焦麦曲、烟熏麦曲;根据曲的外形不同也分为散曲和块曲。如绍兴酒在以前常采用草包曲进行发酵,但是1973年以后均改为块曲发酵。酿造机械化黄酒则是将块曲和熟麦曲一起按照比例混合使用;根据制曲用菌种来源不同可分为天然培养曲和纯菌培养曲,它主要包括根霉酒曲、米曲霉酒曲和黑曲霉酒曲等。其中的米曲根据菌种孢子颜色的不同可分为黄色米曲、红曲、乌衣红曲和黄衣红曲。麸曲也可按菌种孢子颜色的不同分为黑曲和白曲等。黄酒的色、香、味等典型性跟曲具有密不可分的关系。

小曲分为白药和黑药,其中又以白药使用最多。黑药由于其配方中含有多味中药,制作过程相对麻烦,现已基本不用。白药则是以当年新鲜籼米粉、辣蓼草、水等作为主要原料,利用空气、自然环境、陈稻草、工具上附着复杂的微生物,巧妙地控制适宜的曲药繁殖品温和湿度培养制备而成。在小曲制作配料中添加适合和适量的中草药可促进有益菌类的生长繁殖和酶的代谢,同时可抑制杂菌生长,并对黄酒产生一定的香味。此外加药制曲比无药小曲储藏时间长,说明加药小曲中本身含有防霉和防腐成分。

传统小曲在黄酒酿造中的作用既是作为淀粉糖化、酒精发酵、蛋白质分解的复合粗酶制剂,又是一种集生香、呈味、压杂等诸多功能于一身的生化酶制发酵剂,也是传统液态黄酒发酵的重要物质保障。因此,小曲融合了种类繁多的微生物酶系和错综复杂的代谢产物、自溶物质,被酿酒先辈总结为"小曲是酒之母"和"好曲必产好酒",反映了小曲内在品质与黄酒品质间存在相辅相成的密切关系。我国著名的绍兴黄酒对酒药的制作非常的重视,也特别讲究,从"头伏"后便开始采集辣蓼草,并选择从农历"小暑"到"大暑"这一段时间进行制作,最晚不超过"白露"。从酒的外观来看,所储藏的菌种类似于天然的野生菌种,但从其所使用的种母中的菌种看,则是经过长时间的驯化和培养,具备了纯培养菌种的性能。

2) 籼米与制酒药

籼米系用籼型非糯性稻谷生产的米。米粒细长形或长椭圆形,长者长度在7 mm以上,蒸煮后出饭率高,黏性较小,米质较脆,加工时易破碎,横断面呈扁圆形,颜色白色透明的较多,也有半透明和不透明的。根据稻谷收获季节,分为早籼米和晚籼米。早籼米米粒宽厚而较短,呈粉白色,腹白大,粉质多,质地脆弱易碎,黏性小于晚籼米,质量较差。晚籼米米粒细长而稍扁平,组织细密,一般是透明或半透明,腹白较小,硬质粒多,油性较大,质量较好,其中直链淀粉含量较高,达到17.2% ~28.5%。在黄酒制曲过程中,由于籼米中直链淀粉含量较大,质地相对疏松,有利于微生物尤其是霉菌的生长繁殖,因此选用籼米,而在后续黄酒的酿造过程中,为了使酿造出的风味更佳,大多数采用粳米和糯米。

制作酒药的主要原料要求选用新鲜的早籼米。任何微生物生长都需要水分、氮源、无机盐和生长素五大类营养元素,而新鲜的早籼米中含有丰富的蛋白质和灰分等营养成分,因此,作为药酒的生产原料,非常适合根霉等糖化发酵菌的繁殖培养,而陈米、大米因其颗粒表面及米粒内部附着细菌、放线菌、霉菌和植物病原菌等多种微生物,对酒药质量产生不良影响,故不宜采用。

3）辣蓼草与制酒药

辣蓼草为蓼科植物柳叶蓼的全草，又名绵毛酸模叶蓼，是一年生草本。根据《江苏植药志》记载，辣蓼草味辛，性温。在我国南北各地均有广泛分布，多生长于近水草地、流水沟中或阴湿处。具有消肿止痛、治肿疡、痢疾腹痛等功效。

辣蓼草不仅作为一种传统中草药，还是黄酒小曲制作中非常关键的配方之一，不仅因为它廉价且容易得到，更重要的是它对稳定和提高酒药的质量起着十分重要的作用。现代科学研究表明，辣蓼草在酒药制备过程中发挥如下功效：

（1）促进微生物的生长

辣蓼草中含有根霉菌、酵母菌等多种微生物所需的生长素，能更好地促进这些微生物的生长繁殖。研究表明，在一定范围内添加辣蓼草粉，小曲的糖化力、液化力及发酵率等均有明显提高。传统黄酒酒药中的微生物以根霉最多，酵母次之。根霉菌为需氧型微生物，而酵母菌虽然为兼性厌氧型微生物，但在有氧条件下有利于酵母菌的生长繁殖。因此，无论是根霉还是酵母菌，在有氧条件下均有利于其生长繁殖。早籼米粉颗粒较细，若不添加辣蓼草粉制作酒药，其结构比较致密，不利于氧的通透，对曲心的微生物生长繁殖不利。因此，在酒药中添加一定比例的辣蓼草粉后，大大增加了酒药的疏松性，提高了酒药的透气性，使根霉菌及酵母菌等微生物不仅在酒药表面，还在其内部均能较好的生长繁殖，从而大大提高酒药的质量。

（2）防止酒药被氧化

氧化是自然界中一类比较常见的化学反应，制作酒药的主要原料籼米米粉的主要成分以淀粉为主，另外，还含有丰富的蛋白质、脂肪等物质，这些物质都是微生物赖以生长繁殖的基础。酒药一旦发生氧化反应，不仅会使酒药外观发黄，产生不愉快的异味，更为严重的是将破坏酒药中的正常营养成分，进而影响酒药中微生物的正常生长繁殖。例如，米粉中的脂肪类物质被氧化后产生脂肪酸，会破坏酒药中的酸度环境，在一定程度上将抑制微生物的生长繁殖。而辣蓼草中含量丰富的黄酮类等活性物质具有较强的抗氧化能力，能较好地抑制米粉中脂肪等物质的氧化，从而能较长时间地保持酒药中营养成分不受破坏，有效保证了酒药在储存过程中不变质。

（3）抑制病原微生物生长

现代科学研究发现，辣蓼草的提取物对痢疾杆菌、白喉杆菌、变形杆菌、鼠伤寒杆菌、绿脓杆菌、大肠杆菌、金黄色葡萄球菌、枯草杆菌、腊样杆菌、八叠杆菌等多种病原性微生物均有较好的抑制作用。这也是辣蓼草作为酒药添加剂的重要原因。通过在酒药中添加一定比例的辣蓼草粉末，可有效抑制病原性微生物等杂菌，从而较好地保证了酒药中有益微生物的正常生长繁殖。

4）黄酒酒药质量的鉴定

酒药质量的鉴定可采用感官评价和化学分析两种方法。质量上好的酒药应该颗粒均匀，外观呈现乳白色或者稍微淡黄色，无霉变，口咬质地松脆，具有良好的酒药香。若质地较硬或者口尝后带酸味、咸味，则不能够使用。此外，好的酒药还具备较高的糖化力和发酵力，有一定的酵母数，酸度较低。

目前，酒药尚且没有统一的质量标准，也尚未建立行业或国家标准。不过酿酒企业可以通过小型酿酒实验来判别酒药质量的好坏。具体步骤如下：

①将一小陶缸用沸水洗净备用。

②将酿酒用米浸渍 24 h 后淋水去浆，按熟、透、匀的要求蒸好饭，再适用干净饮用水降温到 30 ℃左右。

③称取一定量的米饭(约 1 kg)放入一小陶缸中，约装八成满。

④加入 0.5% 的待试小曲，与米饭翻拌均匀，搭窝，并于 24 ~ 25 ℃下保温培养 30 ~ 40 h，待酒液满窝。

⑤取酒液检测酸度和酒度，同时结合糖化发酵速度的快慢和酿液口味情况对小曲质量作出综合评定。试验时以糖化发酵速度快、糖化发酵液酒精度高、口味鲜甜、生酸度低的为好酒药。

通过上述简便方法，酿酒企业可以大致了解每批新酒药的糖化发酵性能，掌握其温度升降规律，以便大生产时采取相应的措施，确保生产正常进行。

4.1.4　黄酒酒药中的微生物

1)黄酒酒药中微生物的来源

黄酒酒药中大部分微生物是来自加入的陈酒药粉中，少部分从原料微生物中接入。除此之外，从其他途径上也经常性地引入一些微生物，如制作酒药的工器具、场地及空气中的微生物系。微生物系经过酒药制作过程的筛选，入酒药制作工艺过程、温度、湿度等，适宜于酒药环境的优良菌种被保存下来，而许多无益的微生物被淘汰掉。

2)黄酒酒曲中微生物的种类

黄酒酒曲中微生物主要包括霉菌和酵母菌，含有少量的细菌。酒药中酵母主要有拟内孢霉属、酵母属、汉逊氏酵母属、假丝酵母属、丝孢酵母属酵母等。拟内孢霉属酵母主要以尖头卵圆形、尖头椭圆形的细胞和菌丝形式存在。拟内孢霉属酵母在酒药中数量多、品种多，是酒药香气的主要产生菌，是淋饭酒母搭窝糖化期、静止期、搅拌期饭的主要糖化分解菌之一，是甜酒酿香气的主要产生菌，是淋饭酒母独特风味的贡献菌之一，具有边生长边糖化淀粉的能力。在酒药中酵母属酵母数量不多，但品种丰富。酒药中酵母属酵母有酿酒酵母、果酒酵母、糖化酵母等，以酿酒酵母和果酒酵母为主，是淋饭酒母和摊饭酒母的主要发酵菌之一；糖化酵母能直接同化淀粉、糊精发酵产生酒精。汉逊氏酵母在淋饭酒母制备和摊饭酒药发酵过程中的作用是发酵产生酯类物质、乙醇和其他一些风味物质。假丝酵母的主要用途是同化淀粉、糊精发酵产生酒精和其他一些风味物质。丝孢酵母主要作用是分解籼米中所含的脂肪类物质，在淋饭酒母和摊饭酒母制作过程中分解其中的脂肪。

在酒药中细菌的总数仅次于拟内孢霉酵母数，在有些酒药中细菌数超过酵母数。经过检验分析，酒药中细菌主要包括乳酸球菌、乳酸杆菌、醋酸菌、丁酸菌、枯草芽孢杆菌等。酒药中的乳酸球菌包括肠球菌属、乳球菌属、片球菌属等，其中乳酸球菌主要在淋饭酒母搭窝糖化期对饭起糖化分解作用，尤其是对蛋白质的分解起关键作用，在发酵的同时产生乳酸等风味物质。它能使糖液的 pH 值快速下降到 3.0 左右，并产生和累积乳酸球菌素。低的酸碱度、乳酸球菌素、高糖度等因素有效地抑制了腐败，确保了淋饭酒母糖化期、静止期、搅拌期的正常进行。而糊精片球菌等能够直接同化淀粉、糊精产酸。当乳酸杆菌增加，乳酸球菌数减少较快。乳酸杆菌在酒药中含量相对较少，通过淋饭酒母的制作而选择性地筛选、培养出优良的、有益于发酵过程的乳酸杆菌，它能够把多肽、蛋白等物质分解成氨基酸，并发酵产生乳酸和乳杆菌素。有些乳酸杆菌参与淀粉、糊精等物质的分解，尤其是在后发酵期，是淀粉、糊精的主要糖化、分解菌之一。乳酸杆菌是确保淋饭酒母后发酵期和摊饭酒发酵过程正常发酵和顺利完成的关键菌，乳酸杆菌在发酵产乳酸等的同时产生肽聚糖，不同的乳酸杆菌在发酵过程中产生不同量的肽聚糖，高密度的乳酸杆菌发酵产生大量的肽聚糖，它是形成黄酒风味醇厚性的关键成分之一。醋酸菌是酒药制作、淋饭酒母制作、摊饭酒发酵过程中的有害菌，它能够发酵糖产生醋酸，严重影响黄酒的风味。低酸碱度、高乳酸菌素含量、高糖度和酒精度能够对醋酸杆菌的生长产生抑制作用。酒药中的枯草芽孢杆菌能产生淀粉酶降解淀粉，同时可以产生中性和碱性蛋白酶，分解米粉中的蛋白质为氨基酸，提供给酵母一定的营养。而在淋饭酒母制作和摊饭酒发酵过程中是有害菌，枯草杆菌大量繁殖时能够严重影响黄酒的风味，适宜浓度的乳酸、低酸碱度能够严重影响枯草杆菌的生长。

酒药中霉菌种类很多，分离鉴定十分困难，在平板上的菌落数并不能代表酒药中的霉菌的真正数量。但是主要有根霉、犁头霉、毛霉、青霉、念珠霉等。黄酒酒药中存在一定数量的根霉，但根霉在酒药制作过程中生长期短，很快就会被念珠霉菌所抑制。有些根霉的生料糖化力、液化力非常强，但在熟料中生长缓慢且酶活低，在淋饭酒母搭窝糖化期饭上生长很少，糖化作用小。犁头霉在酒药中含量也不高，它在淋饭酒母中的作用与根霉很类似。酒药中的毛霉、红曲霉、曲霉等霉菌主要具有糖化作用，它们在发酵过程中作用很小。青霉菌在酒药中含量极少，它是黄酒发酵中的有害菌。新制备好的酒药表面的念珠霉菌"酵母状"个体平均数为 1.25×10^6 个/g。除此之外，酒药中尚含有少量念珠霉菌菌丝体的存在，念珠霉菌是淋饭酒母搭窝糖化期的主要糖化、分解菌之一，它产生独特的清香（念珠霉香），抑制其他霉菌在饭上的生长繁殖，搭窝糖化期缸内的香气有清香（念珠霉香）、甜酒酿香、淡淡的药酒香和酒香，在淋饭酒母的静止期和搅拌期也起一定的糖化分解作用。

3）黄酒酒药制作过程中微生物的变化

（1）酒药培养过程中微生物的变化

首先是根霉、犁头霉、毛霉、曲霉等霉菌菌丝的生长，其菌丝呈白色，菌丝较长（20～30 mm）。而后是念珠霉菌丝的快速生长，念珠霉菌丝匍匐生长，气生菌丝少或无，菌丝白色；念珠霉菌丝交叉编织成网状，致密，并很快长满酒药球表面，呈现一层白色菌丝膜包裹着酒药。而念珠霉菌的生长能强力抑制根霉、犁头霉、毛霉、曲霉、青霉等的生长，使它们的菌丝收缩而倒伏，为以后酵母菌和细菌菌丝的生长铺平道路，不会因根霉、犁头霉、毛霉、曲霉、青霉等菌丝的大量生长，而使酵母菌和细菌无法生长，又可以防止外界其他微生物的污染。念珠霉菌菌丝少量生入酒药内部，并分解米粉中部分淀粉、蛋白质等物质，提供给酵母、细菌生长所需的一定营养。此时期，酒药内部的细菌和酵母也有少量生长繁殖，拟内孢霉菌丝和芽孢也有少量生长。内部的根霉、犁头霉、毛霉、曲霉、青霉等霉菌的生长繁殖因缺氧受到抑制。

随着酒药的培养，酒药水分逐渐下降，念珠霉菌菌丝减少，"酵母状"个体大量增加，也就

是我们所看到的白色粉末状。由于营养充足,拟内孢霉、酵母在酒药表面大量生长繁殖,菌丝短而密,布满整个酒药表面,犹如一层菌丝薄膜包裹酒药,拟内孢霉不断地向内部生长,长满整个酒药。

(2)酒药晒药过程中微生物的变化

在酒药的晒药过程中,由于水分下降明显,各种菌丝体收缩而脱落。念珠霉菌以"酵母状"个体(有些是以厚垣孢子)为主保存下来,拟内包霉以芽细胞状态为主,内部和外部菌丝都减少,因此,成品酒药表面为白色粉层,白色粉层主要以拟内孢霉的芽细胞(尖头卵圆形和尖头椭圆形)、念珠菌的"酵母状"个体和干燥米粉组成,尚有少量菌丝体(霉菌、酵母)和一定量的细菌。

[知识拓展]

4.1.5 福建红曲的制备

红曲是采用大米为原料,在一定的温度、湿度条件下培养成紫红色的米曲。我国红曲主要产地在福建、浙江、台湾等省,其中以福建古田红曲最为有名。红曲中主要含有红曲霉菌和酵母菌等微生物,并有色曲、库曲和轻曲之分,其主要用于酿酒、制作豆腐乳和食用色素。红曲生产原料配比表见表4.1。

表4.1　红曲生产原料配比表　　　　　　　　　　单位:kg

曲类	配料			成品
	米	土曲糟	醋	
库曲	20	0.5	0.75	10
轻曲	30	0.75	1.075	10
色曲	40	1.0	1.5	10

1)红曲生产用米

红曲分为色曲、库曲和轻曲。色曲用上等粳米或山稻米,库曲、轻曲用高山籼米,一般要求精白的上等大米。制库曲、轻曲采用一年半的新醋,而制备色曲才使用3年陈醋。

2)操作方法

(1)浸米

将所选择的上等白米装入米篮中淘去糠秕,再用水浸渍2~3 h,以用手指以搓即碎为度,然后捞起沥干,上甑蒸煮。

(2)蒸饭

用猛火蒸40~60 min,待饭粒熟度达到湿手摸饭面不粘手即可。

(3)接种

将饭摊在竹簟上,待冷却至40 ℃左右即可拌曲接种。根据表4.1中的配方,拌匀,使饭粒全部染成微红色时,即可入曲房。制曲时将20 kg白米,经过浸渍蒸饭,淋水降温至40 ℃左右,拌入土曲粉 0.5 kg,然后装入坛内,经过 24 h 的糖化发酵,再掺入醋 0.75 kg,储存 2~3 个月后即可使用。

（4）曲房管理

将接种后的饭放于曲房内,盖以洁净麻袋,保温 24 h,待品温升至 35~36 ℃时进行翻曲,然后把曲粒摊开,厚 4~5 cm,每隔 4~6 h 搓曲一次。入房 3~4 d,红曲菌丝逐渐进入饭粒的中心部分,呈红色斑点,称为"上铺"。此时可装入麻袋,在水中漂洗约 10 min,使曲粒吸收水分,有利于红曲霉繁殖。淋干后,再堆放半天,使其发热升温,然后摊平。此后每隔 6 h 翻拌一次,以促进繁殖。当曲中水分有干燥迹象(用手触动曲面有响声)时,可适当喷以清洁水,调节曲中水分,保持 30 ℃,这一阶段又称"头水",历时 3~4 d,曲面呈绯红色。此后的关键工作是适时、适量喷水,以供给红曲霉繁殖所需水分,必须严加掌握,每隔 6 h 翻曲一次,注意控制繁殖品温,经 3~8 d 后称为"二水",曲粒里外透红,并有特殊红曲香。

（5）出曲

在阳光下直接晒干。库曲 8~10 d,轻曲 10~13 d,色曲 13~16 d。

4.1.6 纯种红曲的制备

1）斜面菌种培养

取 7~8 °Be′的饴糖液 100 mL、可溶性淀粉 2 g、蛋白胨 0.5~1 g、硫酸镁 0.1~0.2 g、硫酸铵 0.1~0.2 g、磷酸氢二钾 0.1~0.2 g,加热溶解后分装于试管,并于 121 ℃高压灭菌 30 min,放置斜面,于 27~28 ℃培养箱培养 72 h,斜面培养基上若无杂菌生长,即可接种。然后,于 30 ℃培养箱培养 7~8 d,待斜面上出现紫红色菌体即可,于 4 ℃冰箱内保存备用。

2）三角瓶菌种培养

（1）浸米

取籼米 1 kg,加水 1.5 L(内加食用乳酸 3~5 mL),浸米 22 h 左右。

（2）蒸饭

取已浸好的米淋水去浆,沥干,然后在 500 mL 三角瓶内装米 80 g 左右,塞好棉塞,于 121 ℃高压灭菌 30 min,降温至 30 ℃左右接种。

（3）接种与培养

在无菌室中将每支试管斜面菌种接 3~5 只三角瓶。然后将米饭摇至瓶内一角,在 30 ℃条件下培养 30 h 左右,待米饭上有斑点菌体生长,即可摇瓶摊平,每天摇瓶 2~3 次,经 7~8 d 即成。

（4）干燥

若当时要生产种曲,可不干燥。若暂时不用,可置搪瓷盆内于 35~40 ℃条件下烘干,使水分降至 12% 以下。用塑料包装、储存、备用。

3）种曲制作方法（以 100 kg 籼米原料为例）

（1）制种

按籼米原料的 1% 称取三角瓶红曲种,粉碎或研磨成红曲粉末,加 4~5 kg 冷开水、5 mL

乳酸,浸泡20~30 min 即可用于接种。接种时添加籼米原料量0.1%的乳酸,摇匀后立即接种到米饭中,以免高酸条件下红曲霉孢子被杀死。

（2）浸米

春、夏季浸10~12 h,秋、冬季浸20~24 h。米浸泡后吸水约130%。

（3）蒸饭

将米捞入竹丝箩,淋水去浆,沥干,上甑,待全部圆汽后再蒸10~20 min,要求米饭内无白心,熟而不糊,出饭率135%左右。

（4）接种与养花

将出甑后的饭倒在竹匾上,趁热打碎成粒状,摊平冷却至35 ℃左右。然后将制种的红曲种液分别洒于米饭上,一人洒种液,一人迅速翻匀,然后装入清洁麻袋,扎紧袋口置于30 ℃曲室内。经24 h左右,品温升至49~50 ℃,即可倒包,倒包时米粒已长白色菌体斑点,有特有曲香。然后将其置于4个大竹匾内培养,室温28~30 ℃,品温控制在43~45 ℃,不得低于40 ℃,也不得超过46 ℃,通过控制曲的厚度和控制翻拌次数来调节品温。这一阶段称为“养花”阶段,即红曲菌丝体较快地布满米饭表面,达到齐花的目的。一般为40~50 h,饭粒表面长满菌丝并出现红色斑点,即可装盒或分装于多个竹匾内继续培养。

（5）竹匾培养

将4个大竹匾的曲粒分装于曲盒内,每盒约2.5 kg米曲,同时通过调整厚度、适时翻曲、调整室温等方法控制品温,曲盒品温一般控制在40~42 ℃。这一阶段,布满白色菌丝的曲粒渐呈红色,约经60 h,曲料全部呈红色。当曲粒表面出现干燥现象时即可进行吃水,方法是将曲盒内的曲分别倒在一个大塑料盆内堆积,用喷水壶洒水,用水量为20%~25%,边洒边拌,确保曲料吸水均匀。堆积3~5 min后,继续装于曲盒中培养,控制品温35~37 ℃,最高不超过40 ℃,最低不低于30 ℃。在此培养期间,需要进行4次洒水（操作方法相同）、烘干和包装等步骤。第1次洒水:红曲霉已进入繁殖旺盛期,品温上升快,水分挥发多,曲粒由浅红转向深红,表面呈干燥现象,若不及时洒水,则曲干而停止繁殖。第1次洒水后约24 h即可进行第2次洒水。第2次洒水:洒水量一般在20%~25%,室温28 ℃左右、品温在34~35 ℃,培养期间,再进行2~3次翻拌,经24 h左右,菌丝体向内生长,曲粒红色加深并呈现干燥时进行第3次洒水。第3次洒水:洒水量减少至20%左右,室温28~30 ℃、品温33~34 ℃进行培养,并进行2~3次翻拌,待曲粒红色加深,出现干燥现象时即可进行第4次洒水。第4次洒水:洒水量减少至10%~15%,室温28~30 ℃、品温32~33 ℃,此时曲粒呈紫红色,一般经过3~4次洒水后曲粒已经成曲,若要求曲的色泽更深一些,可延长培养24 h,一般经6~7 d即成。烘干:将红曲摊在竹篾上,于40~45 ℃的曲室内烘干,要求水分在12%以下,曲粒紫红,粒状均匀,有曲香,无异味。包装:将红曲装入塑料袋,外套编织袋,干燥处保存,严防霉变和虫蛀。

4）红曲制作中需要注意的问题

制作红曲的操作方法主要包括原料处理、培养室温、品温、洒水量以及接种方法等方面,跟纯种曲制备基本相同。不同之处在于,1%的接种量中需添加0.01%~0.02%的黄酒活性干酵母和生香干酵母,使红曲不但具备糖化力而且也有发酵力并产生香气。由于制曲时投料量大,可以在室内地面培养,但必须注意环境卫生。

红曲制种和制曲最好安排在夏季 30 ℃左右的气温条件下进行,这有利于确保红曲质量,同时节约制曲成本。此外,夏天制曲,冬季酿酒也有利于做好生产管理,合理安排劳动力。

4.1.7 红曲质量的鉴别

红曲主要产于福建古田县的平湖、罗华,屏南县的长桥、路下以及惠安、三明等地也有出产。红曲分色曲、库曲和轻曲,主要用于酿酒、制作豆腐乳和食品着色。制造红曲的曲种多采用建瓯、政和、松溪县酒厂的糯米土曲糟,因建瓯系用土曲,俗称"窖曲",也称"乌衣红曲"酿酒,榨得的酒糟叫糯米土曲糟,又称建糟。福建红曲和温州乌衣红曲的质量标准分别见表 4.2 和表 4.3。

表 4.2　福建红曲质量标准

曲名	糖化力(以葡萄糖计,60 ℃、1 h)/(g/g 曲)	液化力(以淀粉计,37 ℃、1 h)/(g/g 曲)	水分/%	光密度(曲∶水 1∶5 000,科维电比色计,520 nm 波长滤色片)
库曲	0.35 ~ 0.76	17.1 ~ 31.6	8.6 ~ 9.7	0.120 ~ 0.145
轻曲	0.66 ~ 1.82	70.5 ~ 150	10.2 ~ 11.8	0.150 ~ 0.170
色曲	2.10 ~ 2.73	155.0 ~ 184.0	10.5 ~ 11.2	0.200 ~ 0.23

注:库曲出曲率为 45% ~ 50%,轻曲出曲率为 35% ~ 38%,色曲出曲率为 28% ~ 30%。

表 4.3　温州乌衣红曲质量标准

项目	鉴定结果	项目	鉴定结果
外观形态	米粒状,表面呈黑红色,中心白色,并夹杂红色斑点	泡度	有泡度
表皮	有菌丝	中心菌丝	无菌丝
颜色	黑红色	闻味	有酸味

任务 4.2　黄酒麦曲的制作技术

[任务要求]

1. 掌握传统生麦曲制作的基本操作要点。

2. 掌握纯种熟麦曲制作的基本操作要点。

[技能训练]

麦曲是指在破碎的小麦上培养繁殖糖化微生物而制成的黄酒糖化剂。麦曲根据制作工艺的不同可分为块曲和散曲。块曲主要是踏曲、挂曲、草包曲等,经自然培养而成;散曲主要有纯种生麦曲、爆麦曲、熟麦曲等,常采用纯种培养而成。

4.2.1　传统生麦曲的制作技术

1）原料准备

新鲜小麦、清水、陈麦曲等。

2）工艺流程

人工加水

小麦→过筛→轧麦→拌曲→脚踏成型→裁曲→摆曲→保温培养→干燥→拆曲→成品

3）操作要点

（1）曲室准备

制曲前，将曲室彻底打扫干净，地面铺上 10 cm 左右厚的稻壳，并摊上竹簟。墙壁用石灰乳粉刷一遍，再围以稻草或草簟。

（2）原料要求及处理

黄酒生产上对制曲原料小麦的品质要求极为严格，具体要求如下：

①无特殊气味，以当年产小麦为佳。

②麦粒完整，颗粒饱满，无霉变和虫蛀。

③干燥适宜，外皮薄，呈淡红色，两端不带褐色为佳。

④品种纯净、一致。

将小麦除去尘土、秕粒以及泥块、石子等杂物，用轧麦机将小麦轧成 3～5 片/粒，使小麦表皮破裂而淀粉组织外露，以利于吸水并增加糖化菌的繁殖面积。麦粒破碎过细或过粗都会影响麦曲的质量。

（3）拌料

将上述物料 25 kg 装入搅拌机中，加入 5～6 kg 清水，迅速拌匀，使物料吸水均匀，不产生白心和水块，防止产生黑曲和烂曲。拌曲时，可加入少量优质的陈麦曲做种子，稳定麦曲质量。

（4）成型

成型又称为踏曲。是将曲料在曲模木框中踩实成砖块状，便于搬运、堆积、培育菌种和储藏。曲块以压到不散为度，再用刀切成小方块，曲块大小和厚度目前没有统一的标准。

（5）堆坯

将裁好的曲块放在曲室的竹簟上，约经过 30 min，曲坯已经较为结实，此时可以将其堆成品字形，上下两层。再扫除碎料，盖上草包，以便保温。

（6）保温培养和排潮

堆曲完毕后，关闭门窗进行保温。品温开始在 26 ℃左右，20 h 后开始上升，经过 3～5 d 后，品温升高到 50 ℃左右，麦粒表面菌丝大量繁殖，水分大量蒸发，可揭开保温覆盖物，适当开启门窗通风，及时做好降温工作。品温控制的重点在于培养前期的 7 d，这一阶段要根据品温和气温状况，适当调整保温物，并通过开闭门窗的大小将室温控制在 20～30 ℃。具体品温控制范围见表4.4。

表4.4 生麦曲制作过程品温控制

时间	第1天	第2天	第3天	第4天	第5天	第6天	第7天
品温/℃	25~30	30~34	42~47	51~55	46~52	38~42	31~35

在生麦曲培养过程中,除了要注意品温外,还要做好通风和排潮工作。当品温升高至50~55 ℃时,可以揭去盖在曲堆上的竹篾,并揭掉覆盖的部分稻草,适度地打开门窗,以利于曲块排潮,蒸发水分。但是应该严格防止水蒸气回落到曲块上,以免产生烂曲和黑心曲。培养至第7天后,品温与室温接近,麦曲中的水分也已经大部分蒸发。此时可全部打开门窗,进行通风排潮。培养至25~30 d时,麦曲已经结成硬块,即已经成熟。此时可以将其移至通风良好的室内,呈"品"字形堆高摆放,继续自然干燥备用。

4)生麦曲质量鉴定标准

生麦曲质量的好坏主要通过感观和理化两个方面进行判断,具体如下:

(1)感观鉴定

要求有独特曲香且香气正常,无霉味或生腥味;曲块坚硬、质地疏松;表面呈白色、灰白色菌丝丛生,茂密均匀,也有技工对表面略带黄绿色的曲的质量比较认可;曲块内部无霉烂夹心、黑心。

(2)理化鉴定

要求水分低(14%~16%),生酸低,液化力、糖化力高。黄酒酿造以前过分强调糖化力而忽略液化力,研究表明,对于麦曲的理化检测,同样要重视和研究液化力对黄酒生产的影响,尤其是机械化黄酒,这一指标对确保正常良好的发酵显得尤为重要。

4.2.2 纯种熟麦曲的制作技术

1)原料准备

米曲霉种曲、麦芽汁固体琼脂培养基、新鲜麸皮等。

2)工艺流程

小麦→过筛→浸麦→轧麦→蒸料→接种→培养→出房→纯种熟麦曲

3)操作要点

(1)浸麦

将小麦倒入池中或缸中,然后放水浸渍30 min后,把麦捞到米丝箩内,沥干水分。

(2)轧麦

调整轧麦机两个滚轴至合适距离,然后进行轧麦,要求将麦粒轧成3~5片/粒,略有粉末状即可。

(3)蒸料

在轧好的麦片中加水30%~35%,进行翻拌,使吸水均匀,并堆积30 min,然后上甑蒸料,待全部上气后再蒸40 min左右即可出甑。

（4）接种与培养

将曲料通过扬糟机打碎团块，使成疏松曲料，并在水泥地面进行摊晾，待达到 35～40 ℃ 时即可接种，接种量为原料的 0.3%～0.5%。接种时，先将曲种与 2～3 kg 的曲料拌匀，然后撒至全部曲料中，翻拌均匀进行堆积，每堆约 150 kg，室温在 28～30 ℃。经 7～8 h 后，品温上升至 35 ℃ 左右，翻拌均匀，上竹帘，厚度为 2.5～3 cm，品温在 30 ℃ 左右。待结饼后翻曲一次。全程培养品温控制在 30～40 ℃，一般在 35～35 ℃，最高不超过 45 ℃，经 45～48 h 即可出曲，摊于干净、清洁的地面上，自然风干。曲厚度不超过 3 cm 左右。成品曲应及时使用，以防温度回升产生"烧曲"现象，影响酶活力。质量鉴别要求外观菌丝密布，不能有明显的黄绿色（孢子过多），有明显的曲香，无其他异味。

[知识拓展]

4.2.3　机械化生麦曲的制作技术

1）工艺流程

计量加水
↓
小麦→过筛→轧麦→拌曲→多次压块成型→搬曲→摆曲→保温培养→干燥→拆曲→成品

2）传统和机械化工艺制作生麦曲的区别

机械化在制作生麦曲工艺与传统手工制作生麦曲的程序基本相同，其最大的差别在于，机械制曲用多次压块成型的机械装置替代了传统的拌曲、抬曲、踏曲和裁曲四道工序，采取特定的计量加水装置替代了传统的人工加水，从而有效降低劳动强度、提高劳动效率。

3）机械化制备生麦曲的优势

①实现了黄酒传统麦曲制造的机械化生产，提高经济效益。传统麦曲生产每班需要 16 人，而机械化制曲每班仅需要 11 人，节约劳动力。按照每个工人 150 元计算，每年可节省开支 40 万多元。

②机械化制曲由于采用特制的计量装置替代了传统的手工加水，使麦曲含水量更趋一致，所制备的麦曲质量更趋稳定，避免由于人为因素造成的加水不均匀而导致的麦曲质量参差不齐。烂曲和黑曲现象明显减少。

③降低了工人的劳动强度。传统生麦曲制备过程当中，每天班产用小麦 5 000 kg 左右，加上所用水量，日踏曲量近 6 500 kg，因此工人的劳动强度非常大。而采用制曲机后，由于拌曲、抬曲、踏曲、裁曲均由机械操作，仅需两人，劳动强度得到明显减轻。

④采用机械制曲后所需生产场地小，产量大，即节约了场地，又提高了劳动生产率。

⑤彻底改变了传统的麦曲制作方式，使原先繁重复杂的制曲技术实现了自动化。传统黄酒麦曲的生产制作季节一般从"立秋"到"秋分"，根据老技工的经验一般不过"寒露"节气。近年来，随着酿酒生产规模的扩大，机械化黄酒生产用麦曲制作已突破季节限制，有的酿酒企业已经在春季和冬季进行麦曲生产并获得成功。

4.2.4 纯种生麦曲的制备

纯种生麦曲的制作始于 20 世纪 50 年代,制备纯种生麦曲的目的是利用纯种米曲霉提高其糖化力。该曲的优点是可降低用曲量,提高出酒率,缩短发酵周期,而酒的质量基本保持原来的风格。

1)工艺流程

$$\text{小麦}\rightarrow\text{过筛}\rightarrow\text{轧麦}\rightarrow\overset{\underset{\displaystyle\downarrow}{\text{加水}}}{\text{拌曲}}\rightarrow\overset{\underset{\displaystyle\downarrow}{\text{纯种米曲霉曲}}}{\text{接种}}\rightarrow\text{拌和}\rightarrow\text{装盒}\rightarrow\text{培养}\rightarrow\text{出房}\rightarrow\text{生麦曲}$$

2)操作要点

(1)过筛轧麦

先将小麦过筛除去秕粒、石子、泥沙等,而后轧麦,麦子轧成 3 ~ 5 片/粒。

(2)加水拌和

将扎好的小麦放入木桶等容器,视季节不同加入 30% ~ 38% 的水拌和,若气温低于 10 ℃,则采用 30 ℃ 左右的温水。

(3)接种培养

米曲霉菌种经过三角瓶扩大培养成种曲,晒干备用。然后,视季节不同加入 0.2% ~ 0.35% 的种曲翻拌均匀,装入盒子摊平,送入曲房叠成品字形,每堆 12 ~ 13 盒。于 25 ~ 28 ℃ 室温条件下繁殖培养。

(4)调盒与扣盒

入房后 20 ~ 24 h 后,曲霉菌开始繁殖,中间品温达到 30 ~ 32 ℃,上下两端达到 25 ~ 27 ℃,此时即可调盒,上下调转,使曲盒内品温均匀一致。调盒后 5 ~ 6 h,品温又升至 30 ~ 32 ℃,室温在 28 ℃ 左右,此时曲料已经结饼,即可进行扣盒。扣盒即将曲翻到另一只空盒子里,经过 8 ~ 12 h,品温上升到 36 ℃,进行第三次扣盒,在培养过程中及时掌握室温、品温的变化情况,以确保成曲质量。

(5)出房

经过 3 ~ 4 d 的培养,曲块培养结束,出房备用。

3)纯种生麦曲的质量标准

(1)外观

黄绿色,菌丝稠密,无黑色和白色杂菌生长,无酸味和不良气味,具有纯种曲特有的曲香。

(2)理化指标

糖化力 90 ~ 95 ℃,酸度 0.12% ~ 0.18%,出曲含水分 25% 以下。

4.2.5 挂曲的制备

挂曲也是黄酒生产用的麦曲,因曲块用稻草结扎后,挂在木梁上培养繁殖微生物而得名。江苏苏州、无锡等地黄酒企业均采用这种传统方法生产麦曲。挂曲制作时间一般选择室温在

30 ℃左右的季节。

1）操作要点

（1）轧麦

采用黄皮小麦为原料，将麦轧成片状，搅拌后即成碎屑，但需防止粉质过多，以免踏曲时过黏，形成硬块，影响质量。

（2）拌水

取一大的竹匾，每匾盛麦片22.5 kg，加水8 kg，翻拌均匀，拌后以"手握成团、放开即散"为原则，同时，匾内应无湿块。

（3）踏曲

将拌好的麦片加水拌匀后倒入一方形木箱中，用脚踏实，箱角和中心踏平，厚约3 cm。每箱可盛20匾，踏成20层，每层踏实后撒上一层稻柴灰作为隔离层，然后用曲刀裁成块状。

（4）挂曲

制作挂曲的曲室为普通瓦房，室内用木架分成上下两层，两端用木梁横架于木架上，将切好的曲块用稻草芯结扎，悬挂在木梁上，每根木梁约挂50块，上下层之间留有距离，块曲之间留约3 cm的空隙。

（5）曲房管理

当块曲入房48～72 h后，品温已上升至42～44 ℃，此时，将窗户全部打开，品温便逐渐回落，块曲依然悬挂在曲室中，两个月后方可使用。一般情况下，每100 kg小麦可产块曲84 kg。要求曲块中心无白色、黑心、烂心等现象，具有麦曲特有的曲香。

2）注意事项

一般情况下，麦曲均在夏季踩制，原因是麦曲属于开放式培养，而夏季环境和空气中所含的微生物（如霉菌）比冬天要多。此外，夏季的气温高，有利于微生物的繁殖培养。古人所谓"制伏曲"便是这个道理。夏季制曲应注意以下几个问题：一是控制好曲料含水量，机械制曲比传统制曲的含水量略低；二是控制好曲的发酵品温，尤其要控制好最高温度；三是要根据曲的生长情况及时做好保温、通气及排潮工作。

冬天由于气温低，空气比较干燥，环境中微生物也少，相对于夏季而言，不利于麦曲的制作，但如果做好保温和保湿工作，冬天也可以培养微生物。近年来已经有很多企业通过改变操作工艺，采用温水拌曲，强化保温措施，在冬季成功进行了麦曲的生产。春季比冬天要暖和，气温相对有所回升，空气中湿度也明显增大，但由于春季气温不是很高，因此，同样要注意采用温水拌曲，并做好曲室的保温工作，严格控制曲块的发酵品温。

任务4.3　黄酒酒母的制作技术

［任务要求］

1.了解酒母的定义及分类。

2. 掌握淋饭酒母的工艺流程及操作要点。

[技能训练]

4.3.1 淋饭酒母的制备

淋饭,学名"酒母",俗称"酒娘",意为"制酒之母",是酿造摊饭酒的发酵剂。由于工艺中有将饭"淋水"这一工序,"淋饭"因此得名。淋饭酒母一般在农历"小雪"前开始生产,经20 d左右养醅发酵,经过挑选,质量特别优良的作为摊饭酒母,多余的作为摊饭的掺醅,以增强酒醅的发酵力。

1)工艺流程

酒药　麦曲、水

↓　　↓

糯米→过筛→浸渍→蒸煮→淋水→搭窝→冲缸→开耙→灌坛养醅→酒母

2)配料

配料制作淋饭酒母时一般选择当年产优质粳糯米为原料,精白度要高,水分控制在14%以下,以酒药作为糖化菌和发酵菌,并添加块麦曲,以促进糖化和赋予酒独特的风味。因淋饭酒母质量关系整个冬酿生产能否顺利进行,所以,生产淋饭酒母时必须严格按照工艺配方要求并控制好水量。

3)操作要点

(1)浸米

浸米前要准备好洁净陶缸,并在缸内注入半缸清水,根据缸的大小掌握浸米量,同时防止米吸水膨胀露白。根据米质以及气候、水温等因素控制好浸米时间,一般为36~48 h,以蒸饭质量良好、水又淋得下为原则。浸好的米用捞斗捞入米筒内,用清水淋净附着于米上的浆水,并确保沥干。若淋水不好或淋不清,水沥不干,易造成饭难蒸现象,并出现"烫块",造成"烫药",影响酒药中微生物的生长。

(2)蒸饭

蒸饭时蒸汽要足,速度要快。可采用手捏、咀嚼等方式来判断饭的成熟度,蒸饭要求熟而不糊,饭粒松软,内无白心。

(3)淋水降温

蒸好的米饭立即用清水淋冷,并根据气候情况控制淋水量,特别是回水量,淋水量和回水量的温度应根据气温和水温高低灵活调节,以适应落缸温度要求。一般每甑饭淋水120~150 kg,回水40~60 kg。可以用回水冷热来调节品温,淋后品温在31 ℃左右。淋水的目的:一是迅速降低饭温;二是使蒸好的饭粒分离良好,以利通气,促进糖化菌、发酵菌的繁殖。

(4)落缸搭窝

落缸搭窝是使酒药粉和米饭充分拌匀后搭成凹形窝,以增加饭料和空气的接触面,为酒药中的糖化发酵菌在米饭上迅速繁殖创造条件,同时也便于检查缸内发酵情况。

落缸前,应先用石灰水和沸水分别对酒缸泡洗杀菌,清洗干净,临用时再用沸水泡缸一

次。落缸时,先将饭倒入缸内,捏碎饭块,再撒入酒药(按瓺分匀)。酒药与饭料要拌得均匀,拌时速度要快,避免把饭拌糊。拌好后搭成倒喇叭形窝,窝底直径约 10 cm。搭窝要掌握饭料疏松度,窝搭成后,用竹帚轻轻敲实,但不能太实,以饭料不下落塌窝为度,然后,在上面撒些酒药粉,加盖保温。落缸温度应根据气温灵活掌握,一般控制在 26～29 ℃。同时,根据环境和车间气候情况做好酿酒缸的保温工作。

(5)糖化及加水、曲

落缸后经 36～48 h,在酒药中的酶和酵母的作用下,缸内饭粒开始软化并散发出香气,糖化液也慢慢充满饭窝,此时为养窝阶段。期间,由于根霉等糖化菌生成乳酸和延胡索酸,从而调节了糖液的 pH 值,抑制了杂菌生长,酒窝中的酵母菌也开始繁殖,糖化和发酵作用同步加强。等窝液高度达到 4/5 时,即可按照配方加入麦曲和投水冲缸。冲缸操作时,先加曲后加水,然后用划桨或木耙充分搅拌均匀。冲缸后品温的下降随气温和水温不同而有较大差别,一般冲缸后品温可下降 10 ℃以上。因此,冲缸后应根据气候冷热及环境温度及时做好保温工作,确保发酵正常进行。

(6)发酵开耙

加曲放水后,由于酵母大量繁殖,酒精发酵开始,醪液温度同时快速上升。当达到一定温度时,需用木耙进行搅拌,俗称"开耙"。耙开得好坏,是制淋饭酒母的关键之一,生产中开耙技师应根据升温情况、发酵程度,同时结合自身实践经验灵活掌控。尤其是二耙后发酵进入旺盛期,为不使酵母过早衰老,须及时降低发酵品温,一般最高温度不超过 32 ℃。然后,采取灌坛分装的办法,继续进行缓慢发酵。

(7)灌坛后发酵

经过发酵开耙阶段,淋饭酒母中的酵母菌大量繁殖并开始酒精发酵,冲缸后 48 h 酒精即可达 10%(体积分数)以上。为使酒醪在较低温度下继续进行缓慢的发酵作用,生成更多酒精,必须进行后发酵,生产中通过灌坛养醪来完成。灌坛前,准备好洗刷干净的空坛,然后将缸中的酒醪捣匀灌入酒坛中,装至八成满,上部留一定空间,以防堆醪期间发酵过猛造成溢醪现象。准备作酒母的酒醪,应标明批次缸号,分别堆放,以便于管理。养醪应注意下列事项:一要重视嗅香;二要掌握淋饭灌坛时的成熟度及堆放位置,先用的尽量放在阳面,后用的一般堆在阴面,以不受太阳光照射为好;堆醪时应标明缸号,便于使用时挑选;三要根据生产情况合理安排酒母使用次序,一般先用的酒母可老一些,即发酵相对成熟些,后用的酒母则以嫩为佳,防止酒母因长时间养醪而衰老,影响发酵力;四要开好坛耙,一般第 1 天开 4 次,第 2 天开 3 次,第 4 天即可灌坛。

(8)酒母挑选

淋饭酒经 15 d 左右发酵即可作酒母使用。为确保摊饭的正常生产,生产中采用感官鉴定和化学分析相结合的方法挑选优质酒醪作为摊饭酒的酒母。

[理论链接]

4.3.2　黄酒酒母的种类

黄酒酒母的种类可分为两大类:一是用酒药通过淋饭酒醪的制造自然繁殖培养酵母,称之为淋饭酒母;二是由试管菌种开始,逐步扩大培养,增殖到一定程度,称为纯种培养酒母。纯种酒母有两种制备方法:一种是仿照黄酒生产方式的速酿双边发酵酒母,利用米饭加入13%的麦曲,再接入纯粹培养的酵母种子,逐级扩大而成。因制造时间比淋饭酒母短,又称速酿酒母;二是高温糖化酒母,即在 60 ℃下把蒸熟的米饭用麦曲并加水保温 3~4 h,然后把糖化液在 80~90 ℃下加热灭菌 30 min,冷却至 28 ℃左右接入预先培养好的酒母种子培养 10~12 h,即可使用。在酒母培养过程中除了做好消毒灭菌、清洁卫生工作以外,可在酒母培养液中添加一定量的乳酸,调整培养液的 pH 为 4.0~4.5,目的是抑制杂菌的生长繁殖,保证酒母的质量。糖化完毕经高温杀菌,使醪液中野生酵母和酸败菌死亡,提高酒母的纯度,减少黄酒酸败因素。

4.3.3 淋饭酒母的质量鉴定

淋饭酒母质量以理化鉴别为主,结合感官品评。优质淋饭酒母要求如下:酒醪发酵正常;成熟酒醪酒精含量在 16%左右,总酸(以乳酸计)在 6.0 g/L 以下;品尝口感老嫩适中,爽口、无异杂味。目前生产上对淋饭酒母的质量鉴定主要依靠酿酒技师的经验,具体做法如下:根据理化指标确定淋饭酒醪候选批次和缸别,取上清液 200 mL 左右置于 500 mL 三角瓶中,于电炉上加热,至刚沸腾并有大气泡时,停止加热,稍冷后倒入品酒杯中,由酿酒技师进行感官鉴别,要求以爆辣、爽口、无异味为佳。同时,根据酒的色泽鉴别发酵成熟程度,浑浊或产生沉淀者属于发酵不成熟,即通常说的"嫩",作为酒母发酵力不足。此外,选择淋饭酒母时,应注意生产前期用的酒母宜"老"一些,即发酵完全一些,后期用酵母则以"嫩"一些为佳,因酒母是酿酒生产前提前做好的,以供应整个冬酿生产,"老"的后用可能导致酒母过老,发酵力不足。

任务4.4 各类黄酒的生产技术

[任务要求]
掌握干型黄酒、半干型黄酒、甜型和半甜型黄酒生产的基本操作要点。
[技能训练]

4.4.1 干型黄酒生产

1)原料准备
糯米、麦曲、酒母、酸浆水等。

2)工艺流程

水、麦曲、酒母

原料米→筛米→浸米→蒸饭→落缸→主发酵→灌坛后酵→压榨→澄清→煎酒→储存

3）操作要点

（1）筛米

过筛目的在于除去糠秕、碎米等其他杂物，确保浸米和发酵正常。同时，也可避免浸泡时碎米溶入水中，造成浪费，影响酒质和产量。

（2）浸米与酸浆水

浸米是黄酒生产中一个相当重要的环节。浸米质量好坏，直接关系蒸饭质量，并影响成品酒品质。浸米的目的是为了使大米吸水膨胀，便于蒸饭，确保米的糊化效果。浸米标准一般以"手捏成粉"为度，这是酿酒师在长期实践总结出的经验。

在传统摊饭法酿造黄酒的过程中，浸米用的酸浆水是发酵生产的重要配料之一。操作中浸米的时间长达16～20 d，米中约有6%的水溶性物质被融入浸渍水中，由于米和水中的微生物的作用，这些水溶性物质被转变或分解成乳酸、肌醇和磷酸等。抽取浸米酸浆水作为配料，在黄酒发酵一开始就形成一定的酸度，可以抑制杂菌的生长繁殖，保证酵母正常发酵；酸浆水中的氨基酸可以提供给酵母利用，多种有机酸带入酒醪可以改善酒的风味。

新工艺黄酒则采用保温浸米快速提浆，二者操作工艺有所不同，但目的一致，均为"提浆"。实质均在于培养乳酸菌产生乳酸，达到"以酸制菌"的目的。这里可考虑两种途径：一是大米不经浸渍直接用调酸法酿制黄酒；二是采用接种纯种乳酸菌进行扩培取得酸度。生产前，浸米缸（池）均需清洗干净，尤其是"糟缸"和"陈缸"，更需进行严格清洗消毒，确保缸内无其他异杂气味。同时，浸米用水必须清洁干净。浸米时先放水，然后投入原料米，再用木楫或压缩空气使米疏松，同时捞净浮在水面上的糠秕、泡沫等杂物。一般要求水面超出米面10～15 cm，若浸米水位下降，需及时补水，并保持浸米缸（池）面卫生，尽量避免缸（池）面产生白花。同时，需根据气候、米质和水温情况合理掌握好浸米时间、米质和水温情况，合理掌握好浸米时间。为确保米浆酸度，应提前预测气温变化，确定应对方案。寒冷季节可考虑采用温水浸米，有条件可在室内浸米，从而更有助于稳定浸米质量。浸米完成后，应提前一天放浆，浆水酸度应控制在12～15 g/L（以乳酸计），便于蒸煮糊化和糖化发酵，确保酒质风味，正所谓"酸浆，滋饭，好老酒"。

（3）蒸饭

蒸饭要求与淋饭酒基本相同，只是采用摊饭法，米浸渍后无须淋洗，以保留附着于米上的浆水，带浆蒸煮。即使不用其浆水的陈糯米或粳米，也采用带浆蒸煮工艺，以调节酒醪酸度，至于浆水所带的杂味及挥发性杂质可通过蒸煮除去。蒸熟后的米饭须及时冷却，生产中采用鼓风冷却。应用蒸饭机的大型企业已实现了蒸饭、冷却的连续化和生产自动化。米饭降温要求品温下降迅速、均匀，不产生热块，并根据气温掌握好冷却温度，以适应落缸要求，一般为60～65 ℃。生产中确定饭温和落缸温度可参考表4.5。

表4.5　生产中确定饭温和落缸温度的参考

气温/℃	0～5	6～10	11～15	>16
饭温/℃	60～65	55～59	50～54	<49

（4）落缸

落缸前须对发酵缸及所有生产用具严格灭菌。先用清水洗净,再用沸水、石灰水二次灭菌,确保无异杂味。同时根据配方要求,提前一天称取一定量清水置于缸中备用。落缸时分两次投入已冷却米饭,再依次投入麦曲、酒母和浆水,由2~3人用木楫或木耙与小木钩等工具将物料充分搅拌均匀。目前,已有不少企业采用电动机械装置搅拌落缸,提高了劳动生产率。落缸时要称准饭量和水量,并控制好物料总质量,以便有效控制落缸温度。温度过高不易掌控;温度过低延长发酵时间。同时注意酒母使用顺序,用前检查,用时搅拌,并根据气候、酒母老嫩及发酵环境确定使用量。落缸温度视气温情况灵活掌握,一般控制在24~28 ℃,生产中应及时做好保温工作,确保糖化、发酵顺利进行。发现落缸温度偏低或偏高,均应及时增减保温物料,采取补救措施。不同条件下的落缸温度见表4.6。

表4.6　不同条件下的落缸温度

气温/℃	0~5	6~10	11~15	>16
落缸温度/℃	27~28	26~27	25~26	24~25

（5）糖化发酵与开耙

物料落缸后便开始糖化发酵,前期进行糖化的同时,酵母开始增殖,此时温度上升较慢,应做好保温工作,生产中除加盖双层草缸盖和围好草席外,上面还摊竹簟或罩上塑料薄膜,视气温高低增减保温物。一般经10 h左右醪液中酵母便大量繁殖,进入主发酵期,待品温上升到一定程度,需及时开耙。开耙是黄酒酿造过程中的一项重要工序,开耙的本质就是向发酵缸中加水。开耙的目的是为了调节缸内发酵温度,使缸内上、中、下及周边温度趋于一致,使糖化菌和酵母菌在最适宜的温度下生长繁殖,抑制杂菌生长繁殖,确保发酵正常进行。

一般情况下,落缸后12 h应作一次全面检查,了解发酵和温度变化情况,确定最佳开耙时间。开耙时间需根据米饭软硬情况合理调节。米饭软时可适当提早开耙;米饭硬时则可适当延迟开耙,但需注意不能太迟,以免升温过高导致酸败。生产中要密切关注气候变化情况,加强检查,作好记录,及时调整操作方案。一般情况下,开耙温度和时间间隔见表4.7。

表4.7　开耙温度与时间控制表

耙别	头耙	二耙	三耙
间隔时间/h	落缸后20 h左右	3~4	3~4
耙前温度/℃	35~37	33~35	30~32
室温/℃	10左右		

头耙后,品温显著下降。二耙后,各耙的品温下降较少。但在实际操作中,并不严格按照规定温度和时间开耙,而是根据气温变化、米质软硬及糖化发酵情况灵活掌握。开高温耙时,头耙、二耙可视品温高低进行开耙;三耙、四耙则要结合感官检查,判断酒醅(醪)发酵成熟程度,及时捣耙并增减保温物,确保发酵正常进行;四耙后每天捣2~3次,直至接近室温。以绍兴酒为例,"开耙"时机一般由经验丰富的技师把关,并根据气温、品温变化情况灵活掌握。第

一次开耙后,每隔 3~5 h 再次开耙,直至达到发酵要求。技师一般不以时间的长短决定开耙与否,而是以品温高低作为开耙依据,故有"人等耙"一说。

适当的搅拌可增加酒醅(醪)溶解氧,增加酵母活力,抑制杂菌生长。但应注意减少酒精挥发,及时灌坛,进行后发酵。

(6)后发酵

后发酵称为养醅。灌坛前根据主发酵老嫩程度合理掌握淋饭酒添加量,同时根据配方要求加入一定量糟烧。灌坛时先将缸内带糟(即发酵醪液)搅拌均匀,手工或用泵将酒醅灌入坛中,注意不要太满,一般加饭酒离坛口 15 cm 左右。灌好后,根据场地松实情况堆幢带糟,并根据"上幢平、二幢牢、三幢直"的原则操作,要求堆幢整齐,确保安全。后发酵时,酒醅糖化发酵继续进行,只是发酵作用较为缓慢,一般需两个月以上时间,经过如此长的后发酵,酒醅渐趋成熟,风味质量已达生产要求。生产中根据季节变化和酒醅成熟情况选择合适的堆坯地点,正确确定开榨时间。如酒醅因养坯期间气候较冷可选择向阳的南面养坯,反之,可选择室内或向阴的北面养醅。从而不致升温过高,防止酸败和失榨。对后发酵酒醅要加强检测和检查,并根据测定结果确定养坯期,条件许可的情况下可适当延长养坯期,这是提产保质的措施之一。若在检查过程中发现酸度升高等异常现象,则须及时处理。养坯时间与酒醅理化指标的变化情况见表4.8。

表4.8   养坯时间与酒醅理化指标的变化情况

养坯时间/d	酒精(体积分数)/%	酸度/(g·L⁻¹)
80~90	18~19.6	0.30~0.47
75~80	18~19.6	0.38~0.45

(7)压榨

半成品经两个月以上发酵期后,酒醅已趋成熟,此时可压榨。榨酒的目的是使半成品(带糟)中的酒液和酒糟分离。压榨后的清酒,经勾兑、调色、调味并澄清 2 d 以上,即可煎酒。

(8)煎酒

煎酒是黄酒生产过程的最后一个环节。煎酒又称灭菌,是将已澄清的酒加热,以杀灭酒中的微生物及酶,然后灌坛、封口、储存。煎酒时重点掌握温度与流速,煎酒温度与速度关系见表4.9。

表4.9   煎酒温度与速度的关系

速度/(坛·h⁻¹)	130~140	140~150	150~160	160~170	170~180
煎酒温度/℃	88~89	89~90	90~91	91~92	92~93

(9)储存

储存又称"陈酿",刚酿好的新酒口味粗糙、闻香不足,较刺激、不柔和,通过"陈酿"可促进酒精分子与水分子间的缔合,促进醇与酸之间的酯化,使酒味变得柔和、醇厚。各种储酒容器中又以陶质大坛储酒质量最佳,不锈钢罐储酒质量稍次,原因在于陶坛透气性好,空气中的氧能进入坛内,从而加速氧化反应的速度,有利于酯的形成。此外,陶坛的良好透气性也有利于酒中低沸点易挥发物质如乙醛等有害气体的逸出。黄酒的储藏年份是从酒灌入陶坛算起的,消费者也可从厂家购买大坛酒自己储存,当然要品尝好酒就得等待较长时间,而且要有一个好的储酒环境。在储酒过程中要经常检查,发现渗漏及时处理。

4.4.2 半干型黄酒生产

半干型黄酒含糖量为 15.1 ~ 40.0 g/L。与干型黄酒相比,半干型黄酒香味更显幽雅,酒质更显醇美,风味更为独特。绍兴加饭酒即为半干型黄酒的典型代表,此酒色呈琥珀,香气馥郁,味感醇厚鲜美,甘甜爽口,是目前中国黄酒市场中的主流品种。

1)原料准备

糯米、块曲、淋饭酒木、浆水。清水、50°糟烧等。具体配料量见表 4.10。

表 4.10 半干型黄酒配方

品名	糯米	块曲	淋饭酒母	酸浆水	清水	50°糟烧
加饭	144	27.5	8 ~ 10	60	75	5

2)工艺流程

水、麦曲、酒母
↓
原料米→筛米→浸米→蒸饭→落缸→主发酵→灌坛后酵→压榨澄清→煎酒→储存

3)操作要点

①半干型黄酒与干型黄酒生产工艺流程相似。只是配料中水分减少,使饭量相对增加,从而增加了操作难度,尤其落缸必须搅拌均匀。

②半干型黄酒落缸品温视气温情况灵活掌握。一般控制在 26 ~ 28 ℃,较元红酒低 1 ~ 2 ℃。落缸过程中要防止落缸温度过高或搅拌不匀而发生"烫酿"现象,影响正常发酵。

③加饭酒发酵时不但对酒精和酸度有较严格的控制要求,而且对糖分也有一定要求。开耙太老,糖分含量低;开耙太嫩,酒精含量高。因此,在发酵过程中如何控制好糖化与发酵过程的平衡,是酿酒师在开耙过程中需要重点解决的问题。

④加饭酒一般采用"热作开耙法",所谓热作开耙,就是头耙温度较高,这样做一方面能够确保糖化发酵快速进行,另一方面也能快速提高酒精度,使发酵彻底。不过,温度过高对酵母生长不利。尤其是在发酵过程中如果持续高温,还会降低酵母活力,影响正常发酵,使醪液感染生酸细菌。因此,在加饭酒酿制过程中,一旦温度升到规定要求,必须及时开耙散热,同时根据发酵醪的成熟程度,及时捣好冷耙,控制好品温。

4.4.3 甜型黄酒生产

甜型黄酒含糖量较高,一般采用淋饭法酿制。即在投料时加入糖化发酵剂,当糖化发酵达到一定程度时,加入酒精含量40% ~ 50%(体积分数)的白酒,抑制酵母发酵,使酒中含有较高糖分。由于投料时加入白酒后,醪液酒精含量较高,故生产该酒不受季节限制。国内较有代表性的有福建沉缸酒、丹阳封缸酒、兴宁珍珠红和绍兴香雪酒等。其中香雪酒系以白酒(糟烧)代水酿制而成,酒醅经陈酿后,没有了白酒的辣味,而有了绍兴酒特有的浓郁芳香,很受消费者欢迎。香雪酒酒色淡黄清亮,入口醇厚香甜。由于糖度较高,不但可作为产品出售,还可用作调味酒,增加其他黄酒的风味。

1)原料准备

糯米、酒药、麦曲、白酒(陈年糟烧40% ~50%)等。具体配方见表4.11。

表4.11　　甜型黄酒原料配比

配料	粳糯米	麦曲	陈年糟烧(40% ~50%)(体积分数)	酒药
数量/kg	150	15	150	0.2 ~0.3

2)生产工艺流程

水　酒药　麦曲
↓　　↓　　↓

糯米→过筛→浸米→蒸煮→淋水→搭窝→窝曲→加白酒→静置后酵→压榨煎酒→成品

3)操作要点

(1)酿制

生产甜型黄酒的关键在于糖化适时。甜型黄酒是采用淋饭法制成酒酿,再继续加麦曲糖化,然后加入酒糟蒸馏白酒,抑制发酵,经3 ~5 个月养醅,最后经压榨、煎酒而成。因此,筛米、浸米、蒸饭、淋饭、搭窝操作,均与一般淋饭酒或淋饭酒母相同,并特别要求米饭熟而不糊,不能太烂,以免淋水困难、搭窝不疏松,影响糖化菌和酵母生长。

(2)窝曲

制作淋饭酒的加曲方式有两种:一是搭窝后经36 ~48 h,当圆窝内甜液已溢至窝口,将水、麦曲等一齐冲缸,这种操作习惯上称为"推浆落";二是先投曲,即待圆窝内甜液满至八九成时,投入麦曲,并充分搅匀,让其糖化,俗称"窝曲法"。香雪酒由于需要较高的糖分,因此采用后一种方法。这样做的作用是补充酶量,为发酵醪提供独特的色、香、味。

(3)投酒

加曲后12 ~14 h,酒醅固体部分向上顶起形成醪盖,其下积聚醪液约15 cm 高度时,即投入糟烧,充分搅拌均匀后加盖静置。糟烧加入需适时,加入太早,虽然醪液的糖分可高些,但由于麦曲中酶对淀粉的分解尚不充分,因此醪液较为黏稠,以致压榨困难,出酒率低,且酒生麦味重影响风味。反之,若加入太迟,则因酵母消耗糖分过多,导致成品酒糖分较低、鲜味较差影响酒质。

(4)后酵、堆醅及榨煎

酒醅加糟烧后静置一天即可灌坛。灌坛时,用耙将缸中的酒醅充分捣匀,使灌坛固液均匀,灌坛后坛口包扎好。3 ~4 坛为一列堆于室内,在上层坛口封少量湿泥,以减少酒精挥发。若以缸封存,每隔3 d 左右用木耙搅拌一次,经2 ~3 次搅拌后,即可用洁净空缸覆盖,缸口衔接处以荷叶作衬垫,并用盐卤拌泥封。经4~5个月酿制,酒醅已无白酒气味,期间,醪的酒精含量稍有下降,而糖分会逐渐升高,说明加糟烧后糖化酶虽被酒精钝化,但作用依然存在。待各项理化指标均达到预定要求时,即可进行压榨。由于甜型黄酒糖分高,黏性大,故榨酒时间较长,酒糟量也较多。榨取的酒液呈淡黄色、透明状,一般不再加焦糖色。压榨后的酒液经2 d以上澄清即可煎酒,温度保持在85 ℃左右。由于甜型黄酒中酒精和糖分含量都较高,若用于勾兑调味,则无杀菌必要,但若作为商品出售,则必须煎酒杀菌。煎酒后,甜型黄酒中的胶体物质凝固,酒液更加清澈透明。此外,若生产瓶装酒,也必须进行杀菌。

4.4.4 半甜型黄酒的制备

半甜型黄酒和甜型黄酒的生产工艺流程比较相似,可参照甜型黄酒的工艺流程及操作。

半甜型黄酒的糖分为3.0% ~10.0%,这是由发酵方法和酿酒操作所形成的。绍兴善酿酒是半甜型黄酒的代表,是用元红酒代水酿制而成的酒中之酒。以酒代水使得发酵一开始就有较高的酒精含量,对酵母形成一定的抑制作用,使酒醅发酵不彻底,从而残留较高的糖分和其他成分,再加上配入芬芳浓郁的陈酒,形成绍兴善酿酒特有的芳香,酒度适中而味甘甜的特点。

善酿酒是采用摊饭法酿制而成的,其酿酒操作与元红酒基本相同,不同之处在于落缸时以陈元红酒代水酿制。为适应加酒后发酵缓慢的特点,增加了块曲和酒母的用量,同时使用一定量的浆水,浆水的酸度要求在0.3 ~0.5 g/100 mL,目的是为了提高糖化、发酵的速度。

善酿酒在米饭落缸时,以陈元红酒代水加入,酒精体积分数已在6%以上,酵母的生长繁殖受到抑制,发酵速度缓慢。为了在开始促进酵母的繁殖和发酵作用,要求落缸品温比元红酒稍高2~3 ℃,一般在30~31 ℃,并做好保温工作。落缸后20 h左右,随着糖化发酵的进行,品温升到30~32 ℃,便可开耙。耙后品温下降4~6 ℃,继续保温,再经10~14 h,品温恢复到30~31 ℃,开二耙。再经4~6 h,开三耙并做好降温工作。此后要注意捣冷耙降温,避免发酵太老,糖分降低太多。一般发酵2~4 d,便可灌醅后发酵,经过70 d左右即可榨酒。

[理论链接]

4.4.5 黄酒的定义、分类及营养价值

1)黄酒的定义

根据《黄酒》(GB/T 13662—2008)国家标准,黄酒(Chinese Rice Wine)又称为老酒,是以稻米、粟米等为原料,经过加曲、酵母等糖化发酵剂酿制而成的发酵酒。它和白酒一样,属于一个品种,是一个大的酒种,而不是一种酒。黄酒是纯发酵的原汁酒,属于原生态产品。

2)黄酒的分类

根据酒种所含的总糖分、酿酒工艺、用曲类型和酿酒原料等的不同,黄酒可分为以下几种:

①根据《黄酒》(GB/T 13662—2008)国家标准规定,根据产品风格不同,黄酒可分为传统型黄酒、清爽型黄酒和特型黄酒3大类。

②根据酒中所含总的糖分(以葡萄糖计)的多少,黄酒可以分为半干型、干型、半甜型和甜型4大类。

a. 干型:总糖(以葡萄糖计)含量小于15.0 g/L。

b. 半干型:总糖(以葡萄糖计)含量为15.1~40.0 g/L。

c. 半甜型:总糖(以葡萄糖计)含量为40.1~100.0 g/L。

d. 甜型:总糖(以葡萄糖计)含量大于100.0 g/L。

③根据黄酒的酿造工艺不同,可分为传统型黄酒和机械化新工艺黄酒两种。

A. 传统型黄酒:又称为老工艺黄酒。其主要特点是以小曲、麦曲或红曲及淋饭酒母为糖化发酵剂,发酵周期长达数月。随着时间的推移和科技的进步,在传统工艺中的也不同程度地采用了一些新设备和新工艺,如使用蒸饭机、压榨机及纯种糖化发酵剂等。根据米饭的冷却方式和投料方式,传统工艺又可分为淋饭酒、摊饭酒和喂饭酒,具体如下:

a. 淋饭酒:在酿酒过程中,米饭蒸好后用冷水淋凉,称为淋饭法。如绍兴"香雪酒"和苏州"粳米酒"等。采用淋饭法酿造的酒称淋饭酒。一般来说,采用淋饭法酿造的酒的口感比较淡薄,比不上摊饭酒味道醇厚,但是淋饭法的出酒率较高。在绍兴酒的酿造过程中,淋饭酒则主要用作酿酒接种用的酒母,通称为"淋饭酒母"。

b. 摊饭酒:在酿酒过程中,将蒸熟的米饭摊在竹簟上,依靠自然温差使米饭冷却降温,或采用鼓风机对蒸好的米饭进行鼓风冷却降温,这种操作方法称摊饭法。采用摊饭法酿造而成的酒称为摊饭酒。绍兴酒中的"元红""加饭""善酿""老熬酒""红曲酒"等均采用摊饭法进行酿造。

c. 喂饭酒:这是中国古代流传下来的一种非常科学的酿造黄酒的方法。由于在发酵过程中采用分批加入米饭,以促进酵母菌扩大培养,同时做好发酵温度控制,故称为喂饭法。采用喂饭法工艺酿造的酒称为喂饭酒。喂饭的好处:一是不断地供给酵母新鲜营养,促进其繁殖,以获得足够量的健壮酵母,确保发酵正常进行;二是使原料中的淀粉分批进行糖化发酵,有利于控制发酵温度,并增强酒液的醇厚感。

B. 机械化新工艺黄酒:简称新工艺黄酒。它是由传统的黄酒发展而来,因其技术改进,其产品也具有相应的风格而得名。新工艺黄酒基本上采用机械化操作。糖化发酵剂采用自然曲和纯种曲、酶制剂,纯种酒母和活性干酵母相互结合的酿造方式,并综合运用摊饭法和喂饭法或摊饭法与淋饭法、喂饭法相结合的操作方式。

④根据酿酒用曲种类的不同,黄酒又被分为麦曲黄酒、麸皮曲黄酒、小曲黄酒、红曲(黄衣红曲、乌衣红曲)黄酒以及纯种培养的各种曲和酒母酿成的黄酒等。但上述边界线并非十分清晰,如生产某些黄酒时,采用各种按不同比例组成的混合曲以及酶制剂和活性干酵母相结合的方式。

⑤根据酿造用原料的不同,黄酒又被分为稻米黄酒和非稻米黄酒两种。稻米黄酒又可分为糯米黄酒、粳米黄酒、籼米黄酒、黑米黄酒等。非稻米黄酒又可分为粟米黄酒、玉米黄酒、青稞黄酒、荞麦黄酒等。

⑥按照酿造季节的不同,黄酒又可分为春酿、夏酿、秋酿和冬酿黄酒。

⑦按照产地的不同,黄酒又可分为绍兴黄酒、福建老酒、上海老酒、即墨老酒、兰陵美酒等。

3）黄酒营养价值

自古以来,黄酒一直被视为养生健身的"仙酒""珍浆",深受人们喜爱,这除了因黄酒具有优良的品质之外,还在于其良好的营养功效。黄酒以大米、小米、小麦等为主要原料,利用霉菌、酵母菌及细菌等多种微生物综合发酵酿制而成,其中含有丰富的小分子氨基酸、γ-氨基丁酸、活性多肽、多糖、多酚、有机酸、维生素、微量元素以及大量含氮化合物,营养价值相比于同为发酵酒的啤酒和葡萄酒高得多,特别是氨基酸不但含量高,而且多达近 20 种,其种类居各种酿造酒之首。临床研究表明,每天饮用一二两黄酒可起到养生保健、扶衰疗疾的作用,有利于身体健康,其保健价值主要体现在以下 5 个方面。

（1）促进消化

分析表明,黄酒总固形物含量高达 15 ~ 70 g/L,而氨基酸更多达近 20 种。其中,在黄酒中都能检测到 8 种人体必需氨基酸。尤其是有促进人体发育作用的赖氨酸,其含量比啤酒、葡萄酒和日本清酒要高出 2 ~ 36 倍。氨基酸是蛋白质的分解产物,也是构成生命的重要物质,而必需氨基酸又是人体生长发育和维持体内氮平衡所必需的,体内不能自行合成,绍兴酒则可直接供给人体所需的各种氨基酸。氨基酸都是小分子,因此,黄酒属于小分子氨基酸酒,极易被人体消化。

（2）预防"三高"

黄酒酿造过程中在曲麦微生物酶的作用下产生大量的功能性低聚糖。试验表明,酒中已检出的功能性低聚糖主要是异麦芽低聚糖,主要成分为异麦芽、潘糖、异麦芽三糖等。异麦芽低聚糖能有效促进肠道双歧杆菌增殖,改善肠道微生态环境,降低血清中胆固醇及血脂水平,提高机体免疫力。此外,黄酒中存在多种活性物质,包括降胆固醇的生物活性物质,如小分子的二肽、多肽等。近年来,研究者还从绍兴酒中检测到 GABA（γ-氨基丁酸）,这是一种生理活性物质,具有降血压、改善脑功能、增强记忆、镇静神经、高效减肥及提高肝、肾机能等多种生理活性,非常有益于人体健康。研究表明,黄酒中含有硒、锌、铁、铜、镁、锶、锰、钼等 20 多种人体所必需的微量元素。硒是一种天然的肿瘤抑制剂;锌是人体中 204 种酶的活性成分,是维持正常生命活动的关键因子;铜、铁等是造血、活血和补血功能的关键成分;锰对调节中枢神经、内分泌和促进性功能有重要作用,还是抗衰老的关键因子（据研究测定,长寿老人血液中锰含量均高于一般人）;钾、钙、镁对于保护心血管系统,预防心脏病具有重要意义。

黄酒中的有机酸含量十分丰富,主要有乳酸、乙酸、琥珀酸、丁酸等 10 多种,其中大部分在发酵过程中由细菌和酵母代谢产生。这些有机酸中,乙酸具有杀菌、抗病毒的功效,并具有促进胃液分泌、助消化、降血脂、降低胆固醇以及延缓血管硬化等功能。乳酸不但能抑制酚、吲哚等有害物质,还能防止细胞老化,并对很多致病菌有极强的抑制作用,其浓度为 100 mL/L 时,即使营养条件良好,大肠杆菌、霍乱弧菌、伤寒杆菌也将在 3 h 内全部死亡。检测表明,每升绍兴酒中含有 4 500 mg 以上的有机酸,其中乳酸约占 60%,乙酸约占 20%,焦谷氨酸约占 10%,琥珀酸约占 6%,酒石酸约占 4%,柠檬酸占 1% ~ 2%。所以,每饮用 100 mL 黄酒,即摄入了 500 mg 左右的低分子有机酸,这些有机酸进入体内后,可以预防多种疾病的发生。

（3）美容养颜

黄酒酒性温和，适量常饮可促进血液循环，加速新陈代谢，此外酒中还含有丰富的 B 族维生素，如维生素 B_1、维生素 B_2、尼克酸，以及维生素 E 等，适量长期饮用可补血及美容养颜。

（4）药用价值

黄酒素与医药有关，据《汉书·食货志》中记载："酒，百药之长。"对黄酒祛病养生的良好作用古人早有认识。《本草纲目》上说"唯米酒入药用"。米酒即黄酒，它能"通血脉、厚肠胃、润皮肤、散湿气、养脾气、扶肝、除风下气、热饮甚良"。在中医处方中常用黄酒浸泡、炒煮、蒸炙各种药材，借以提高药效。如黄酒泡制中药，能使药性移行于酒液中，服后有助于胃肠血液对药物的吸收，迅速地将中药成分运行至全身，使药的作用发挥得更好、更有效。《本草纲目》中详细记载了 69 种药酒可治疾病，这 69 种药酒均以黄酒制成。即便是在科学发达的今天，许多中药仍以黄酒泡制。

（5）作为药引

自古以来，黄酒就被历代医学家作为药引使用。传统中医用黄酒而不用啤酒、白酒作药引是有其科学依据的。原因在于：啤酒的酒度太低，不能有效萃取中药的功效成分；白酒虽然对中药有良好的溶解效果，但刺激性大，不善饮酒者易出现腹泻、瘙痒等现象。唯黄酒酒精含量适中，溶解性好，是最为理想的药引。用黄酒做药引不仅能引药归经，而且具有一定的补益、除湿、通络、活血等功效，特别是对一些因寒湿攻脾而引起的胃肠不适，用温黄酒作药引疗效甚佳。

4.4.6　黄酒醪发酵过程中的物质变化

黄酒醪发酵过程中的物质变化主要指淀粉的分解，酒精的形成，以及蛋白质、脂肪的分解和有机酸、酯、醛、酮等副产物的生成。归纳起来，主要有以下 5 个方面。

（1）淀粉的分解

黄酒酿造用米中 70% 以上的淀粉和小麦中 60% 左右的淀粉，在曲和酒母中所含的液化型淀粉酶和糖化型淀粉酶的共同作用下，大部分被降解成葡萄糖。发酵初期，醪液中含糖量较高，随着酵母增殖和发酵的快速进行逐渐降低，至发酵结束时，醪中只存在少量的葡萄糖、糊精和低聚糖，以赋予黄酒甜味和黏稠感。糖化过程中，葡萄糖或果糖在曲中葡萄糖苷转移酶的作用下，重新结合形成较难发酵的、葡萄糖分子数在 3～5 个的麦芽三糖、异麦芽糖和潘糖等低聚糖，增强了酒的醇厚性。醪中的淀粉酶经过长时间发酵，活性有所降低。一部分液化酶与饭粒一起，经压滤后进入糟中；而耐酸性的糖化型淀粉酶，其活性仍能较好保留，压榨后部分留在酒糟中，大部分进入酒液，在酒液澄清阶段，起到较弱的后糖化作用，即继续把部分糊精降解成糖分。但酶的存在同时也容易引起蛋白浑浊。通过煎酒可破坏酶活性，使酒质保持稳定。

（2）酒精发酵

黄酒发酵分为前发酵、主发酵和后发酵 3 个阶段。醪液中的淀粉先被降解成糊精、麦芽糖等，再分解成葡萄糖，然后在酵母菌作用下，分解生成酒精和二氧化碳，同时放出热量，使酒醪品温不断上升。发酵结束时，醪液酒精含量（体积分数）高达 17% 以上。

（3）有机酸的生成

黄酒中的有机酸部分来自原料、酒母、浆水或人工调酸加入，部分则在发酵过程中由根霉和细菌所产生。还有一部分由酵母生成，如琥珀酸等。此外，因感染细菌也会产生一些酸，如醋酸、戊酸和丁酸等。酸度变化常作为黄酒发酵是否正常的重要指标。而有机酸的种类和含量则有助于了解是何种原因导致质量变异。在黄酒醪正常发酵中，有机酸以乳酸和琥珀酸为主，还有少量柠檬酸、苹果酸、延胡索酸和醋酸等。这些有机酸对黄酒的风味和质量具有重要影响。在某种程度上，有机酸具有缓冲口味的作用，生产中必须进行有效的控制，研究发现，酸败的醪液中醋酸和乳酸的含量特别高，而琥珀酸的含量较低。

（4）蛋白质的代谢

蛋白质含量在 6% ~ 8% 的大米以及 12% ~ 14% 的小麦，在黄酒发酵过程中，受来自曲和酒药中多种微生物蛋白酶的分解，变成多肽、二肽以及氨基酸等一系列含氮化合物。发酵醪液中氨基酸多达 18 种，由于氨基酸复杂的呈味特性，使成品黄酒同时具有各自独特的口感和风味。酒醪中的氨基酸除部分来自原料、辅料以及蛋白质分解产生外，微生物菌体蛋白自溶也是形成氨基酸的一个来源。

（5）脂肪的分解

糙米和小麦含有 2% 左右的脂肪，糙米精白后脂肪含量会减少。脂肪氧化有损于黄酒风味，故酿酒要求用当年产新米。陈米保管不当，极易产生氧化味而影响酒质。黄酒发酵时，在微生物中脂肪酶的作用下，脂肪被分解成甘油和脂肪酸。甘油赋予黄酒甜味和厚实感，脂肪酸则与醇在酵母作用下结合形成酯类，成为黄酒的重要香味成分。

［知识拓展］

4.4.7　绍兴黄酒的特点

根据《绍兴酒（绍兴黄酒）》（GB/T 17946—2008）国家标准规定，按照加工工艺及所含糖分不同，绍兴酒可分为绍兴元红酒、绍兴加饭酒、绍兴善酿酒、绍兴香雪酒 4 类。

1）绍兴元红酒

绍兴元红酒属干型黄酒，含糖分 15.09 g/L 以下。该酒曾是绍兴黄酒的代表品种和大宗产品，因过去在酒坛外壁涂刷朱红色颜料而得名。但随着市场的变化及人民生活水平的提高，元红酒现已退居次要地位。就技术层面而言，元红酒发酵较为透彻，酒色呈橙黄色，透明，光泽好，具有绍兴酒独特醇香，该酒口感较柔和、鲜美，饮后感觉清爽，受大众消费者喜爱。其是干型黄酒的典型代表。

2）绍兴加饭（花雕）酒

绍兴加饭酒属半干型黄酒，含糖分 15.1 ~ 40.09 g/L。该酒是绍兴酒中的上等品种。与元红酒相比，因在酿酒配方中增加了米饭用量，用水量相应减少，故名"加饭酒"。加饭酒酿造周期长达 3 个月左右，发酵时醪液浓度大，成品酒度高，酒色呈琥珀色，橙黄带红，透明晶莹，香气浓烈，酒质丰美，风味醇厚甘鲜，爽冽，俗称"肉子厚"。过去，视加入饭量的多少又分为"单加饭"和"双加饭"。后来，为适应消费者需求，全部生产"双加饭"，外销时则称为"特加饭"。加饭酒是半干型黄酒的典型代表，也是目前绍兴黄酒中产销量最大、面积最广的品种。

3)绍兴善酿酒

绍兴善酿酒属半甜型黄酒,含糖分40.1~100.09 g/L。绍兴善酿酒又称"双套酒"。酿制时采用陈年元红酒作为配料,代替酿酒用水,故又称为"酒中之酒"。产品色泽深黄,香气浓郁,质地浓厚,口味鲜甜,特色明显。善酿酒酒度较元红酒稍低,酒中含糖量较高,是半甜型黄酒典型代表。取名"善酿",既有"善于酿酒"之意,又有"积善积德"之喻。该酒非常适合女性消费者以及初次饮酒者,也可作为餐前用酒,若与甜菜肴、甜点相配,则更能衬托其良好风味。

4)绍兴香雪酒

绍兴香雪酒属甜型黄酒,含糖分100.19 g/L以上。该酒由绍兴东浦云集信记酒坊首创。酿制时采用黄酒糟发酵、蒸馏而成,酒精含量(体积分数)50%左右代替酿造用水酿制而成。香雪酒是一种含糖高、酒度高的黄酒,产品色泽橙黄清亮,香味幽雅细腻,口感醇浓甜润,属于绍兴黄酒中的特殊品种。

任务4.5 黄酒生产的后处理技术

[任务要求]

掌握黄酒生产的后处理技术基本操作要点。

[技能训练]

4.5.1 原料准备

成熟的酒醪。

4.5.2 工艺流程

酒醪→成熟检测→压滤→澄清→煎酒→包装→储存。

4.5.3 操作要点

1)酒醪成熟检测

酒醪是否成熟可以通过感官检测和理化分析来鉴别。主要从以下4个方面进行判断:

(1)酒色

成熟酒醪的糟粕完全下沉,上层酒液澄清透明,色泽黄亮。若色泽仍然淡而浑浊,说明还未成熟或已经变质。如色发暗,有熟味,表示由于气温升高而发生"失榨"现象。

(2)酒味

成熟酒醪酒味较浓,口味清爽,后口略带苦味,酸度适中。如有明显酸味,应立即压滤。

(3)酒香

应该有正常的新酒香气而无异杂气味。

（4）理化指标

成熟酒醪，经化验酒精含量已经达到指标并不再上升，酸度在 0.4% 左右，并开始略有上升趋势，经品尝，基本符合要求，可以认为酒醪已经成熟，即可压滤。

2）压滤

发酵成熟酒醪中的酒液和糟粕的分离操作称为压滤。压滤前，应检测后发酵酒醪是否成熟，以便及时处理，防止产生"失榨"现象（压滤不及时）。具体操作如下：

①检查和开动输醪泵，认为机器运转正常方可操作。

②安装和连接好输醪管道后，开启压滤机进醪阀门和发酵罐出醪阀门，开动输醪泵将酒醪逐渐压入压滤机。

③进醪压力为 0.196 ~ 0.49 MPa，进料时间为 3 h。

④进醪完毕，关闭输醪泵、进醪阀门和发酵罐阀门。

⑤打开进气阀门，前期气压 0.392 ~ 0.686 MPa，后期气压 0.588 ~ 0.686 MPa。

⑥进醪时检查混酒片号，进气后检查漏气片号，发现漏片用脸盆接出，倒入醪罐，并做好标记，出糟时进行调换。

⑦进气约 4 h，酒已榨尽。酒液入澄清池，即可关闭进气阀门，排气松榨，准备出糟。出糟务必将糟除净，防止残糟堵塞流酒孔。

⑧排片时应将进料孔、进气孔、流酒孔逐片对直，畅通无阻。滤布应整齐清洁。

⑨当澄清池已接放 70% 的清酒时，加入糖色（或称酱色），搅拌均匀，并依据标准样品调正色度。糖色的一般规格为 30°Bé。其用量因酒的品种而异，一般普通干黄酒每吨加 3 ~ 4 kg，甜型和半甜型黄酒可少加或不加。使用时用热水或热酒稀释后加入。

⑩压滤后的生酒必须进行澄清，并在灭菌前进行过滤。

3）澄清

压滤流出的酒液为生酒，俗称"生清"。检测表明，生酒中除含有少量细菌外，还有部分糊精、粗蛋白质等固形物以及少量酵母，由于这些物质的存在，酒液必须进行澄清以分离这些物质。

生酒应集中到储酒池（罐）内静置澄清 3 ~ 4 d，澄清设备大多数采用地下池或在温度较低的室内设置澄清罐。通过澄清，沉降出酒液中微小的固形物、菌体等杂质。同时在澄清过程中，酒液中的淀粉酶、蛋白酶继续对淀粉、蛋白质进行水解，变为低分子物质；挥发掉酒液中低沸点成分，如乙醛、硫化氢、双乙酰等，改善酒味。为了防止酒液再出现泛混现象及酸败，澄清温度要低，澄清时间不宜过长。同时认真做好环境卫生和澄清池（罐）、输酒管道的消毒灭菌工作，防止酒液污染。每批酒液出空后，必须彻底清洗灭菌，避免发生上下批酒之间的交叉感染。经澄清的酒液中大部分固形物已沉到池底，但还有部分极细小，相对密度较轻的悬浮粒子没有沉下，仍影响酒的清澈度。所以经澄清后的酒液必须再进行一次过滤，使酒液透明光亮，过滤一般采用硅藻土粗滤和纸板精滤来加快酒液的澄清。

4）煎酒

目前各酒厂的煎酒温度普遍在 85 ~ 95 ℃。煎酒时间，各厂都凭经验掌握，没有统一标准。大部分黄酒厂开始采用薄板换热器进行煎酒，薄板换热器高效卫生。如果采用两段式薄板换热交换器，还可利用其中的一段进行热酒冷却和生酒的预热，充分利用热量。要注意煎

酒设备的清洗灭菌,防止管道和薄板结垢,阻碍传热,甚至堵塞管道,影响正常操作。

5)包装

灭菌后的黄酒,应趁热灌装,入坛储存。黄酒历来采用陶坛包装,因陶坛具有良好的透气性,对黄酒的老熟极其有利。但新酒坛不能用来灌装成品酒,一般用装过酒醅的旧坛灌装。黄酒灌装前,要做好空酒坛的挑选和清洗工作,要检查是否渗漏,空酒坛清洗好后,倒套在蒸汽消毒器上,用蒸汽冲喷的方法对空酒坛进行灭菌,灭菌好的空坛标上坛重,立即使用。热酒灌坛后用灭菌过的荷叶箬壳扎紧封口,以便在酒液上方形成一个酒气饱和层,使酒气冷凝液回到酒里,形成一个缺氧近似真空的保护空间。传统的绍兴黄酒,常在封口后套上泥头,泥头大小各厂不同,一般平泥头高 8~9 cm,直径为 18~20 cm。用泥头封口的作用是隔绝空气中的微生物,使其在储存期间不能从外界浸入酒坛内,并便于酒坛堆积储存,减少占地面积。目前,部分泥头已用石膏代替,使黄酒包装显得卫生美观。

6)储存

黄酒的储存过程就是黄酒老熟的过程,又称"陈化""陈酿"或"后熟",都是指新酿制的成品酒在陶坛中储存、陈化的过程。一般而言,新酿制出来的黄酒口味比较粗糙、闻香不足,较刺激,欠柔和,必须经过储存,通过"陈化"可有效促进酒精分子之间以及酒精分子与水分子之间的缔合,促进醇与酸之间的酯化反应,使酒香味馥郁,口味醇和。

黄酒一般储藏在陶坛、碳钢(内刷防腐涂料)罐、不锈钢罐等容器中,各种储酒容器中又以陶质大坛储存的酒质量最佳,不锈钢罐储酒质量稍次,碳钢罐最差。原因在于陶坛的透气性好,空气中的氧能进入坛内,从而加速酒中氧化、还原反应的速度,加速酸、醇间的酯化反应速度。此外,陶坛的良好透气性也有利于黄酒中低沸点易挥发物质,如乙醛等有害气体逸出。

一般黄酒储藏在 5~20 ℃的仓库中,温度不宜过高或者过低,普通黄酒要储藏 1 年,名优黄酒要储藏 3~5 年,储存之后,通过酒的感官品尝来判断是否成熟。

[理论链接]

4.5.4 黄酒压滤

1)黄酒压滤的基本原理

黄酒酒醅具有固体部分和液体部分密度接近,黏稠成糊状,糟粕要回收利用,不能添加助滤剂,最终产品是酒液等特点,因此不能采用一般的过滤、沉降方法取出全部酒液,必须采用过滤和压榨相结合的方法完成。黄酒酒醅的压滤过程一般分为两个阶段,酒醅开始进入压滤机时,由于液体成分多,固体成分少,主要是过滤作用,称为"流清";随着时间延长,液体部分逐渐减少,酒糟等固体部分的比例慢慢增大,过滤阻力越来越大,必须外加压力,强制地把酒液从黏湿的酒醅中榨出来,这就是压榨或榨酒阶段。

2)黄酒压滤的基本要求

压滤时,要求生酒要澄清,糟粕要干燥,压滤时间要短,要达到以上要求,必须做到以下3点:

①滤布选择要合适,对滤布要求:一是要流酒爽快,又要使糟粕不易粘在滤布上,容易与滤布分开;二是牢固耐用,吸水性能差。在传统的木榨压滤时,都采用生丝绸袋,而现在的气

膜式板框压滤机,通常选用 36 号锦纶布等化纤布做滤布。

②过滤面积要大,过滤层要薄而均匀。

③加压要缓慢,不论哪种形式的压滤,开始时应让酒液依靠自身的重力进行过滤,并逐渐形成滤层,待酒液流速减慢时,才逐渐加大压力,最后升到最大压力,维持数小时,将糟板榨干。

3)黄酒压滤的方式

黄酒压滤主要有木榨压滤和气膜式板框压滤机压榨两种。目前,除个别企业还在使用木榨压滤外,大部分企业均采用气膜式板框压滤机,它又有铸铁和硬塑两种材料,并以硬塑压滤机为发展方向。

4)黄酒压滤的注意事项

①压滤时缓慢施压压榨开始,先让酒液自然流出。此时,醪液中的大粒子首先被滤布截留,然后依次为中、小粒子,形成一个自然滤层。为确保形成的滤层良好,建议加压时间稍迟,同时注意缓慢加压,至压滤结束时升至最高压力,压干糟粕。采用木榨压酒,待酒液基本压出时,应将绸袋上下换位、对折,然后再放入榨箱,以增大单位面积压力,确保压榨效果。

②注意环境及用具卫生。为确保质量,压滤室温度应低于 15 ℃,同时认真做好环境卫生工作,注意滤布和压滤设备的清洁卫生,防止压滤过程中感染杂菌,进而使酒的酸度增加。

4.5.5 煎酒

把澄清后的生酒加热煮沸片刻,杀灭其中所有的微生物,破坏酶的活性,改善酒质,提高了黄酒稳定性,便于储存、保管,这一操作过程称灭菌,俗称煎酒。煎酒温度与煎酒时间、酒液 pH 和酒精含量的高低都有关系。如煎酒温度高、酒液 pH 低、酒精含量高,则煎酒所需的时间可缩短,反之,则需延长。煎酒温度高,能使黄酒的稳定性提高,但会加速形成有害的氨基甲酸乙酯,据测试,煎酒温度越高,煎酒时间越长,形成的氨基甲酸乙酯越多。同时,由于煎酒温度的升高,酒精成分挥发损失加大,糖和氨基化合物反应生成的色素物质增多,焦糖含量上升,酒色加深。因此,在保证微生物被杀灭的前提下应适当降低煎酒温度。在煎酒过程中,酒精的挥发损耗为 0.3% ~ 0.6%,挥发出来的酒精蒸汽经收集、冷凝成液体,称为"酒汗"。酒汗香气浓郁,可用于酒的勾兑或者甜型黄酒的配料,也可以单独出售。

4.5.6 黄酒储藏过程中的变化

1)颜色的变化

通过储存,酒色加深,这主要是酒中的糖分与氨基酸结合,产生类黑精所致。酒色变深的程度因黄酒的含糖量、氨基酸含量、酒液的 pH 值高低而不同。甜型黄酒、半甜型黄酒因含糖分多而比干型黄酒的酒色容易加深;加麦曲的酒,因蛋白质分解力强,代谢的氨基酸多而比不加麦曲的酒色泽深;储存时温度高,时间长,酒液 pH 值高,酒的色泽就深。储存期间,酒色变深是老熟的一个标志。

2)香气的变化

黄酒的香气是酒液中各种挥发成分对嗅觉综合反应的结果。黄酒在发酵过程中,除产生乙醇外,还形成各种挥发性和非挥发性的代谢副产物,包括高级醇、酸、酯、醛、酮等,这些成分在储存过程中,发生氧化反应、缩合反应、酯化反应,使黄酒的香气得到调和和加强。黄酒的香气除了酒精等香气外,还有曲的香气,大曲在制曲过程中,经历高温化学反应阶段,生成各种不同类型的氨基羰基化合物,带入黄酒中,增添了黄酒的香气。

3) 口味的变化

黄酒的口味是各种呈味物质对味觉综合反应的结果。有酸、甜、苦、辣、涩。新酒的刺激辛辣味,主要是由酒精、高级醇及乙醛等成分所构成。糖类、甘油等多元醇及某些氨基酸构成甜味;各种有机酸、部分氨基酸形成酸味;高级醇、酪醇等形成苦味;乳酸含量过高有涩味。经过长时间陈酿,酒精、醛类的氧化、乙醛的缩合、醇酸的酯化,酒精与水分子的缔合以及其他各种复杂的物理化学变化,使黄酒口味变得醇厚柔和,诸味协调,恰到好处。

[知识拓展]

4.5.7 黄酒"失榨"

失榨,顾名思义,就是失去了压榨的最好机会。在传统黄酒生产中,由于受自然气候环境的影响,或者生产管理的原因,造成酒成熟过度,酒色发暗,口尝有熟味,即表明失榨。在机械化黄酒生产中,若不重视后发酵管理,也会出现失榨现象。因此,在实际生产中,除应控制好后发酵气温和醪液品温外,还需做好醪液酸败的预防工作。机械化生产黄酒的后发酵时间视各企业实际情况的不同一般为 13~20 d。有的企业后发酵醪液储存时间过长,如超过了 20 d,酸度就会快速上升,这也是失榨。造成失榨的原因较多,如气温升高或太高;饭没有蒸透,生米沉于罐底部;以及杂菌感染等。生产中除加强浸米、蒸饭、发酵等各环节管理,有效控制室温和品温外,也可采取在后发酵期间通入适量无菌压缩空气进行搅拌,既有助于降低品温,促进醪液后熟,又可避免醪液超酸现象。

4.5.8 成品黄酒的质量标准

黄酒质量主要通过物理化学分析和感官品评的方法来判断。黄酒的色、香、味、格依靠人的感官品评来鉴别。根据分析和品评的结果,对照产品质量标准和国家卫生标准,检查是否符合出厂要求。

(1)色泽

黄酒色泽一般分色和清浑两个内容。

①色。黄酒的色因品种不同而异,大多呈橙黄、黄褐、深褐乃至黑色。

②清浑。黄酒应清亮、透明、有光泽,无失光,无悬浮物。

(2)香气

正常的黄酒应有柔和、愉快、优雅的香气。黄酒香气由酒香、曲香、焦香 3 个方面组成。

①酒香。酒香主要是在发酵过程中产生的。由于酵母和酶的代谢作用,在较长时间的发酵、储存过程中,有机酸与醇的酯化反应生成各种酯而产生的特有香气。构成酒香除酯类外,还有醇类、醛类、酸类等。

②曲香。曲香是由曲子本身带来的香气。这种香气在生产过程中转入酒中,则形成酒的

独特之香。

③焦香。焦香主要是焦米、焦糖色素所形成,或类黑精产生的。如果酒的主体香是正常醇香的话,伴有轻量、和谐的焦香是允许的;反之,焦香为主,醇香为辅就成为缺点了。除以上的香气外,还要严格防止黄酒带有一些不正常的气味,如石灰气、老熟气、烂曲气以及包装容器、管道清洗不干净带有的其他异味。

(3)滋味

黄酒的滋味一般包括酒精、酸、甜、鲜、苦、辣、涩等。要求甜、酸、苦、涩、辣五味调和。

①酒精。酒精是黄酒的主要成分之一,但在滋味中不能突出。优良的黄酒酒精成分应完全与各成分融和,滋味上觉察不出酒精气味。黄酒的辣味主要是由酒精和高级醇等形成的。

②酸味。酸味是黄酒重要的口味,它可增加酒的爽快和浓厚感。黄酒的酸味要求柔和、爽口,酸度应随糖度的高低而改变,干黄酒的酸度(以琥珀酸计)应为 0.35~0.4 g/100 mL,甜黄酒应为 0.4~0.5 g/100 mL。

③甜味。黄酒的甜味要适口,不能出现甜而发腻的感觉。

④鲜味。黄酒含有琥珀酸、氨基酸等成分,因而有一定的鲜味。正常范围内的鲜味,只要入口有鲜的感觉,后味鲜长即可。

⑤苦味。苦味是传统黄酒的诸味之一,轻微的苦味给酒以刚劲、爽口的感觉。苦味重了,就破坏了酒味的协调。

⑥涩味。苦涩味物质含量很高时,使酒的口味有浓厚调和感,涩味明显则是酒质不纯的表现。

(4)风格

酒的风格即典型性是色、香、味的综合反映,是在特定的原料、工艺、产地及历史条件下所形成的。酒中各种成分的组合应协调,酒质、酒体优雅,具有该种产品独特的典型性。

任务4.6 黄酒新工艺生产技术

[任务要求]

掌握黄酒新工艺生产的基本操作要点。

[技能训练]

4.6.1 原料准备

糯米、酒母、麦曲、水等。

4.6.2　工艺流程

```
            水  浆水          麦曲、酒母、水
             ↓   ↑                ↓
糯米→过筛→浸米→放浆→蒸饭→冷却→落罐→前发酵
                                        ↓
储存←封坛←灌坛←煎酒←勾兑←过滤←压榨←大罐后发酵
                  ↑                ↓
      蒸坛杀菌←洗坛              酒糟
```

4.6.3　操作要点

(1)酒母制备

采用速酿酵母,酒母罐为敞口式不锈钢罐,灌口高于操作平台。

(2)酒曲制备

制作纯种熟麦曲,跟自然培养生麦曲混合使用。

(3)浸米

全部采用糯米,采用恒温环境浸泡,一般浸渍 3~5 d。

(4)蒸饭、冷却、加曲

浸好的大米利用落差,依靠重力装到蒸饭机进行蒸饭。蒸饭机为两段式卧式蒸饭机,中途无须补水,蒸饭时间 30 min 左右,经鼓风机冷却至规定温度,和配料水、麦曲、酒母一起落入前发酵大罐。

(5)前发酵

前发酵罐容积为 33 m³,敞口,全部采用不锈钢制作,设有移动式罐盖和安全栅栏。一是防止操作工不慎落罐,二是避免大饭块进入发酵罐内而影响发酵测温精度。每只罐有移动式热敏温度计,便于随时掌握发酵温度,把握最佳开耙时机。

(6)后发酵

后发酵罐采用碳钢加防腐涂料或不锈钢制作而成,敞口,容积可与前酵罐 1:1 配套,也可两只前酵罐配一只后酵罐。后发酵期一般控制在 15 d 左右。根据整个发酵期、出糟率和储酒期,同时结合每年的生产天数、罐的充满系数、总损失率等数据,即可计算前、后发酵罐以及储酒罐等容器的总容积及罐的大小和所需数量。

(7)压滤、澄清

采用气膜式压滤机压滤,成熟醪经中间储罐,用压缩空气压至压榨机,经过近 20 h 的压榨后所得酒液转入澄清罐澄清并勾兑。

(8)煎酒、储存

澄清后的酒液,通过盘管式热交换器,在 92 ℃左右杀菌,转至陶坛或大罐内储存。

[知识链接]

4.6.4　新工艺黄酒生产的特点

新工艺黄酒酿造工艺是在总结与提高传统黄酒酿造工艺基础上创新而发展起来的。它的基本特点就是纯种发酵(即采用纯种的麦曲、红曲、纯种酒母和黄酒活性干酵母等)。机械化(自动化)生产采用大罐浸米、蒸饭机蒸饭、发酵罐进行前酵和后酵、压榨机榨酒、过滤机滤酒、板式换热灭菌、不锈钢储酒、灌装包装自动化等。

与传统工艺黄酒相比,新工艺黄酒生产具有以下特点。

①深层发酵　新工艺采用大型发酵罐替代传统陶坛、陶缸进行发酵,大大提高了生产效率。目前国内最大的黄酒发酵罐容积已达 $50~m^3$ 。

②纯种发酵　新工艺黄酒酿造采用的糖化发酵剂,部分或全部采用纯种培养的糖化曲和酒母。

③机械化生产　从输米、蒸饭、开耙到成品压榨、杀菌,全部采用机械化设备,个别企业还实现了部分品种的大罐储存。

④机械控温　黄酒传统酿造工艺对自然环境、气候的依赖性较大,采取人工控温发酵,生产受区域、季节等条件限制。而新工艺黄酒因采用了制冷技术和蒸汽保温系统,可对发酵过程进行有效控制,从而实现了常年生产。

4.6.5　新工艺黄酒生产的意义

新工艺黄酒的研制成功,是对传统酿造技术的突破和提升,是黄酒发展史上的一个重要里程碑。其重大意义如下所述:

(1)节约土地资源

由于新工艺黄酒生产采用立体布局,故可以有效节约占地面积,节约土地资源。以绍兴酒为例,采用新工艺比传统工艺生产每吨酒可以节约 $7~m^2$ 左右(不包括陈酒储存仓库),具体见表4.12。

(2)保持品质稳定

因新工艺黄酒采用大罐发酵和机械控温手段,故可避免传统工艺因气候因素造成的品质差异,从而有效控制发酵进程,确保品质稳定,具体见表4.13。

(3)缩短生产周期

可有效提高生产效率,满足市场需求,实现常年生产。

(4)改善生产环境

新工艺黄酒不但有效降低劳动强度,提高生产效率,同时有效改善了工人和企业的生产环境,对于推进工业旅游,传播黄酒文化,具有深远的意义。

表4.12 黄酒新工艺生产与传统工艺生产基本指标对比

项目	单位	传统法	新工艺	备注
占地面积	m²	50 000	8 000	年产2万t黄酒机械化车间,占地面积仅需12 000 m²
生产周期	d	90~120	35~45	
生产期	月	6	10	
出酒率	%	加饭17.5~18.5	加饭185~195	
		元红18.5~19.5	元红200~210	
吨酒耗煤	kg	>90	<90	
吨酒耗电	kW·h	20	45	
吨酒耗工	工	>3.5	<	
劳动强度		高	低	
工艺管理		较困难	容易	
机械化程度		低	高	

注:规格为年产10 000 t黄酒。

表4.13 成品酒指标对比(以加饭酒为例)

指标名称	单位	传统法	新工艺	说明
酒精度	%(V/V)	17.0~19.5	19.0~21.5	
糖分	g/100 mL	0.5~3.5	0.3~0.8	以葡萄糖计
总酸	g/100 mL	0.33~0.5	0.25~0.38	以琥珀酸计
氨基态氮	g/100 mL	0.05~0.08	0.06~0.1	
固形物	g/100 mL	5.5~8.5	5.0~6.5	
氧化钙	g/100 mL	<0.07	<0.04	

4.6.6 新工艺黄酒生产使用混合曲的目的

机械化黄酒生产时一般同时采用自然培养曲和纯种培养曲,有的企业甚至同时使用3种曲。其目的主要是为了取长补短,确保成品酒的质量和风味,同时确保发酵的顺利进行。自然培养曲,也即传统手工曲,采用这种曲酿酒的优点是其酶系比较复杂,曲中所含的微生物代谢产物较为丰富,酿酒时能使酒的口味更加鲜爽,酒体更加丰满。缺点是由于采用生料制曲,曲粒沉到发酵醪底部后容易生酸,同时,曲的原料利用率也较低。纯种熟麦曲(一般采用苏16作为菌种)由于采用纯种培养,具有较强的糖化力、蛋白酶分解力和液化力,尤其是它的液化力比较强,能保证醪液在大容量发酵罐内正常的液化和糖化,确保发酵顺利进行。同时,纯种熟麦曲还能起到补充蛋白酶等酶系的作用。但纯种培养曲由于出酒率高,酒的风味相对差一些。鉴于上述原因,酿造机械化黄酒时一般采用自然培养曲和纯种培养曲混合使用的方法,并以自然培养曲为主、纯种培养曲为辅,这样做既能有效保证产品的质量和风味,又能使发酵顺利进行。事实证明,这一选择是非常科学的。国内几家大型黄酒企业的机械化黄酒均采用纯种曲和自然曲混合发酵工艺,质量完全可与传统手工酒相媲美。

[知识拓展]

4.6.7　绍兴善酿酒新工艺

新工艺酿造善酿酒是将水、元红、饭、麦曲和酒母一次性投入前发酵罐中,待发酵进入后发酵时,再投入加饭醪液,补充酒精度。

1)原料配方

糯米 12 t,块曲 1.8 t,糖化曲 200 kg,酒母米 600 kg,元红 7 t,加饭醪 5 t。浆水适量。

2)工艺流程

```
            元红、块曲、糖化曲、酒母、水      加饭
                        ↓            ↓
糯米→过筛→浸米→蒸饭→落罐→糖化发酵→后发酵→压榨→勾兑澄清→煎酒→成品
```

3)操作要点

(1)选糯米

挑选当年产的粳糯米,质量标准符合国家标准一级以上。因一部分浆水要作为配料投入到发酵罐中,故不能使用陈米。

(2)过筛

采用筛米机过筛,除去米中的糠秕、尘土和其他杂物。洗米可采用自动洗米机或者回旋圆筒网式洗米机。

(3)浸米

采用恒温浸米,浸米时间根据糯米的性质、气温及水温等决定,一般为 2～4 d。浸米后浆水的酸度控制在 12～15 g/L。

(4)蒸饭

采用卧式蒸饭机进行连续蒸饭,要求饭熟而不糊,内无生心。

(5)落罐

落罐的品温控制在 28～30 ℃。在落饭的同时,分别加入糖化曲、块曲、元红、水及酒母。外界气温和蒸饭饭温见表 4.14。

表 4.14　落罐时外界气温和饭温对应

外界气温/℃	0～5	6～10	11～15	>15
饭温/℃	60	55	50	45

(6)糖化发酵

米饭落罐后随着糖化的进行,酵母的数量也逐渐增加,产生少量酒精和热量。这时候进行开耙,在米饭落罐后 20 h 后开第一耙,隔 8 h 后再开一次,第三次开耙时的品温在 25 ～

36 ℃。2 d后每隔12 h开耙一次。

（7）后发酵

发酵5~7 d后，追加加饭酒醪，压罐至后酵，压罐品温控制在15~16 ℃。

（8）压榨

经过20多天的发酵，酒精度可达到15%~16%，糖度达到60~80 g/L即可压榨。善酿酒酒醪由于糖度高，糟粕较多，因此，压榨速度要放慢。

（9）勾兑澄清

压榨出来的酒必须勾兑，澄清时间控制在3~4 d。澄清时间少，就会增加酒的沉淀物，影响产品质量。

（10）煎酒

煎酒的目的是高温杀菌，便于酒液储存保管。由于善酿酒储存时间为1年，故煎酒温度应稍微放低些。

（11）成品

在储存过程中，由于善酿酒糖度较高，使酒的颜色变深并产生焦糖味道，故储存期不能够太长。此外，糖化剂尽量采用高温曲，以降低氨基酸的含量，抑制褐变反应。

● 项目小结 ●

本项目主要讲述了黄酒酒曲的种类，黄酒酒曲中米曲类的酒药制备技术、纯种根霉曲制备技术等和麦曲中的传统生麦曲制备技术、纯种熟麦曲等的制备技术；黄酒的定义、种类、功效，重点阐述了干型黄酒、半干型黄酒、半甜型黄酒和甜型黄酒的制备技术，系统介绍了黄酒生产的后处理技术；黄酒新工艺黄酒的制备技术等知识点。

复习思考题

1. 黄酒酒曲的种类有哪些？在黄酒酿造中起什么作用？

2. 黄酒酒药的制备工艺流程主要分为哪几步？

3. 机械化黄酒生麦曲制备和传统生麦曲制备有哪些差异？

4. 黄酒可如何分类？

5. 干型、半干型、甜型、半甜型黄酒的生产工艺各有何特点？

6. 绍兴黄酒的代表种类有哪些？

7. 酒醪成熟的标准是什么？

8. 新工艺黄酒的特点有哪些？

9. 新工艺黄酒为什么采用混合曲发酵？

10. 新工艺黄酒生产过程的操作要点有哪些？

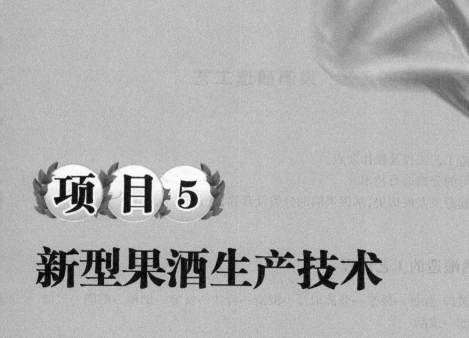

项目 5

新型果酒生产技术

【项目导读】

　　我国地域辽阔、生物呈多样性分布、水果资源极其丰富,不同的地区生产不同的水果,适合于酿酒的种类很多,可因地制宜生产各种特色的果酒。各种不同的果酒,其产地、原料、工艺、口感本身就具有非常强烈的不可复制的特点,可以通过精心设计,突出内涵,增加产品的核心影响力,通过对传统果酒消费观念和消费方式的创新性引导,使其潜在的巨大市场空间得到有效开发,才能造就一个果酒消费的新时代。

【知识目标】

➢熟悉果酒的种类及其特点;果酒酿造前原料的选择与准备的相关知识;

➢掌握酿酒水果的种类、采收、原料的处理及二氧化硫的添加等相关知识;

➢掌握果酒酵母选育方法;

➢掌握果酒的酿造工艺技术,果酒发酵工艺过程、果酒的后处理及其果酒品评知识;

➢了解常见果酒种类及果酒新工艺生产技术的基本知识。

【能力目标】

➢能熟练操作果酒酿造的各项技能;

➢能分析果酒酿造过程的影响因素,并学会用本项目所学基本理论分析解决生产实践中的相关问题。学会分析果酒发酵生产中的常见问题。

任务5.1 果酒酿造工艺

[任务要求]

1. 掌握果酒酿造工艺流程及操作要点。
2. 了解果酒酵母的分离选育技术。
3. 了解果酒的起源及发展历史,掌握果酒的分类及营养价值。

[技能训练]

5.1.1 果酒酿造的工艺流程

鲜果→分选→破碎、除梗→果浆→分离取汁→澄清→清汁→发酵→倒桶→贮酒→过滤→冷处理→调配→过滤→成品

5.1.2 果酒酿造操作要点

1)果酒原料选择

果酒的原料选择是保证果酒产品质量的重要因素之一,它将直接影响果酒酿制后的感观特性。在果酒中,葡萄酒是世界性产品,其产量、消费量和贸易量均居第一位。其次是苹果酒,在英国、法国、瑞士等国较普遍,美国和中国也有酿造。在中国市面上有很多国产葡萄酒品牌都比较受欢迎,例如,通天酒业的通天山葡萄酒及通天蓝莓酒,都是果酒中的上等酒。再有柑橘酒、枣酒、梨酒、杨梅酒、柿酒、刺梨酒等,它们在原料选择上要求并不严格,也无专门用的酿造品种,只要含糖量高,果肉致密,香气浓郁,出汁率高的果品都可以用来酿酒。但是以猕猴桃、杨梅、橙、葡萄、荔枝、蜜桃、柿子、草莓等较为理想。选取时要求成熟度达到全熟透、果汁糖分含量高且无霉烂变质、无病虫害。

2)发酵前的处理

前处理包括水果的选别、破碎、压榨、果汁的澄清、果汁的改良等。

(1)破碎、除梗

破碎要求每粒种子破裂,但不能将种子和果梗破碎,否则种子内的油脂、糖苷类物质及果梗内的一些物质会增加酒的苦味。破碎后的果浆立即将果浆与果梗分离,防止果梗中的青草味和苦涩物质溶出。破碎机有双辊压破机、鼓形刮板式破碎机、离心式破碎机、锤片式破碎机等。

(2)渣汁的分离

破碎后不加压自行流出的果汁称自流汁,加压后流出的汁液称压榨汁。自流汁质量好,宜单独发酵制取优质酒。压榨分两次进行,第一次逐渐加压,尽可能压出果肉中的汁,质量稍差,应分别酿造,也可与自流汁合并。将残渣疏松,加水或不加,作第二次压榨,压榨汁杂味重,质量低,宜作蒸馏酒或其他用途。设备一般为连续螺旋压榨机。

（3）果汁的澄清

压榨汁中的一些不溶性物质在发酵中会产生不良效果，给酒带来杂味，而且，用澄清汁制取的果酒胶体稳定性高，对氧的作用不敏感，酒色淡，铁含量低，芳香稳定，酒质爽口。澄清的方法可参阅果汁的澄清。

（4）二氧化硫处理

二氧化硫在果酒中的作用有杀菌、澄清、抗氧化、增酸、使色素和单宁物质溶出、还原作用、使酒的风味变好等。使用二氧化硫有气体二氧化硫及亚硫酸盐，前者可用管道直接通入，后者则需溶于水后加入。发酵基质中二氧化硫浓度为 $60 \sim 100 \ mg/L$。此外，尚需考虑下述因素：原料含糖高时，二氧化硫结合机会增加，用量略增；原料含酸量高时，活性二氧化硫含量高，用量略减；温度高，易被结合且易挥发，用量略减；微生物含量和活性越高、越杂，用量越高；霉变严重，用量增加。

（5）果汁的调整

①糖的调整：酿造酒精含量为 10% ~12% 的酒，果汁的糖度需 17 ~20 °Bx。如果糖度达不到要求则需加糖，实际加工中常用蔗糖或浓缩汁。

②酸的调整：酸可抑制细菌繁殖，使发酵顺利进行；使红葡萄酒颜色鲜明；使酒味清爽，并具有柔软感；与醇生成酯，增加酒的芳香；增加酒的储藏性和稳定性。干酒宜为 0.6% ~0.8%，甜酒为 0.8% ~1%，一般 pH 大于 3.6 或可滴定酸低于 0.65% 时应该对果汁加酸。

3）酒母制备

酒母的制备：酒母即扩大培养后加入发酵醪的酵母菌，生产上需经三次扩大后才可加入，分别称一级培养（试管或三角瓶培养）、二级培养、三级培养，最后用酒母桶培养。方法如下：

①一级培养：于生产前 10 d 左右，选成熟无变质的水果，压榨取汁。装入洁净、干热灭菌过的试管或三角瓶内。试管内装量为 1/4，三角瓶则为 1/2。装后在常压下沸水杀菌 1 h 或 58 kPa 下 30 min。冷却后接入培养菌种，摇动果汁使之分散。进行培养，发酵旺盛时即可供下级培养。

②二级培养：在洁净、干热灭菌的三角瓶内装 1/2 果汁，接入上述培养液，进行培养。

③三级培养：选洁净、消毒的 10 L 左右大玻璃瓶，装入发酵栓后加果汁至容积的 70% 左右。加热杀菌或用亚硫酸杀菌，后者每升果汁应含 SO_2 150 mg，但需放置 1 d。瓶口用 70% 的酒精进行消毒，接入二级菌种，用量为 2%，在保温箱内培养，繁殖旺盛后，供扩大用。

④酒母桶培养：将酒母桶用 SO_2 消毒后，装入 12 ~14 °Bx 的果汁，在 28 ~30 ℃ 下培养 1 ~2 d 即可作为生产酒母。培养后的酒母即可直接加入发酵液中，用量为 2% ~10%。

4）果汁发酵

（1）发酵设备

发酵设备要求应能控温，易于洗涤、排污，通风换气良好等。果酒可以腐蚀铅、铁、铜、锌、镉和铝，因此，用于接触果酒的设备材料仅限于：食品级不锈钢食品级的树脂、环氧树脂无树胶的木头（橡树、白蜡树、栗子树）玻璃。使用前应进行清洗，用 SO_2 或甲醛熏蒸消毒处理。发酵容器也可制成发酵储酒两用，要求不渗漏，能密闭，不与酒液起化学作用。有发酵桶、发酵池，也有专门发酵设备，如旋转发酵罐、自动连续循环发酵罐等。

（2）果汁发酵

发酵分主（前）发酵和后发酵，主发酵时，将果汁倒入容器内，装入量为容器容积的4/5，然后加入3%～5%的酵母，搅拌均匀，温度控制在20～28 ℃，发酵时间随酵母的活性和发酵温度而变化，一般为3～12 d。残糖降为0.4%以下时主发酵结束。然后应进行后发酵，即将酒容器密闭并移至酒窖，在12～28 ℃下放置1个月左右。

5）倒酒

主发酵结束后，将清澈的果酒与在发酵过程中形成的死酵母不溶性沉淀物分离，才能进入后发酵阶段。这些不需要的沉淀物通常被称为酒糟，这些物质必须被彻底除去，否则由于死酵母细胞的自溶和其他物质的分解会产生不良风味。当酵母细胞能量耗尽死亡之后，它将会慢慢沉到发酵罐或储酒罐的底部，发生"自溶"等一系列复杂的生物化学反应。倒酒还有以下作用：在发酵过程中不断地进行倒酒操作，可以使发酵变慢甚至停止。法国果酒的"留糖法"发酵就利用了此原理；对于酸度较低的果酒，主发酵结束后应尽快进行倒酒，以降低果酒中的含氮物质，避免进行由乳酸菌引起的苹果酸-乳酸发酵；对于酸度较高的果酒，主发酵结束后让果酒与酒糟多接触一段时间，以刺激苹果酸-乳酸发酵进行。

对于小型酿酒商来说，最简单的倒酒方法是利用虹吸现象将一个发酵罐中的上清液吸到另一个干净消过毒的储酒容器中。但对于大规模及较大规模酿酒商来说，利用专用酒泵比较合适，因这种泵的流速较慢，在保证抽吸速度的情况下，不会将沉淀物抽出。还可利用二氧化碳加压法倒酒，通过高压二氧化碳使发酵罐内的酒产生压力，沿着皮管上升到储存容器中。但这需要专用设备，操作不好会引起酒的混浊。第1次倒酒应在主发酵结束后，大量酒糟形成时进行，第2次倒酒通常与第1次间隔2～3个月，除非在这期间有大量酒糟形成。倒酒操作时，首先要十分小心，不要将罐底酒糟抽出；其次，应将果酒从罐底缓缓输入被倒入罐，不要引起酒的飞溅，尽量使发酵过程中产生的、溶解入果酒中的二氧化碳保留下来，并避免果酒与氧的过多接触。第三，尽量使储酒罐装满，避免陈酿时果酒与氧气的接触，否则会使果酒丧失新鲜感而变得寡淡无味，产生褐变，有时还会因需氧细菌及膜醭酵母生长导致果酒的腐败变质。倒酒时给果酒中重新加入50 mg/L的 SO_2，对抑制杂菌污染，防止氧化有良好的效果。为了防止果酒被氧化，在倒酒结束后盖罐前，可以使用高压状态的 CO_2 喷入储酒容器顶隙内，将其中 O_2 驱逐出来。倒酒最好在春季或冬季进行，选择天气晴朗，气压高，冷而干燥的天气倒酒，有助于保持酵母的沉淀状态。阴雨、气压低的天气不宜倒酒，因为气压低，倒酒时酒中的二氧化碳放出，使沉淀被冲起，酒变混浊。高温或刮大风天气都会加快酒的氧化，并容易对酒造成杂菌污染。最好不要再利用酒糟中酵母进行果酒的主发酵，因为其中包括许多已产生自溶现象的死酵母和大量的果渣，对果酒风味会产生不良影响。如果用这种酵母进行果酒主发酵，果酒的质量将很难得到保证。

6）陈酿

经过主发酵之后，发酵醪中的糖绝大部分已转化为酒精，果酒也逐渐变得澄清，但饮用起来仍会感到辛辣、粗糙，必须经过一段时间的储存，继续进行一些长时间的物理、化学和生物化学变化，减少生涩味，增加香气，提高酒的深度、广度和复杂性，使酒质更加醇厚完整，稳定性更好，此过程称为后发酵，也被称为陈酿或老熟。

7）成品调配

果酒的调配主要有勾兑和调整。勾兑即原酒的选择与适当比例的混合；调整即根据产品质量标准对勾兑酒的某些成分进行调整。勾兑，一般先选一种质量接近标准的原酒作基础原酒，据其缺点选一种或几种另外的酒作勾兑酒，加入一定的比例后进行感官和化学分析，从而确定比例。调整，主要有酒精含量、糖、酸等指标。酒精含量的调整最好用同品种酒精含量高的酒进行调配，也可加蒸馏酒或酒精；甜酒若含糖不足，用同品种的浓缩汁效果最好，也可用砂糖，视产品的质量而定；酸分不足可用柠檬酸。

8）过滤、杀菌、装瓶

过滤有硅藻土过滤、薄板过滤、微孔薄膜过滤等。果酒常用玻璃瓶包装。装瓶时，空瓶用 2%～4% 的碱液在 50 ℃以上温度浸泡后，清洗干净，沥干水后杀菌。果酒可先经巴氏杀菌再进行热装瓶或冷装瓶，含酒精低的果酒，装瓶后还应进行杀菌。

[理论链接]

5.1.3　果酒的起源和发展

1）果酒的历史起源

果酒之史话甚多，现根据历史记载及传说谈谈果酒的起源和发展。果酒是用水果酿造的酒，是人类最早学会酿造的酒，早在 6 000 年前苏美尔人和古埃及人已经会酿造葡萄酒了。自然界中的单糖大部分存在于各种水果之中，主要为葡萄糖和果糖，水果中的糖在合适的温度和湿度条件下，就可以被自然界中存在的微生物发酵产生酒精，早在几万年以前，人类已经会储存食物，采集储存的水果，经一段时间后，就会自然产生酒精，中国果酒历史相传于 2 000 多年前，秦始皇吞并六国后为了王朝的长治久安和自己长生不老，就派方士徐福出海寻找长生不老的仙药。因当时连年战乱，人民长期居无定所，体质虚弱，而出海之人又要求身强体壮、能抵抗各种疾病的童男、童女，一时便无法找到。徐福便周游各地，当他途经旧齐国之地饶安邑（今盐山千童镇），见这里的人个个身强力壮，不生百病。原来饶安邑产红枣，齐人多食枣和饮枣酒，所以枣酒历史至少 2 000 年以上。徐福便在此征集 3 000 童男、童女，命人建造酒坊，酿制枣酒，以御寒驱潮。浩浩荡荡的船队入海东渡，到了现今的日本。造酒技术从此广为流传。

明代《蓬拢夜话》中说："黄山多猿猱。春夏采杂花果于石洼中酝酿成酒，香气溢发，闻数百步。"清代《粤西偶记》也有记载："粤西平乐等府，山中多猿，善采百花酿酒。樵子入山，得其巢穴者，其酒多至数百，饮之，香美异常，名目猿酒。"从明清两代历史记载，可看出当人类还居住在洞穴之中时，人类就知道采集野果，在洞穴内自然发酵，酝酿出酒香，从而引发出酿制果酒的文明活动。从人类社会发展历史的角度来探讨，看来中国果酒是人类最早发明的酒。从汉唐至明清的有关文献记载来看，中国果酒不仅品类繁多，而且绵延千载而不绝，足见果酒很早就在中国人的饮食生活中占有重要的地位。

2）世界果酒发展概况

目前在国际酒类市场上，果酒是一种重要的水果类酒，属于大宗流通商品。目前世界上果酒的生产已覆盖了世界上大部分温带地区,欧洲果酒主要生产国有英国、法国、西班牙、德国和瑞士。而美国、加拿大、中美洲、南美洲和澳大利亚的果酒酿造工艺由欧洲移民引入,尤其由那些来自法国的诺曼底地区、布列塔尼地区、德国的威士伯登地区、西班牙的巴斯克地区和英国的北爱尔兰地区的移民。

英国苹果40%用于果酒加工,为了满足果酒酿造商对不同品种的需求,英国栽培有超过350种的苹果,包括一些诸如猫头、羊鼻子等奇怪名字的品种。英国西部的德文郡、萨默塞特郡、赫勒福德郡、伍斯特郡、格洛斯特郡为酒用果的主要产区。从1995开始,英国果酒的年产量为50万t左右,占欧盟总产量的60%以上,目前是世界上最大的果酒生产国。20世纪后半叶,英国果酒生产的工业化程度和集约化程度越来越高,如今90%的市场份额被两家大果酒公司——"HP Bulmer"和"Matthew Clark"占领,其余是一些小规模的果酒公司。

法国果酒的年产量约为30万t,是紧随英国、南非之后的第三大果酒生产国,仅诺曼底地区年产万吨以上的果酒厂就超过6个。除了工业化生产的果酒外,法国还以其有淡淡的香味、起泡、储存于香槟风格瓶子中的传统法国果酒而著称。它采用类似于香槟的"留糖法"发酵工艺进行发酵,注重专用酿酒果品种的选用和混合,并且在酿造过程中通过各种方法控制果汁发酵速度,使其缓慢进行,留部分糖不被发酵,作为酒灌装后最终甜味和CO_2的来源。

作为果酒起源国家之一的西班牙,以其传统的西班牙果酒而著称。它用不同品种果酒混合发酵而成,储存于传统风格的果酒瓶中,由于干、酸并有柔和的单宁而具有绿苹果、香草、李子和蜂蜜的复合风味。西班牙北部的阿斯图里亚斯和巴斯克地区是其主要产区,维拉维克苏镇(Villaviciosa)是西班牙人众所周知的果之都。在专供饮用果酒的酒吧里,侍者礼节性地开启酒瓶,然后将瓶子举过头顶,使果酒呈弧线倾入位于腰部、壁薄如纸的阔口玻璃杯中。这种倒酒方法有助于果酒氧化、风味溢出,并充分使酒香释放出来。

在美国果酒一度是最为普通的酒精饮料,但今天它只占据市场的极小部分。目前美国的水果主要用于鲜食和制造果汁。1996年,由于不正确的杀菌和饮用方式导致由果汁引发的大肠杆菌感染,使果汁加工业遇见了前所未有的挑战。果汁制造商被要求对果汁进行巴氏杀菌,或者在产品上贴上警示标志。在美国,果汁还是诸如Apple Jack(一种果烧酒)和果醋等其他产品的原料,直到今天果醋还因其有保健作用尤其是减肥作用而备受青睐。现在美国俄勒冈州、佛蒙特州传统果酒酿造业又重新活跃起来,开始进行风格各异的各种果酒生产。从大规模工业化生产到自然风格的小作坊式生产,从酒精含量接近于0%(体积分数)的甜起泡果汁到高酒精含量的果蒸馏酒,都可见到。现今英国的果酒消费量居世界第一,紧随其后的是南非和法国,但是美国的消费量增长最快。

3)我国果酒发展现状及趋势

中国的果酒加工开始于新中国成立以后,辽宁生产的熊岳牌果酒在1963年、1979年、1984年的全国评酒会上被评为国家优质酒。此外,辽宁瓦房店酿酒厂生产的高级果酒和四川江油酒厂生产的果酒也曾获得省优和部优称号。1981年,一种半甜性的起泡酒——烟台果香槟在胶东半岛问世,它标志着我国果酒的开发迈上了一个新台阶。河南省济源市宫殿酒业公司,从1996年下半年开始果干酒的开发,并于1998年春节前夕推出了果干白。青岛琅琊台酒厂、烟台金波浪酿造公司、泰山生力源公司、烟台张裕公司在最近几年也相继开发出各具特色的果酒,并且得到市场认可。2000 年上半年,世界上最大的果酒生产商——英国 HP Bulmer公司与山东省曲阜三孔啤酒厂合资开始生产世界著名的"啄木鸟"牌果酒。目前,全国果酒生产企业约 20 家,年产量约 8 500 t,与中国广大的消费人口相比,我国果酒的生产还有相当大的市场潜力,行业发展前景十分乐观。

我国出台了酿酒业的"四大转变"政策,即"粮食酒向果酒转变、高度酒向低度酒转变、蒸馏酒向酿造酒转变、普通酒向优质酒转变"。受利益驱动,菜、果种植面积越来越大,产量越来越多,以致出现卖菜、卖果难的问题,但若对多余的菜、果进行酿酒加工则会取得良好的经济和社会效益。果酒生产技术标准不统一、不规范。包括设备的合理配置及工艺技术的统一规范,产品技术标准的统一及典型性特征成分。酿造果酒原料没有标准化、品种化,更没有完善的水果质量安全标准、检测检验和监督管理体系。只有依据水果品种生物学特性和国家质量安全标准,指导果农实施优质无公害果品种植,筛选酿酒品种,进行基地化建设才能提高水果种植业酿酒品种质量水平,从整体上确保种植业产品优势更优。果酒酿造原料品种繁多、原料前处理工艺多样性的特点,以致果酒生产的前处理难以采用通用型设备,加上原料个体性质差异及其对热敏感程度不同,每种原料不同都要求有不同工艺技术和设备,导致规模化生产的难度增大。各企业对前处理工艺、发酵工艺不同而造成酒质的不同,影响了果酒典型特征的统一性。我国地域辽阔,果树种类繁多。然而,目前在水果的商品化处理、保鲜、深加工技术不尽完善的情况下,产量与经济效益还远不相称,鲜果市场日趋饱和或呈过饱和状态。对其进行加工提高附加值,和寻求水果新出路已成了亟待解决的首要问题。且近年来果酒消费量正以 15% 的速度递增,更是酿酒行业发展的方向。

随着人民生活水平的提高以及果酒生产者等各方面的共同努力,我国果酒业发展呈现出良好的态势,如广东、福建的荔枝酒、枇杷酒、菠萝酒,陕西的猕猴桃酒,西北的苹果酒、枸杞酒,华北地区的苹果酒、梨酒、桃酒、李子酒、草莓酒,江浙一带的桑葚酒、青梅酒、杨梅酒等。但是我国的果酒业的发展与葡萄酒、啤酒的发展相比,仍然差距很大,尤其色、香、味等方面都不甚理想。如新产品刚上市不久,就出现了质量问题,颜色加重、氧化感增加、果香变淡,严重时有失光、沉淀现象等。影响产品的市场信誉,同时也影响整个果酒业的健康发展。

果酒行业面临六大问题:一无统一标准:果酒生产加工不规范缺乏权威性果酒标准"没有规矩不成方圆"。但是,由于各种客观原因,到目前为止,果酒业没有国家标准,只有山楂酒、猕猴桃酒的行业标准。现在执行的基本上都是行标和企标,这就使得质量监督部门难以对市场果酒质量进行有效的监控。果酒的质量参差不齐,加色素、加香精、加甜味剂等,果汁含量偏低的现象较为普遍。消费者缺乏对果酒品质优劣判断的参考标准,这也使得我国果酒质量良莠不齐。二无规模:果酒业起步晚,产量占总体产量的比例极低,果酒消费市场发育不成熟。目前我国饮料酒年消费量在 3 000 万 t 左右,其中啤酒约 2 200 万 t、白酒的 500 万 t、黄酒约 130 万 t,而果酒仅为 50 万 t(包括葡萄酒)和一些进口成品酒。行业整体竞争力不强,存在着众多影响其进一步发展的束缚因素。三无推广:企业实力有限,不注重宣传,推广力度小。四无品牌:果酒业能够在全国叫得响的品牌却屈指可数,在超市里仅仅能看到"宁夏红"、五粮液的"仙林 30% 冰果酒"、"张裕葡萄酒"等几种国产果酒,其销售额和利润远不如其他酒类。五无渠道:由于起步晚,只能选择跟其他酒类进入大卖场混合经营,由于杂费高、无推广,即便进入也很难销售,没有销量商场下架,自己撤退。经销代理缺乏支持。六无销量:消费者还没有形成果酒消费的氛围。果酒行业产业小、企业实力弱、品牌影响力往往不能抢占消费者的心智资源,这也造成了目前国内从事果酒生产的企业虽然不少,但销量却很薄弱的市场局面。

针对于我国果酒业发展存在的制约因素,积极采取相应的对策措施加以解决,是促进果酒业发展的根本保证。重视酿造水果的筛选原料品种是保证果酒质量的前提之一。必须要从原料抓起,加强对各类果树品种的研究,培育出适于酿制果酒的果树品种。加快果酒国家标准的制定对已开发生产出的果酒品种,国家应该加快相应权威标准的制定。否则,没有权威性的标准,质量监督部门和工商行政管理机构就难以对生产及销售环节的质进行有效的监督,市场果酒质量将良莠不齐,影响信誉。培育果酒消费市场,目前广大消费者对果酒的营养价值还不是很了解,因而果酒的消费受到限制。果酒业今后要赢得更多的消费者,就必须加强对产品的宣传和对市场的培育;要通过多种途径、多种方式向消费者宣传果酒的营养价值、饮用方法,以激起消费者的购买欲望,让喝果酒的人感到自己是站在时代的前沿,是引导潮流的先行者。采用先进的技术工艺为了提高果酒的产品质量,要积极采用先进的果汁前处理技术、人工酵母添加、酶工程应用、控温发酵、防氧化褐变、多级膜过滤及无菌灌装等工艺。水果蒸馏酒生产中要采用先进的果汁压榨技术、壶式蒸馏技术,这些先进酿造技术的应用,必将大大提高我国果酒生产的工艺水平。生产有地方特色的果酒品种,目前果酒品种已由过去的苹果酒、梅子酒、橘子酒、山楂酒等发展到数十种水果酒,如杨桃酒、荔枝酒、菠萝酒、杨梅酒、草莓酒、枣子酒等。今后,果酒生产要立足于突出地方特色的果酒品种,就地取材,这既可保证水果的新鲜度及酿酒质量,又可减少长途运输所带来的损失,最终降低生产成本。注重投产建设的科学性,我国果酒业丰富的原料来源及广阔的潜在消费市场仍将吸引新的投资者进入。但这些投资建设必须克服盲目性,讲究科学规律,依靠大专院校或科研单位的科技成果,并借鉴其他企业的先进经验,以便少走弯路,保证建设和生产的先进性、质量的可靠性。强化市场营销市场是龙头,是制约果酒业发展的关键,必须加强对销售市场的研究规划,制订有针对性的营销激励机制,强化过程的控制管理,努力和经销商结成利益一致的稳定同盟关系。实施品牌发展战略,而中国果酒业要获得健康快速的发展,就必须创造出有影响力的品牌。这就要求果酒生产企业必须坚持品牌发展战略,从产品的质量、广告的宣传、形象的树立等各方面做好品牌创建工作,扩大品牌的知名度和在市场及消费者心目中的美誉度,提高品牌的影响力。

5.1.4 果酒的分类

1)按酿造方法和产品特点不同分类

(1)发酵果酒

发酵果酒是将果实经过一定处理,取其汁液,经酒精发酵和陈酿而制成。与其他果酒不同在于它不需要经过蒸馏,不需要在酒精发酵之前对原料进行糖化处理。发酵果酒的酒精含量比较低,大多数在10%~13%(体积分数),酒精含量在10%以上时能较好地防止有害微生物对果酒的危害,保证果酒的质量。除果实中原有的酒石酸、苹果酸和柠檬酸外,在发酵过程中还会产生一些诸如醋酸、琥珀酸和丁酸等有机酸,使果酒中的酸分有所增加。我国果酒中的总酸量一般为:0.5~0.8 g/100 mL。挥发酸不得高于0.15 g/100 mL。适量的酸分会使果酒的滋味醇厚、协调、适口。有机酸的存在利于对杂菌繁殖的抑制。酒中酸分偏低时,风味会变淡。而酸分偏高时则可能是果酒发生了病变。果酒中的糖、单宁、酸和色素等成分与酒的品质有着非常密切的关系,在酿造工艺过程中控制其数量变化,调整其含量对果酒的品质形成有着非常重要的意义。根据发酵程度不同,又分为全发酵果酒与半发酵果酒。半发酵果酒是指果汁或果浆中的糖分部分发酵。全发酵果酒是指果汁或果浆中的糖分全部发酵,残糖1%以下。

(2)蒸馏果酒

果品经酒精发酵后,再通过蒸馏所得到的酒,如白兰地、水果白酒等。蒸馏果酒也称果子白酒,是将果品进行酒精发酵后再经过蒸馏得到的酒,又名白兰地。通常所称的白兰地,是指以葡萄为原料酿造、蒸馏的白兰地。以其他水果酿造成的白兰地,应冠以原料水果的名称,如樱桃白兰地、苹果白兰地、李子白兰地等。饮用型蒸馏果酒,其酒精含量多在40%~55%。酒精含量在79%以上时,可以用其配制果露酒或用于其他果酒的勾兑。直接蒸馏得到的果酒一般须进行酒精、糖分、香味和色泽等的调整、并经陈酿使之具有特殊风格的醇香。蒸馏果酒中也以白兰地的产量为最大。

(3)加料果酒

加料果酒是以发酵果酒为基酒,加入植物性芳香物等增香物质或药材等而制成。常见的加料果酒也以葡萄酒为多,如加香葡萄酒。是将各种芳香的花卉及其果实利用蒸馏法或浸渍法制成香料,加入酒内,赋予葡萄酒以独特的香气。还有将人参、丁香、五味子和鹿茸等名贵中药加进葡萄酒中,使酒具有对人体有滋补和防治疾病的功效。这类酒有味美思、人参葡萄酒、丁香葡萄酒、参茸葡萄酒等。

(4)起泡果酒

酒中含有二氧化碳的果酒。根据制作原料和加工方法的不同可将起泡果酒分为香槟酒、小香槟和果品汽酒。香槟酒是一种含二氧化碳的白葡萄酒。由于其最初产于17世纪中叶法国的香槟省而得名。它是将上好的发酵白葡萄酒中加糖经二次发酵产生二氧化碳气体而制成的。其酒精含量为1.25%~14.5%。按含糖量不同将香槟酒分为极不甜型(含糖0.5%)、不甜型(含糖1%~3%)、半甜型(含糖4%)、甜型(含糖8%)和极甜型(含糖20%),可以将成熟2年以上的葡萄酒加胶冷冻,调配过滤后,人工充入二氧化碳制成较低等级的香槟酒。小香槟是以发酵果酒或果露酒作为酒基,经发酵产生二氧化碳或人工充入二氧化碳而制成的一种低度的含二氧化碳的果酒。汽酒则是在配制果酒中人工充入二氧化碳而制成的一种酒。起泡果酒中经过二次发酵,所产生的二氧化碳气泡和泡沫细小均匀,较长时间不易散失,而人工充入的二氧化碳气泡较大,保持的时间短,容易散失。

(5)配制果酒

配制果酒也称果露酒。它是以配制的方法仿拟发酵果酒而制成的,通常是将果实或果皮和鲜花等用酒精或白酒浸泡提取,或用果汁加酒精,再加入糖分、香精、色素等调配成色、香、味与发酵果酒相似的酒。配制果酒有桂花酒、柑橘酒、樱桃酒、刺梨酒等。这些酒的名称许多与发酵果酒相同,但其品质,风味等相去甚远,鸡尾酒是用多种各具色彩的果酒按比例配制而成的。

2)按含糖量分类(以葡萄糖计,g/L 葡萄酒)

①干白果酒:含糖量≤4.0 g/L;

②半干果酒:含糖量为 4.1~12.0 g/L;

③半甜果酒:含糖量为 12.1~50.0 g/L;

④甜果酒:含糖量≥50.1。

3)按果酒中所含酒精含量分类

①低度果酒:含酒精≤17 度。

②高度果酒:含酒精 >17 度。

4)按水果收获季节分类

①春季酿——梅子酒、草莓酒、青梅酒、桃子酒、枇杷酒、杨梅酒、桑葚酒。

②夏季酿——樱桃酒、荔枝酒、李子酒、水蜜桃酒、葡萄酒、油桃酒、芒果酒、西瓜酒、龙眼酒、百香果酒、火龙果酒、榴莲酒、酪梨酒。

③秋季酿——石榴酒、鸭梨酒、梨子酒、柚子酒、柿子酒、苹果酒。

④冬季酿——葡萄柚酒、西红柿酒、奇异果酒、柳橙酒、橘子酒、金橘酒、金枣酒。

⑤四季酿——杨桃酒、芭乐酒、莲雾酒、凤梨酒、木瓜酒、香蕉酒、柠檬酒、椰子酒、莱姆酒、香瓜酒、哈密瓜酒。

5.1.5 果酒的营养价值

果酒是利用新鲜水果为原料,在保存水果原有营养成分的情况下,利用自然发酵或人工添加酵母菌来分解糖分而制造出的具有保健、营养型酒。果酒以其独特的风味及色泽,成为新的消费时尚。

果酒清亮透明、酸甜适口、醇厚纯净而无异味,具有原果实特有的芳香,夏季常喝的果酒有樱桃酒、荔枝酒、李子酒、水蜜桃酒、葡萄酒、芒果酒、龙眼酒、火龙果酒等。果酒里含有大量的多酚,可以起抑制脂肪在人体中堆积的作用;它含有人体所需多种氨基酸和维生素 B_1、维生素 B_2、维生素 C 及铁、钾、镁、锌等矿物元素,经常适量饮用,能增加人体营养,有益身体健康;果酒酒精含量低,刺激性小,既能提神、消除疲劳,又不伤身体;果酒在色、香、味上别具风韵,不同的果酒,分别体现出色泽鲜艳、果香浓郁、口味清爽、醇厚柔和、回味绵长等不同风格,满足了不同消费者的饮酒享受。以苹果酒为例,它是精选优质苹果为原料发酵酿造而成,保存了苹果的营养和保健功效,含有多种维生素、微量元素以及人体必需的氨基酸和有机酸,常饮苹果酒有促进消化、舒筋活血、美容健体的功效。营养学家指出,与白酒、啤酒相比,果酒的营养保健价值更高,低酒精度、高营养、纯天然、男女老少皆宜,对人类健康好处也更胜一等。

[知识拓展]

5.1.6 果酒的酿造理论

果酒的酿制是利用有益微生物酵母菌将果汁中可发酵性糖类经酒精发酵作用生成酒精,再在陈酿澄清过程中经酯化、氧化、沉淀等作用,制成酒液清晰,色泽鲜美,醇和芳香的产品。

1)酒精发酵作用

果酒的酒精发酵是指果汁中所含的己糖,在酵母菌的一系列酶的作用下,最终产生乙醇和二氧化碳的过程。果汁中的葡萄糖和果糖可直接被酒精发酵利用,蔗糖和麦芽糖在发酵过程中通过分解和转化酶的作用生成葡萄糖和果糖并参与酒精发酵。但是,果汁中的戊糖、木糖和核酮糖则不能被酒精发酵利用。

（1）酒精发酵的主要过程

酒精发酵是非常复杂的生物化学过程,有许多的反应和中间产物,而且需要一系列酶参与,这些酶绝大多数是由酵母菌提供的。主要反应如下:在酒精发酵开始时,参加 3-磷酸甘油醛转化为 3-磷酸甘油酸这一反应所必需的 NAD 是通过磷酸二羟丙酮的氧化作用来提供的,每当磷酸二羟丙酮氧化 1 分子 $NADH_2$,就形成 1 分子甘油。在这一甘油发酵过程中,由于将乙醛还原为乙醇所需要的 2 个氢原子（由 $NADH_2$ 提供）已被用于形成甘油,所以乙醛不能继续进行酒精发酵反应。因此,就会由乙醛和丙酮酸形成其他的副产物。在果酒发酵开始时,酒精发酵和甘油发酵同时进行,而且甘油发酵占一定优势。以后酒精发酵逐渐加强并占绝对优势,产生大量酒精,而甘油发酵则随之减弱,但并不完全停止。

（2）酒精发酵的主要副产物

①甘油:主要是在发酵时由磷酸二羟基丙酮转化而成,也有一部分是由酵母细胞所含的卵磷脂分解而形成。甘油可赋予果酒以清甜味,并且可使果酒口味圆润,在葡萄酒中甘油的含量为 6 ~ 10 mg/L。

②乙醛:主要是发酵过程中丙酮酸脱羧而产生的,也可能是发酵以外由乙醇氧化而产生。葡萄酒中乙醛含量为 0.02 ~ 0.06 mg/L,有时可达 0.3 mg/L。游离的乙醛存在会使果酒具有不良的氧化味。用二氧化硫处理会消除此味。因为乙醛和二氧化硫结合可形成稳定的亚硫酸乙醛,此种物质不影响果酒的风味。

③醋酸:主要是乙醛氧化而生成,乙醇也可氧化生成醋酸。但在无氧条件下,乙醇的氧化很少。醋酸为挥发酸,风味强烈,在果酒中含量不宜过多。一般在正常发酵情况下,果酒的醋酸含量只有 0.2 ~ 0.3 g/L。醋酸在陈酿时可以生成酯类物质,赋予果酒以香味。

④琥珀酸:主要是由乙醛反应生成的,或者是由谷氨酸脱氨、脱羧并氧化而生成。琥珀酸的存在可增进果酒的爽口性。琥珀酸在葡萄酒中的含量一般低于 10 g/L。此外,还有一些由酒精发酵的中间产物——丙酮酸所产生的具有不同味感的物质,如具辣味的甲酸、具烟味的延胡索酸、具榛子味的乙酸酐等。在果酒的酒精发酵过程中,还有一些来自酵母细胞本身的含氮物质及其所产生的高级醇,它们是异丙醇、正丙醇、异戊醇和丁醇等。这些醇的含量很低,但它们是构成果酒香气的主要成分。果酒在酒精发酵过程中所产生的酒精达到一定浓度

时,就可以抑制或杀死其他有害的微生物,使果酒得以长期保存。

2)果酒在储存过程中可能发生的变化

(1)物理变化

果酒中的果胶、蛋白质等杂质发生沉淀,酒液逐渐澄清而变得稳定。酒精和水分子聚合,使口感柔和。

(2)化学变化

酯类是构成果酒芳香风味的成分之一,在后发酵储存过程中果酒有机酸和乙醇发生酯化反应,增加香气,使新酒醇厚适口;由于氧气和产膜酵母的作用,乙醛含量增加,它和乙醇可生成乙缩醛;单宁与醛结合,部分与蛋白质结合产生;酚类物质被氧化,并发生聚合,果酒发生褐变,储存时间越长,颜色越深。

(3)生物化学变化

在后发酵过程中,由于少量的酵母还在起作用,几乎所有的葡萄糖和果糖都被发酵完全,但由于葡萄糖苷的水解,还原糖略有增加;由于一部分酵母自溶,缬氨酸、亮氨酸、酪氨酸、酰胺及蛋白质氮均有所增加,通过倒酒、澄清,含氮化合物可减少;由于苹果酸-乳酸发酵,使果酸减少,乳酸增加;如果后发酵管理不善,细菌污染,会导致由于乙醇氧化或柠檬酸、甘油、酒石酸等被细菌分解而产生醋酸。

5.1.7　果酒酵母分离选育

果酒因其具有的营养和保健作用备受人们的喜爱,当前果酒的发展有着良好的机遇。在果酒的整个生产过程中,酵母品种的选择是果酒酿造的关键因素之一,酵母性状的好坏直接影响所酿果酒的口感和风味,因此果酒酵母筛选历来被重视。而现阶段我国果酒酿造过程中主要采用葡萄酒用酵母,这些酵母主要针对葡萄酒的酿制所选育,在果酒生产中不一定有很好的效果,因此,为了优化果酒生产工艺,进一步提高果酒品质,针对果酒自身的生产特点,选育优良的果酒酵母已成为果酒生产中一项非常必要的工作。

近年来,随着果酒产业的发展,经过科研人员不断深入研究,在果酒酵母选育方面取得了良好进展,并逐渐形成了有一定特色的果酒酵母产业。目前,我国果酒企业多使用葡萄酒酵母来酿造果酒,工业生产中通常加入人工培养的纯酵母,如酿酒酵母。随着果酒工业化的进展以及人们消费水平的提高,发现单纯用已筛出的酿酒酵母作为发酵菌种酿造出的果酒,通常都存在着风味过于平淡的缺陷。为更好的适应果酒市场需求,在生产过程中引入非酿酒酵母,使果酒风味有了明显改善,进一步提高了果酒的品质。纯酿酒酵母利用纯培养技术,在果酒发酵培养基中接入纯酿酒酵母,使整个发酵过程具有启动快、发酵能力强,能耐受一定的SO_2和乙醇的能力,并且能使发酵过程进行完全,残糖含量少,酒精含量高,果酒酒体协调,酒质清淡。纯酿酒酵母体系的应用提高了生产效率,更好地控制了果酒发酵生产过程,因此纯种发酵技术的应用非常广泛。非酿酒酵母果酒发酵中的非酿酒酵母也称产香、产酯酵母,诸如有孢汉逊酵母属(Hanseniaspora)、克勒克酵母属(Klaeckera)、假丝酵母属(Candida)和毕赤酵母属(Pichia)等。研究表明,这些非酿酒酵母属的酵母会对果酒的总体风味产生积极的影响,它们能在发酵过程中产生一些高级醇、低级脂肪酸和酯类等芳香物质和特别的风味成分,使酒的风味特征明显改善。而此类酵母所产生的风味物质的种类和数量也随其种属的不同而异,不同的产香、产酯酵母会赋予果酒不同的风味特征。国内对果酒产香、产酯酵母的研究已引起人们的重视,如从自然发酵的猕猴桃汁中分离得到一株产香酵母(E-36)为柠檬形克勒克酵母(Kloeckera apiculata),耐酸能力强且能改善猕猴桃汁果酒的品质。自然发酵过程中酿酒酵母和产香、产酯酵母共存,在酿造的果酒中高级醇等物质的含量较多,风味较浓醇。目前,在欧洲的许多国家仍采用自然发酵法酿造果酒,利用天然酵母群发酵的果酒深受人们的喜爱。

1)果酒酵母的分离筛选

果酒酵母的筛选应从相应的果品及其种植环境中采样分离,如成熟果实的表皮、自然腐烂发酵的果肉或果汁和果园的土壤等相关场所。根据实践经验,在果汁和自然发酵的果酒醪液中检出率较高,因为它们的基质环境与酿酒环境很相似。国内在果酒酵母分离筛选工作上已经取得了一定的成绩。如从鸭梨、苹果、枣、葡萄等水果的果皮中筛选出了一株适于鸭梨酒酿造的酵母菌 GY,该菌能耐受 16% 的酒精度和 375 mg/L 的 SO_2 浓度。另外,该酵母菌具有较好的耐糖性能,在 70% 的糖液中仍能起酵。从桑葚果汁中筛选到 531 酵母,经多次分离、纯化,并对其进行性能测定和实际生产应用,证明它生长快,起发早,发酵周期短而彻底,并且该酵母培养条件粗放,对酸、酒精和 SO_2 耐受力强,是一株优良的酿酒酵母。从新疆库尔勒香梨果园土壤中分离选育出 8 株优良的酿酒酵母,其发酵性状优良,适于香梨原料的发酵,能明显提高酒质,具备了发酵香梨原料制作中高档香梨白兰地的优良性状,并能长期适应当地干燥、炎热的地理气候环境,从而有利于当地工业生产的进行。从杏酒发酵醪中分离得到在 42 ℃下、61% 的糖液中仍能发酵的酵母,该酵母具有发酵速度快,产酒精较高的优点,有利于提高杏酒的品质。从苹果渣中分离纯化出一株可以发酵澄清苹果汁为风味独特的苹果酒的良好菌株 YO2,该菌发酵产酒精率较高,是生产苹果酒的良好菌种,从而为果酒企业带来很大的经济和社会效益。

2)果酒酵母的育种技术

果酒酵母分离筛选后,应对其发酵性能进行鉴定,包括酵母的一系列生理生化特征和风味物质形成的能力等,这些可通过具体的生理生化实验和小型发酵实验作出准确、详细的分析和测定。通常情况下,从自然界筛选的野生酵母一般很难具有理想的酿造特性而直接用于发酵工业生产,需要通过大量的基础实验,进一步驯化培养,尤其是充分利用现代育种技术进行选育,使其达到工业化大生产的要求。随着现代生物科技的发展,出现了很多选育酵母的新技术,主要包括采用理化因素的诱变育种,采用原生质体融合技术的育种,以及采用基因工程技术手段选育性能更加优良的酵母菌种等。此外,伴随着其他学科的发展,更为新颖、先进的技术在育种方面得到了很好的应用,这新技术的引用,更加丰富了果酒酵母选育技术手段,也提高了所分离菌株的生产性能。

(1)诱变育种

通过用物理因素或化学因素获得诱变菌株是较简单的直接改良酵母菌株的方法,应用较为广泛的物理手段有紫外线、X 射线、γ 射线、钴 60 等,化学手段有硫酸二乙酯(DES)、5-溴尿嘧啶(5-BU)、氮芥(Nm)、亚硝基胍(NTG)等。从操作方式上讲,上述手段具有简便易行、条件和设备要求较低等优点,故至今仍有着广泛的应用。研究对一株啤酒酵母进行紫外诱变、蛋氨酸耐性平板筛选和高浓度蛋氨酸连续驯养后获得了一株遗传性状稳定的优良啤酒酵母,该菌株能产生和分泌较多的 GSH,降低了啤酒中老化前驱物质和老化物质的浓度,因此提高了啤酒的抗老化能力,使成品啤酒的风味稳定性得到显著改善。

(2)杂交育种

杂交育种是利用酵母的生活史中,具有不同遗传特性和相反交配型的细胞能够产生双倍体这一特点进行的。杂交育种可以消除菌株在经历长期诱变后所出现的产量性状难以继续提高的障碍,因此是一种重要的育种手段。研究利用选自乳清的酿酒酵母与选自葡萄汁中的酵母为亲本进行杂交育种,获得的杂合子同时具有两个亲本的优良性状,即分解苹果酸能力强和生成乙酸能力弱,应用效果非常不错。1985 年研究成功将一株絮凝性强的酵母与一株不产 SO$_2$ 的酵母进行杂交,获得了一株絮凝性比较强且不产 SO$_2$ 的酵母,并用于葡萄汽酒的生产中。

(3)原生质体融合育种

原生质体融合技术又称细胞融合技术,是指两种不同的亲株经酶法去壁后,得到的原生质体(球),置于高渗溶液中,在一定融合剂的促融作用下使两者相互凝集并发生细胞之间的融合,进而导致基因重组,获得融合了亲本优良性能的新菌株的育种方法。与其他育种技术相比,原生质体融合技术具有杂交频率较高、受接合型或致育型的限制较小、遗传物质更为完整,并且存在着两株以上亲株同时参与融合形成融合子的可能性等优点,对于提高菌株最终产量和产品品质的潜力有较大帮助。原生质体融合技术,在酵母菌种优良性能的整合方面越来越显示它特有的优越性。研究采用核融合缺陷原生质体融合技术将嗜杀质粒载体中的嗜杀质粒转移到受体菌苹果酵母 AW 中去,筛选出遗传性质稳定、具有嗜杀性的融合体。通过种属间原生质体融合技术获得了 45 ℃培养下产酒率 7.4% 的菌株,该项育种技术的应用具有非常重要的理论价值和实际意义。用啤酒酵母和糖化酵母进行原生质体融合,筛选出融合株,既有较高的发酵度和絮凝性,又能水解淀粉和糊精,适宜生产低糖啤酒。在我国酒类生产转型和果品产量逐年提高的良好机遇面前,利用原生质体融合技术构建新型高效果酒专用酵母将对我国果酒工业的发展起重大的推动作用。

(4)基因工程

基因工程是按人为设计把外源基因在菌体外与载体 DNA(质粒,噬菌体)嵌合后导入宿主细胞,使之形成能复制和表达外源基因的克隆体。利用基因工程手段,我们可以从生物体内提取出所欲表达的基因或人工合成目的 DNA 片段,借助适当的载体,导入酿酒酵母细胞中,使其遗传物质重新组合,表达目的基因,从而实现对酿酒酵母的改良。研究从 S. cerevisae 和 S. uval'um 品系中克隆编码乙醇乙酰转移酶的基因,转至酵母细胞中,结果乙醇乙酰转移酶表现出高活性,提高了啤酒中乙酸戊乙酯和乙酸乙酯等生香物质的生成,强化了啤酒的香味。从理论上讲,可以利用基因工程技术提高酿酒酵母对各种环境因素的耐受性,进而显著提高发酵水平。例如,构建耐乙醇和耐高温的果酒酵母,将会减少损耗,大大降低生产成本,有着非常大的实际意义。可惜的是,因种种技术原因,目前经生物工程改造的酵母菌株在实际生产上尚不多见。

(5)其他选育技术

近代应用物理学的飞速发展,极大地促进了物理学实验技术在生物学研究中的应用,也为工业微生物遗传育种工作开辟了一条新路。这些技术集中体现在微生物的激光诱变、高压静电效应和离子束注入技术等方面。

①激光诱变:激光照射酵母菌,可以通过产生光、电、热、压力和电磁效应的综合作用,直接或间接地影响酵母菌,引起细胞 DNA 或 RNA 的改变,导致酶的激活或纯化,进而引起细胞分裂和细胞代谢活动的改变。而激光与其他诱变剂的复合处理,也具有潜在的诱变效果。到目前为止,国内外关于激光诱变微生物已做了大量的研究工作。研究利用激光诱变选育双乙酰值低的啤酒酵母,得到一株优良菌株。用该菌株酿造的啤酒双乙酰值为 0.125 3 mg/L,改善了啤酒的发酵风味。研究表明 He-Ne 激光对酵母菌的诱变作用,并筛选出 2 株优良变异菌种。与其他诱变方式相比,激光诱变具有操作简单、安全、变异率高、辐射损伤轻等优点。

②高压静电效应:近些年来,静电生物效应的研究十分活跃,尤其在微生物领域得到越来越广泛的应用。高压静电场对生物有机体细胞的作用主要有:引起细胞 DNA 和染色体畸变、酶的激活或钝化、细胞分裂和代谢等。研究发现经高压静电场处理的酿酒酵母变异菌株的乙醇脱氢酶同工酶的酶谱发生了不同程度的变化,证实了高压静电场对酿酒酵母的诱变作用。这为高压静电场应用于酿酒酵母菌的诱变育种展现了新的前景。

③离子束注入:离子束注入是 20 世纪 80 年代兴起的材料表面处理技术,它具有能量沉积、动量沉淀、电荷中和与交换的联合作用,通过离子束的注入对生物体产生明显的诱变作用,是我国具有自主知识产权的定向遗传育种新方法。研究以 8×10 ion/cm^2 注入剂量对野生型苹果酒酵母进行诱变处理,得到产酒率提高 22.4% 的优良突变酵母菌株。与传统的辐射法及化学诱变剂相比,离子束诱变育种法具有损伤轻、突变率高、突变谱宽、遗传稳定、易于获得理想菌株等特点。离子束注入除了与一般辐射一样引起 DNA 链断裂外,还由于质量、能量、电荷的三因子协同引起大量受体原子移位、重组,形成新的分子结构和新的基因,产生丰富的基因突变,对菌种的选育是较理想的方法。

任务5.2　果酒的品评

[任务要求]

1. 了解白葡萄酒酿造的原料选择及处理要求。
2. 掌握白葡萄酒酿造的工艺流程及操作要点。

[技能训练]

5.2.1　材料、器具准备

各类果酒、品酒杯、理化检测仪器及药品等。

5.2.2　果酒品评方法

好的果酒,酒液应该是清亮、透明、没有沉淀物和悬浮物,给人一种清澈感。果酒的色泽要具有果汁本身特有的色素。例如,红葡萄酒要以深红、琥珀色或红宝石色为好;白葡萄酒应该是无色或微黄色;苹果酒应该为黄中带绿;梨酒以金黄色为佳。各种果酒应该有各自独特的色香味。例如,红葡萄酒一般具有浓郁醇和而优雅的香气;白葡萄酒有果实的清香,给人以新鲜、柔和之感;苹果酒则有苹果香气和陈酒酯香。

品酒的场所最好选在采光良好,空气清新,气温凉爽的房间。有色的玻璃窗或带色彩的灯光,都会影响眼睛对酒色的判断,都不太理想,室温以 18～20 ℃为佳,红葡萄酒饮用温度:淡雅的红酒约为 12 ℃,酒精稍高的为 14～16 ℃,口感丰厚的约为 18 ℃,但最高不应超过 20 ℃,因为温度太高会让酒快速氧化而挥发,使酒精味太浓,气味变浊;而太冰又会使酒香味冻凝而不易散发,易出现酸味。室内应避免有任何味道,香水味、香烟味、花香味或厨房传出来的味道,都应该避免。另外,还需要具备白色的背景,最好采用白色的桌巾和餐巾,以便衬在酒杯的后面,观察酒色。

理想的品酒时间是在饭前,品酒之前最好避免先喝烈酒、咖啡、吃巧克力、抽烟或嚼槟榔,专业性的品酒活动,大多数选在人的味觉最灵敏的时间(早上 10 点至 12 点之间)举办,以期取得最佳的品酒结果。

5.2.3　果酒的鉴别标准

1)果酒外观鉴别

应具有原果实的真实色泽,酒液清亮透明,具有光泽,无悬浮物、沉淀物和混浊现象。

2)果酒香气鉴别

果酒一般应具有原果实特有的香气,陈酒还应具有浓郁的酒香,而且一般都是果香与酒香混为一体。酒香越丰富,酒的品质越好。

3)果酒滋味鉴别

果酒应酸甜适口,醇厚纯净而无异味,甜型酒要甜而不腻,干型酒要干而不涩,不得有突出的酒精气味。

4)果酒理化检验及质量标准

(1)酒精度

酒精能防止微生物(杂菌)对酒的破坏,对保证酒的质量有一定的作用。因此,果酒的酒精度大多在 12 度～24 度。

(2)酸度

果酒中的酸有原料带来的,如葡萄中的酒石酸、苹果中的苹果酸、杨梅中的柠檬酸等;也有发酵过程中产生的,如醋酸、丁酸、乳酸、琥珀酸等。酒中含酸量如果适当,酒的滋味就醇厚、协调、适口。反之,则差。同时,酸对防止杂菌的繁殖也有一定的作用。生产中用于表示果酒含酸量的指标有总酸和挥发酸。总酸,即成酸性反应的物质总含量,与果酒的风味有很大关系(果酒一般总酸量为 0.5~0.8 g/100 mL)。挥发酸,是指随着水蒸气蒸发的一些酸类,实践中以醋酸计算(果酒中的挥发酸不得高于 0.15 g/100 mL)。

（3）糖分

由于果酒品种的不同以及各地人民的爱好各异,对酒液中的糖分要求极为悬殊,我国一般要求糖分为 9%~18%。

（4）单宁

果酒中如缺乏单宁,酒味就会平淡;含量过高又会使酒味发涩。一般要求是,浅色酒中单宁含量为 0.1~0.4 g/L,深色酒中单宁含量为 1~3 g/L。

（5）色素

果酒具有各自不同的色泽,是由于果皮含有不同色素形成的。酒中色素随着储酒时间的延长,因氧化而变暗或发生沉淀。这是陈酒不及新酒色泽新鲜的缘故。

（6）浸出物

果酒在 100 ℃下加热蒸发后所得到的残留物。主要有甘油、不挥发酸、蛋白质、色素、酯类、矿物质等。我国一般红葡萄酒的浸出物为 2.7~3 g/100 mL,白葡萄酒的浸出物为 1.5~2 g/100 mL。浸出物过低,会使酒味平淡。

（7）总二氧化硫和游离二氧化硫

一般规定是:酒液中的总二氧化硫含量不得超过 250 mL/L;游离二氧化硫不得超过 20 mL/L。

（8）重金属

一般规定是:铁不得高于 8 mL/L;铜不得高于 1 mL/L;铝不得高于 0.4 mL/L。

[理论链接]

5.2.4 果酒香气成分分析

苹果酒香气主要由酯类、高级醇类、低级脂肪酸类、醛酮类、萜烯类等构成。香气是评价苹果酒品质的一个重要指标,也是苹果酒典型风味的重要组成部分,还是决定苹果酒类型的主要依据之一。国内外研究者们采用不同的定性或定量的方法已经鉴定出许多种对决定苹果酒风味有贡献的物质。苹果酒香气形成的原因十分复杂,它除了原料本身的香气,发酵过程中产生的香气和陈酿过程中形成的香气外,还受生产过程中外来香气、发酵和陈酿过程中容器香气等影响。国外研究者自从 20 世纪 40 年代就开始对苹果酒的香气进行研究,随着分析仪器和分析技术的不断提高,在剖析苹果酒香气物质组成方面取得了很大的进展,但是由于构成苹果酒香气的物质种类极多,且含量微少,对于各种香气物质对苹果酒总体香气质量的影响,还亟待进一步加强研究。目前,对苹果酒香气的评价主要是采用感官评价法来进行的,由于感官评价法受到评酒人员的主观、环境等因素的影响,其客观性受到一定程度的限制。由于香气成分是决定苹果酒质量的主要因素,所以研究与分析苹果酒香气质量的客观评价方法和体系极为重要,对于丰富和完善苹果酒的质量评价体系具有重要的意义。主成分分析法是将原来指标重新组成一组新的互相无关的几个综合指标来代替原来利用几个较少的综合指标反映原来指标的一种统计方法,已广泛应用在许多领域。鉴于此,研究利用主成分分析法来建立苹果酒香气质量的评价模型,通过对酒样香气组分进行客观的统计分析,以期找到一种比传统感官评价法较为客观的评价方法。

固相微萃取(Solid-Phase Micro-Extraction,SPME)技术萃取桃果酒中挥发性化合物,气相色谱-质谱连用(GC-MS)分析其挥发性成分,分析 5 种桃果酒中醇、酯、酸、羰基化合物、挥发性酚类以及萜烯类化合物的组成与含量,研究不同酵母对桃果酒香气的影响,筛选适合桃果酒酿造的酵母。气相色谱-质谱联用法分析苹果酒香气成分的研究采用溶液萃取法提取并浓缩苹果酒中的香气成分,然后利用气相色谱-质谱联用法(GC-MS)对苹果酒香气成分进行鉴定分析。苹果酒香气成分中含有较多的 2-甲基-1-丁醇和丁二酸单乙酯。国外研究者采用定性的办法已鉴定出许多种对决定苹果酒风味有作用的物质,其中大多数是高级醇和酯类,另外还有一些羰基化合物、低级脂肪酸、缩醛、内酯和萜烯等。在苹果酒香气成分中,2-苯乙醇及其酯类和低级脂肪酸是构成苹果酒风味的基本成分,高级醇是构成苹果酒风味的重要组分之一。香气的基本成分为挥发性物质中的 4 大酯类(乙酸乙酯、乙酸异戊酯、己酸乙酯和辛酸乙酯)和两个醇类(异丁醇、异戊醇),其他的挥发性组分只是对上述物质所构成的基本香气成分的补充、改善和修饰。在苹果酒香气物质研究方面,国外主要研究了酿造原料、酵母和发酵条件对苹果酒香气形成的影响,以及苹果酸-乳酸发酵过程中的产香情况。我国 2003 年报道了利用顶空固相微萃取法测定苹果酒中的香味物质。利用气相色谱-质谱联用法(GC-MS)分析鉴定了苹果酒的香气成分,揭示苹果酒香气的主要特征组成成分及其相互间的关系,以期为我国苹果酒品质评价体系的构建和苹果酒产业的发展提供可靠的理论依据。

目前,果酒的品种逐渐增多,对各种果酒的探究引起了不少研究者的兴趣,如菠萝酒的工艺研究、猕猴桃酒的工艺研究、新疆哈密红枣酒的工艺研究、西瓜酒的工艺研究等,而草莓则主要以生食和加工果汁、果浆为主,国内很少将其酿造成果酒,目前对草莓果酒酿造工艺参数的研究甚少。从香气分析结果可知,草莓果酒基本香气的形成过程中,异戊醇、乙酸异戊酯、己酸乙酯、辛酸乙酯、癸酸乙酯具有重要的作用。相关资料表明:发酵酒香气的主体香气物质为四大酯类(乙酸戊酯、己酸乙酯、辛酸乙酯与乙酸乙酯)与两大醇类(异戊醇与异丁醇),其他挥发性化合物只是对主体香气物质起修饰和补充作用。研究结果表明草莓果酒的香气成分异戊醇、乙酸异戊酯、己酸乙酯及辛酸乙酯均被检出。使用响应面法对草莓果酒发酵条件进行优化,确定草莓果酒最佳的发酵工艺条件,并通过 GC-MS 分析鉴定了草莓果酒中香气成分的种类和相对含量,为工业化生产草莓果酒、改善草莓果酒的风味,提高草莓果酒的品质提供理论依据。

任务5.3　各类果酒的生产技术

[任务要求]

1. 了解苹果酒的发展历史及分类。

2. 掌握各类果酒酿造的工艺流程及操作要点。

[技能训练]

5.3.1 苹果酒的生产

1)苹果酒酿造工艺流程

$$SO_2 \qquad\qquad 糖、酸 \quad 果酒酵母$$
$$\downarrow \qquad\qquad\quad \downarrow \qquad\quad \downarrow$$

苹果→分选→清洗→破碎→压榨取汁→果汁→调整成分→低温发酵→倒酒→陈酿→澄清→过滤→苹果原酒→调配→灌装→杀菌→成品

$$\uparrow$$
$$糖、酸、酒度$$

2)工艺操作要点

(1)苹果原料的选择及处理

应选用成熟度高的脆性苹果,要求无病虫、霉烂、生青,然后用饮用水清洗并沥干水分。

破碎取汁:先将苹果放在2%的高锰酸钾溶液中浸泡2 min,然后取出清洗干净后去皮,破碎时添加6%~8%亚硫酸钠,注意添加的均匀性。澄清分离:刚榨出的果汁很混浊,需及时添加果胶酶和SO_2充分混合均匀后,静置24~48 h,在未产生发酵现象之前进行分离。由于产生的沉淀物较多且结构疏松,宜选用吸管逐步下移的虹吸法取清汁。添加果胶酶:在新鲜榨出的苹果汁中加入40~60 mg/L的果胶酶,在30 ℃处理8 h,再压榨取汁,所得浑浊果汁再次用50 mg/L的果胶酶在30 ℃处理4 h即得澄清汁。调整糖度和酸度:果实的含糖量越高越好,一般含糖量为5%~23%,发酵前要对果汁进行调整。含糖量不足部分加糖补充,以1.7 g糖生成1%的酒精计。有机酸能促进酵母繁殖与抑制腐败菌的生长,增加果酒香气,赋予果酒鲜艳的色泽。但过量不但会影响发酵的正常进行,而且使酒质变劣。发酵前应适当调整酸度,一般为每100 mL含0.8~1.0 g。

(2)酵母的扩大培养

一级培养:取新鲜苹果汁液,分装在两只经过杀菌的试管中,每只装量10~20 mL,加绵塞。在0.06~0.10 MPa压力下杀菌30 min,冷却至常温,接入纯酵母菌1~2接种针,摇动分散,在25~28 ℃下培养24~48 h,使发酵旺盛。

二级培养:用杀过菌的三角瓶(1 000 mL),装鲜果汁500 mL,如上法杀菌,接入培养旺盛的试管酵母液两支,在25~28 ℃下培养24~28 h,待发酵旺盛期过后使用。

三级培养:使用经过杀菌的卡氏罐或1万~2万 mL大玻璃瓶,盛鲜果汁占容量的70%,杀菌方法同前。或采用1 L果汁中加入150 mL二氧化硫杀菌,放置一天后再接种酵母菌,即接入二级培养的菌种,接种量为培养液的2%~5%,在25~28 ℃培养24~48 h,发酵旺盛可供再扩大用,或移入发酵缸、发酵池进行发酵。

(3)发酵的管理

①初发酵期:为酒精发酵阶段,持续时间24~48 h。这段时间温度控制在25~30 ℃,并

注意通气,促进酵母菌的繁殖。

②主发酵期:为酒精发酵阶段,持续 4～7 d。当酒精累计接近最高,品温逐渐接近室温,二氧化碳气泡减少,液汁开始清晰,即为主发酵结束。

③出池压榨:主发酵结束后,果酒呈澄清状态,先打开发酵池的出酒管,让酒自行流出,称为淋酒。剩余的渣滓可用压榨机压榨,称为压榨酒。

④后发酵:适宜温度 20 ℃左右,时间约为一个月。主发酵完成后,原酒中还含有少量糖分,在转换容器时,应通风,酵母菌又重新活化,继续发酵,将剩余的糖转变为酒精。

(4)后处理

①澄清:苹果酒是一种胶体溶液,是以水为分散剂的复杂的分散体系,其主要成分是呈分子状态的水和酒精分子,而其余小部分为单宁、色素、有机酸、蛋白质、金属盐类、多糖、果胶质等,它们以胶体(粒子半径为 1～100 nm)形式存在,是不稳定的胶体溶液,其中会发生物理、化学和生化的变化,影响它的澄清透明。苹果酒加工过程中的下胶和澄清操作的目的就是除去一些酒中的引起苹果酒品质变化的因子,以保证苹果酒在以后的货架期内质量稳定,尤其是物理化学上的稳定性。

②灭菌:在苹果酒质量指标中,其沉淀是影响货架期的一个重要问题。其中生物性原因沉淀是发生沉淀的主要形式。针对生物沉淀,应加强生产过程控制,以杀死(抑制)制汁,发酵,陈酿,过滤,包装过程中的杂菌,严格无菌灌装条件,实现无菌灌装,保证最终产品质量,确保货架期内安全。巴氏灭菌是常用的灭菌方法,在巴氏灭菌的同时,容易引起果酒色泽、口味、营养物质的破坏,一般在中高档果酒生产中不予采用。

(5)灌装

苹果酒灌装、贴商标、包装成品可参照葡萄酒一章。

5.3.2 猕猴桃酒的生产

猕猴桃含多种维生素及脂肪、蛋白质、氨基酸和钙、磷、铁、镁、果胶等,其中维生素 C 含量很高,每 100 g 猕猴桃含维生素 C 62 mg。解热生津,利水通淋。适用于热病烦渴,黄疸、尿道结石、小便淋涩,以及维生素缺乏等。是目前很受欢迎的一种保健水果。《开宝本草》说猕猴桃可以"止暴渴,解烦热,下石淋。热壅反胃者,取汁和生姜汁服之"。但因本品性寒,故脾胃虚寒者应慎服用。

1)猕猴桃酒发酵工艺流程

果胶酶、SO₂ 白砂糖、SO₂ 酵母

猕猴桃→分选→破碎压榨→果汁→加热→静置→调整成分→前发酵→换桶→后发酵→陈酿→过滤→调配→澄清→过滤→装瓶杀菌→猕猴桃酒

调糖、调酸、调酒度

2）工艺操作要点

（1）原料

选用猕猴桃（可残次果）作原料。

（2）清洗

用清水漂洗去杂质。

（3）破碎

在破碎机内破碎成浆状，也可用木棒进行捣碎。

（4）前发酵

在果浆中加入5%的酵母糖液（含糖8.5%），搅拌混合，进行前发酵，温度控制在20～26 ℃，时间为5～6 d。

（5）榨酒

当发酵中果浆的残糖降至1%时，需进行压榨分离，浆汁液转入后发酵。

（6）后发酵

按发酵到酒度为12度计算，添加一定量的砂糖（也可在前发酵时，按所需的酒度换出所需的糖量，一次调毕），保持温度在15～20 ℃，经30～50 d后，进行分离。

（7）调整酒度

用90%以上酒精调整酒度达16度左右，然后储藏两年以上，即为成品。

5.3.3 石榴酒的生产

石榴乃九洲奇果，含有大量的氨基酸、维生素和多种微量元素。唐《史书》记载：女皇武则天曾下御旨，封石榴为"多籽丽人"，此后石榴就成为历代宫廷贡品，内有"百子团圆"之寓意。石榴酒是采用石榴为主要原料，经破碎、发酵、分离、陈酿调配而成的果酒。本酒采用独特发酵工艺精酿而成，石榴酒酒体纯正，色泽光亮透明，酸甜爽口，保留了石榴酸、甜、涩、鲜之天然风味，其风格独特，含有大量的氨基酸、多种维生素等，具有很高的营养价值，并有生津化食、健脾益胃、降压降脂、软化血管、保健美容及止泻之功效。

我国石榴的产地甚多，但佳品则出自新疆昆仑山一带，其中以和田皮雅曼石榴最负盛名。"皮雅曼"石榴酒，以"皮雅曼"石榴为原汁，添加野生玫瑰花瓣精致而成。石榴酒的研制与开发，大大提高了石榴原料的附加值，为石榴的深加工开拓了新的途径，具有良好的经济和社会效益。

1）原辅材料及主要设备

（1）原辅材料

石榴、果酒活性干酵母、果胶酶、二氧化硫、白砂糖、柠檬酸等。

（2）主要设备

高压灭菌锅、酸度计、显微镜、破碎机、发酵设备、过滤机、杀菌设备、罐装设备等。

2）生产工艺流程

$$SO_2 \qquad\qquad 酵母$$
$$\downarrow \qquad\qquad \downarrow$$

石榴→清洗、剥壳→漂洗→去皮、除隔膜→破碎榨汁→调整成分→前发酵→分离取酒→
后发酵→过滤→澄清→调配→灌装→巴氏杀菌→石榴成品酒
$$\downarrow$$
石榴白兰地（调配用）←蒸馏←酒渣

3）工艺操作要点

（1）原料预处理

收购的鲜果要求完全成熟，颜色鲜红、无霉烂，以保证成品的风味和色泽。采用手工剥壳、去膜，并尽可能使石榴籽粒与隔膜分离，然后将籽粒进行轻微破碎。为防止石榴果汁在发酵过程中受杂菌污染，需加入的二氧化硫，静置 12 h。二氧化硫具有选择性的杀菌效应，并能保护基质不被氧化。

（2）混合发酵

将石榴汁连同皮渣一同放入发酵容器中，再加入 0.2% 的果酒活性干酵母。活性干酵母在使用前要进行活化，其活化方法是：称取需要量的果酒活性干酵母，加入 100 mL 质量分数为 8% 的蔗糖溶液中，在 30 ℃ 条件下活化 30 min 即可。蔗糖溶液的温度不能过高，以不超过 35 ℃ 为宜。发酵温度不要超过 26 ℃，发酵过程中要定时进行发酵参数的检测，如发酵液温度、体积质量（用糖度比重计测得的比重）等。当发酵液体积质量（比重）下降到 1.02 g/mL 左右时，发酵基本停止，前发酵时间为 4~5 d。

（3）后发酵

前发酵结束后，分离出前发酵酒。由于石榴中含糖较低，前发酵结束后应先测定生酒的酒精度，再按 18 g/L 糖可生成 1%（酒度）酒精来计算需补加的白砂糖量，使成品的酒精度最终达到体积分数为 12%（酒度）。后发酵需要在较低的温度下进行，将发酵容器置恒温培养箱中，控制温度为 18~20 ℃。由于后发酵的温度较低，因此持续时间相对较长，需 20~25 d。在发酵结束后，及时分离酒脚。酒液在低温储存 3 个月即可达到成熟。

（4）后处理

后发酵结束后，要进行过滤，以除去酒中的沉淀和杂质，保证成品酒的质量。可采用小型硅藻土过滤机过滤，也可在果酒中加入硅藻土后进行真空抽滤。过滤后的果酒要求外观澄清透明，无悬浮物质，无沉淀。澄清的酒液尚需调配，达到一定的质量指标后，进行灌装、压盖，然后采用水浴加热杀菌。杀菌方法为：将酒瓶置于水浴中，缓慢升温至 78 ℃，并保持 25 min，然后分段迅速冷却至室温，即为成品。

4）加工中应注意的问题

①石榴籽粒破碎时，要防止将内核压破，否则，内核中的苦味物质进入石榴醪中，会影响酒的风味和品质。籽粒破碎后可加入一定量的果胶酶，以提高出酒率。果胶酶的添加量通常为 0.5%~0.6%。

②混合发酵采用开放式的发酵方法，要特别注意控制温度，若醪液升温过高，要及时搅拌降温，使品温不超过 26 ℃。同时还要加强发酵管理，定期将漂浮到液面上的皮渣压入酒液中去，俗称"压帽"，其目的是防止皮渣外露时间太长，造成醋酸菌的生长繁殖，使酒的风味变差。

另外,混合发酵的时间不能过长,否则,籽核中的单宁物质溶出,会导致酒的苦涩味加重。因为在混合发酵同时,物质的浸提过程还在进行着。在浸提石榴芳香物质和色素的同时,一些具有邪杂味的物质也可能被带出来。

③包装前的调配。可根据拟定的标准进行:用白砂糖和柠檬酸调整糖度和酸度;若酒度不够,可使用经果渣蒸馏而获得的白兰地进行调配,白兰地还可赋予石榴酒以独特的风格和典型性。通过糖、酸和酒精度的调整,就可以使其主要化学成分达到质量指标的要求。为了加速酒的成熟,保证酒的质量,在后发酵完成后,还可进行冷冻处理,以提高酒的非生物稳定性。冷冻处理的方法是:将发酵好的石榴酒放入 6 ~ 7 ℃的冰箱中,待蛋白质、胶体等冷沉淀物质充分沉降后,再进行过滤处理。

5)产品的质量标准

①感官指标外观呈桃红色,澄清透明,无悬浮物,无沉淀,具有浓郁的石榴果香和发酵酒香,口味柔和协调,酒体丰满,酸甜适口,风格独特。感观鉴定首先看颜色清透无失光,无沉淀现象。再闻略有果香,干红很少。石榴酒四大天然风味:酸、甜、涩、鲜。

②理化指标酒度 12%(度);糖度(以葡萄糖计)10%,可溶性浸出物 16%,酸度(异柠檬酸计)0.5%。

③卫生指标符合 GB 2758—81 规定要求。

④成分的调整石榴汁用果胶酶澄清处理后,根据需要调整其糖度及酸度。将石榴汁糖度调至 18%。添加蔗糖的时间在发酵刚刚开始时,且一次加完。酸度用柠檬酸或碳酸钙调至最适 pH 值,一般果酒酵母生长繁殖的最适 pH 值为 3.1 ~ 3.8。

⑤接种发酵:在澄清调配好的石榴汁中加入 0.04% 的活性果酒干酵母。活性干酵母在加入前用 35 ℃ 5% 的蔗糖溶液活化,主发酵温度为 26 ~ 28 ℃,发酵时间为 4 ~ 5 d,发酵过程进行 3 次倒罐。当糖分下降,相对密度达到 1.020 左右时转入后发酵。后发酵温度为 18 ~ 22 ℃,发酵时间为 10 ~ 15 d,使残糖在 4 g/L 以下。发酵结束后及时分离酒脚,再低温储存 3 ~ 6 个月后即可达到成熟。

⑥分离倒桶进入后发酵,品温控制在 16 ~ 18 ℃,后发酵时间以 28 d 为最佳,然后采用添加 1‰的烘焙了的橡木颗粒或橡木桶进行陈酿,品温为(16 ± 1)℃,补加 30 ~ 50 mg/L 的 SO_2,陈酿时间至少 6 个月。

⑦陈酿后添加适量的明胶和单宁进行下胶处理,添加后静置 4 ~ 6 d,然后用倾泻法出酒并过滤,若明胶添加过量,可添加 0.5‰ ~ 1.0‰的皂土,静置至少 6 ~ 7 d,用倾泻法出酒并过滤,尽量避免沉淀物的浮动。

⑧冷冻处理、调配及灭菌灌装,温度控制在 -4 ~ -5 ℃,冷冻前添加 100 ~ 200 ppm 的偏酒石酸,使石榴酒在冷冻过程中将 Ca^{2+}、Mg^{2+} 浓度降至 30 ppm 以下,冷冻 7 d 后用 0.8 μm 膜过滤,然后进行调配,调配的原料为上等的白砂糖、柠檬酸、碳酸钙以及石榴果肉渣用 30 度低度白酒浸泡后的原酒作为调配酒,调配好的酒用 0.4 μm 膜过滤,超高温瞬时灭菌,最后装瓶入库。

5.3.4　山楂酒的生产

山楂又名山里红,蔷薇科山楂属。核果类水果,核质硬,果肉薄,味微酸涩。落叶乔木,高达 6 m,树皮粗糙,暗灰色或灰褐色;刺长 1~2 cm,有时无刺;小枝圆柱形,当年生枝紫褐色,无毛或近于无毛,疏生皮孔,老枝灰褐色;冬芽三角卵形,先端圆钝,无毛,紫色。叶片宽卵形或三角状卵形,稀菱状卵形,长 5~10 cm,宽 4~7.5 cm。在黑龙江、吉林、辽宁、内蒙古、河北等地,果可生吃或作果脯果糕;干制后入药,有健胃、消积化滞、舒气散瘀之效。

　　山楂酒是以山楂为主要原料,用浸泡原酒和发酵原酒配制而成的一种低度果酒。据洪昭光《食物是最好的医药》介绍:山楂有很多的营养和医疗价值,常吃山楂制品能开胃消食,预防动脉粥样硬化,使人延年益寿,故山楂被人们视为"长寿食品"。山楂酒沁润细腻、幽雅浓郁、晶莹剔透、保留天然果香,略有微涩,是优质的饮料酒。明代著名医学家李时珍说:"红果,酸、甘、微温"。它可醒脾气,消肉食,破瘀血,散结,消胀,解酒,化痰,除疳积,止泻痢。故该酒有清痰利气、消食化滞、降压活血、健胃益脾之功效。

1)山楂酒发酵工艺流程

山楂→分选→洗涤→破碎→浸泡→加 SO_2→加果胶酶→前发酵→分离→后发酵→倒酒→补加 SO_2→储藏→下胶澄清→过滤→冷冻→灌装杀菌→成品山楂酒。

2)工艺操作要点

(1)山楂原料

山楂果实富含有机酸和糖,但水分少。宜选成熟度好、新鲜、无病害、不烂的果实。

(2)清洗、破碎

将山楂果用水洗干净,然后破碎。一般压破裂成数瓣即可。

(3)成分调整

用水把糖化成 15~18°Bx 的糖水,再按果与糖 1:3 左右的比例,加在一块加热、浸泡。

(4)主发酵

加入果胶酶处理,使胶分解,果汁黏度下降。加入耐酸葡萄酒酵母,发酵温度控制在 25~28 ℃,发酵时间约 1 周。残糖降到 5 g/L 以下,发酵液中无气泡产生时,发酵结束。

(5)压榨

发酵结束后,将浆作压榨处理,使发酵果汁与果渣分离。

(6)后发酵

压榨后,发酵果汁尚有少量糖分,且与果渣分离操作时带入氧,使酵母恢复活力,可把残糖继续发酵。后发酵过程中,发生缓慢的氧化还原作用,并促使醇酸酯化,这对改善酒的口味有很大的作用。后发酵的管理工作主要是定期测定糖度、酒精度及温度。正常后发酵,糖浓度是不断下降的。

(7)陈酿

糖浓度降到 2 g/L 以下时,后发酵即结束。后发酵结束后进行第一次换桶。换桶后进入陈酿期。添桶与换桶都是陈酿过程中的必要操作过程。添桶是为了避免菌膜及醋酸菌生长,必须随时使储酒桶中的酒装满,不让酒液表面与空气接触。换桶即从一个容器换入另一容器。换桶是为了分离酒脚,使澄清的酒和沉淀物分离。酒在储存过程中发生一系列的变化,可以保持果香味和酒体醇厚。

(8)澄清

澄清方法有下胶净化、离心澄清、过滤等。澄清即保持酒的澄清透明。如下胶澄清,可用白明胶与鞣酸。鞣酸与明胶的加入量可通过小型试验确定。使用这类澄清剂时,一定先加鞣酸,后加明胶。

5.3.5　荔枝酒的生产

荔枝贵为"果中之王",含有丰富的糖分、蛋白质、多种维生素、脂肪、柠檬酸、果胶以及磷、铁等,是有益人体健康的水果。荔枝味道鲜美甘甜,口感软韧。但若离本枝,一日而色变,二日而香变,三日而味变,四五日外,色香味尽去矣。在古药典籍中有记载:荔枝有生津止渴、理气益血之功效。"日啖荔枝三百颗,不辞长作岭南人"也是古人用来称赞荔枝的。

荔枝酒作为一个全新概念的健康果酒,在众多果酒中较为突出,并在众多果酒中获得多个来之不易的奖项,满足了人们对健康,独特饮酒口感的需要。1963 年荣获全国第二届评酒会银质奖(漳州酒厂),1984 年荣获全国轻工业部酒类优质奖(漳州酒厂)。

1)荔枝酒生产工艺流程

荔枝→分选→洗涤→破碎→浸泡→加 SO_2→加果胶酶→前发酵→分离→后发酵→倒酒→补加 SO_2→储藏→下胶澄清→过滤→冷冻→灌装杀菌→成品荔枝酒。

2)操作要点

①以"妃子笑"荔枝果为佳,选择上好荔枝鲜果。

②通过全自动生产线进行处理,首先要清洗,其次要沥干,再剥皮、去核、榨汁,再放入发酵罐内超低温发酵,全过程严格控制在 30 min 以内。

③荔枝酒从清洗到发酵全过程还要经过三道工艺和几十道严格的工序。

④在发酵过程中还添加了适量的硫磺酸、山楂黄酮、水解胶原,这样增加了荔枝酒的保健功效。

⑤采用果糖高能转化技术,提高酵母发酵产生酒精的效能,并经过三重过滤杀菌技术,使产品既达到了卫生标准,又防止了香气流失。

⑥发酵周期最少 12 个月,发酵周期完成后方可入瓶包装上市。

5.3.6　蓝莓酒的生产

蓝莓果实中除了常规的糖、酸和维生素 C 外,富含维生素 E、维生素 A、维生素 B、SOD、熊果苷、蛋白质、花青苷、食用纤维以及丰富的 K,Fe,Zn,Ca 等矿物质元素。据对从美国引进的 14 个品种的蓝莓果实分析测定,每百克蓝莓鲜果中花青苷色素含量高达 163 mg,蛋白质 400~700 mg、脂肪 500~600 mg、碳水化合物 12.3~15.3 mg,维生素 A 高达 81~100 国际单位、维生素 E 为 2.7~9.5 μg、SOD 5.39 国际单位,维生素都高于其他水果。微量元素也很高,每克鲜果中钙为 220~920 μg,磷为 98~274 μg,镁为 114~249 μg,锌为 2.1~4.3 μg,铁为7.6~30.0 μg,锗为 0.8~1.2 μg,铜为 2.0~3.2 μg。

1)蓝莓酒的生产工艺流程

蓝莓→分选→洗涤→破碎→浸泡→加 SO_2→加果胶酶→前发酵→分离→后发酵→倒酒→补加 SO_2→储藏→下胶澄清→过滤→冷冻→灌装杀菌→成品蓝莓酒。

2)工艺操作要点

(1)原料选择

蓝莓酒一般采用我国大小兴安岭天然野生的蓝莓浆果。选择充分成熟、色泽鲜艳、无病和无霉烂的野生蓝莓果实为原料,去掉杂质并冲洗干净。

(2)破碎

用破碎机将洗净的蓝莓破碎,并将果梗和萼片从果浆中分离出去。把果浆倒入发酵桶,每100 kg加入6%的亚硫酸100 g,以杀灭果实表面的微生物和空气中的杂菌。

(3)调糖

按生成1度酒精需要1.7 g糖的比例进行调糖,这样才能酿成10度(体积%)以上的蓝莓果酒,因此,要先测定果浆的含糖量,不足时要加入砂糖,使每100 g果浆含糖20~25 g,酵母菌活动最适宜环境为每升果浆含果酸8~12 g,果酸不足可加柠檬酸。

(4)发酵

把调好的果浆装入容器内,温度保持在25~28 ℃,1~2 d即开始发酵。经过3~5 d,当残糖降至1%时,发酵结束,除去果渣,将酒液移入另一容器内。

(5)储藏

置于12 ℃的环境中储存,通过汽化的酶化使果酒成熟,成熟期约需一年,中间需倒酒。

(6)澄清

澄清剂可用0.04%的碳酸钙。先将琼脂浸3~5 h后加热融化,至60~70 ℃时倒入酒中,搅匀后采用过滤机过滤即可。

(7)调酸

调酸主要是调糖、酸和酒度。一般甜酒含糖量应达12%~16%,含酸0.5%,酒精12~14%,不足时可加入砂糖、柠檬酸。

(8)灌装杀菌、装瓶

蓝莓酒经过灌装杀菌后装瓶,即可成为成品。

5.3.7 黑加仑酒的生产

黑加仑又名黑醋栗、黑豆果,学名黑穗醋栗为虎耳草目,茶藨子科小型灌木,其成熟果实为黑色小浆果,可以食用,也可以加工成果汁、果酱等食品。黑加仑含有非常丰富的维生素C、镁、钾、钙、花青素、酚类物质。黑加仑是世界三大奇果之一,适应在山区逆温带生长,果实呈紫红色,含丰富的维生素和微量元素,氨基酸和蛋白质,尤其是维生素C的含量居我国现有野生浆果之首,被誉为"维C果王"。

黑加仑酒,系选用东北地区的特产,优质黑豆为原料,采用发酵、浸泡、陈酿,调配而成的一种风格独特的野生果酒。黑加仑酒呈深宝石红色,澄清透明,有明显的黑豆果香,果香和酒香协调,酒味纯净,酸甜适口,后味绵长,具有独特风格。

1)发酵工艺流程

黑加仑→分选→洗涤→破碎→浸泡→加SO_2→加果胶酶→前发酵→分离→后发酵→倒酒→补加SO_2→储藏→下胶澄清→过滤→冷冻→灌装杀菌→成品黑加仑酒。

2)工艺操作要点

①原料要严格分选,清除夹杂物,腐烂果,青粒果等,然后进行破碎。要求果实破碎度在98%以上。

②每100 L果浆,加入亚硫酸(按果浆量含0.01%二氧化硫计算加入),白砂糖(按果实本身糖量和初发酵要求酒度计算加糖量),以及脱臭酒精(按果浆体积含4%计算)。然后,充分搅拌,进入发酵阶段。

③一次汁初发酵时,加入人工培养酵母10%进行发酵,发酵过程中,每天打耙式倒汁1～2次,每次30 min,发酵品温25～28 ℃,最高不超过30 ℃,发酵时间为3～4 d,当发酵酒度达8%～10%时,残糖4%～5%时,进行第一次发酵分离。

④将分离出来的一次汁,按最终生成15度酒计算补糖量,要求用汁化糖。随加糖随搅拌。中发酵温度控制在24～26 ℃,发酵时间为4～7 d,当酒度达到14度左右,残糖在1%时,用酒泵输送到地下室专桶(池)进行后发酵。

⑤二次初发酵也就是二次原酒发酵。是一次发酵分离出的果渣,加入30%的水,补充糖(按二次汁初发酵要求的酒度计算)进行二次初发酵,发酵品温为25～28 ℃,发酵时间为36～48 h,当酒度达到6%～7%,残糖3%～4%,即可进行二次分离。

⑥二次汁中发酵:分离出的二次汁按最终要求12%酒度进行补糖,进行中发酵,其发酵时间、品温与一次汁中发酵相同。当酒度达到11%,残糖在1%以下,即可送入地下室进行后发酵陈酿。

⑦原酒储存期间要求陈酿3年,因为黑豆原酒含总酸较高,成熟比较慢,所以一般储存时间较长,4～5年为最佳储酒时间,酒香浓郁。

⑧脱臭酒精浸泡黑豆,原酒色泽深艳,果香浓,储存后备用。

⑨发酵原酒和浸泡原酒,按3:1的比例进行调配,成为果香怡悦的黑加仑子果酒。

3)质量标准

(1)感官指标

①色泽:深宝石红色。

②外观:澄清透明,无明显的悬浮物和无沉淀物。

③香气:果香和酒香怡悦,有明显的黑豆果香。

④滋味及风味:酒味纯净,酸甜适口,后味绵长,具有黑加仑子酒的典型风格。

(2)理化指标

酒度(20 ℃)(14±0.5)%(体积分数),糖度(22±0.5)g/100 mL,总酸(0.8～0.9)g/100 mL,挥发酸0.06 g/100 mL以下,单宁0.04 g/100 mL以下。

5.3.8　樱桃酒的生产

樱桃属于蔷薇科落叶乔木果树,是上市较早的一种乔木果实,素有"北方春果第一枝"的美名。樱桃营养丰富,调中益气,健脾和胃,祛风湿。大樱桃一般需要7.2 ℃以下低温900～1 400 h方可完成冬季休眠,适宜在我国北方大面积栽培。烟台优越的地理环境和良好的气候条件非常适合大樱桃的生长,是我国最主要的大樱桃产区。2007年,烟台大樱桃获准成为国家地理标志保护产品。目前用于酿酒的大樱桃品种主要有:红灯、大紫、拉宾斯、意大利早红。

樱桃酒是以鲜樱桃或樱桃汁为原料,经全部或部分发酵酿制而成的,酒精度不低于 7.0% VOL 的酒精饮品。樱桃酒通常都是甜型或半甜型。酿造方法的不同,造就了不同类型的樱桃酒,常见有普通发酵樱桃酒和樱桃白兰地两种。

樱桃酒体呈宝石红色,清亮透明,樱桃果香浓郁,口感甘甜醇厚,爽怡纯净,回味持久弥香。《本草纲目》有云:"樱桃甘、热、涩,祛风、除湿、透疹、解毒。"美容养颜《名医别录》记载:"樱桃性温、味甘酸,调中,益脾气,令人好颜色。"樱桃酒中含有丰富的铁元素,是合成人体血红蛋白、肌红蛋白的原料,在人体免疫、蛋白质合成及能量代谢等过程中,发挥重要作用。常饮樱桃酒可补充人体对铁元素量的需求,促进血红蛋白再生,让皮肤红润有光泽。

1)樱桃酒生产工艺流程

樱桃→分选→洗涤→破碎→浸泡→加 SO_2 →加果胶酶→前发酵→分离→后发酵→倒酒→补加 SO_2 →储藏→下胶澄清→过滤→冷冻→灌装杀菌→成品樱桃酒。

2)工艺操作要点

(1)樱桃的分选

将收获的樱桃进行分选,把成熟度不高、有腐坏和虫害的大樱桃筛选去除。确保用于酿酒的樱桃都是成熟的、新鲜的。

(2)去梗、清洗、杀菌

对挑选好的樱桃进行人工去梗,避免长梗的苦涩味影响酒的口感。人工去梗是目前采取的最好的去梗方法,既可以很好的去除长梗还可以保证果实的完整,避免果汁流失。将去梗后的樱桃果实放入加 SO_2 水中进行清洗,浸泡杀菌。

(3)破碎

把处理好的樱桃放入樱桃专用破碎机中进行破碎、加果胶酶,将醪液直接输送至发酵容器中。

(4)发酵

樱桃酒的发酵过程是皮汁混在一起进行的,酵母在樱桃破碎时接入汁中,发酵的温度在 15～25 ℃,酿酒全程温度不应超过 32 ℃。

(5)分离

发酵到一定程度之后,将皮渣和酒液进行分离,去除皮渣。

(6)陈酿

发酵好的樱桃酒,一般需要陈酿 12 个月,才会面向市场。

(7)过滤澄清

陈酿结束要灌装之前,需要对酒液进行过滤澄清,通过专业的设备对其进行物理过滤澄清。

(8)灌装

完整的灌装线可以为灌装过程提供真正的无菌环境,也可以提高灌装效率。

5.3.9 梨酒的生产

梨风味好,芳香清雅,营养丰富,品质上乘,具有消痰止咳的功效,备受国内外消费者的青睐。梨酒是以新鲜梨为原料酿造的一种饮料酒。梨酒中含有 18 种人体所需的氨基酸,其中 7

种是人体必须而又本身不能合成的。还含有钾、钠、钙、镁、铜、锌、铁、锰等矿物质和微量元素。

1)梨酒生产工艺流程

$$砂糖、SO_2\qquad 酵母\qquad 酒脚$$
$$\downarrow\qquad\qquad \downarrow\qquad \uparrow$$

梨→分选→清洗→破碎、压榨→主发酵→倒酒→后发酵→陈酿→调配→澄清过滤→
装瓶→杀菌→成品梨酒　　　　↓

果渣→加糖二次发酵→蒸馏→梨白兰地(调配用)

2)工艺操作要点

①原料:选用完好的梨可制作优质酒。利用残次果(剔除腐烂果)和梨罐头下脚料可酿造普通梨酒。

②清理:摘除果柄,拣去树叶和杂草等杂质。

③洗涤:在清水槽里洗净泥沙污物。

④破碎:用破碎机破碎,碎块直径以 0.15 ~ 0.2 cm 为宜,过小易成糊状,对榨汁不利,过大出汁率不高。若无破碎机,可在石臼中捣碎。

⑤压榨:无专用压榨机时,可用木棍或新白布袋代替,榨后的果渣经自然发酵后,加入 6.5% 的砻糠进行蒸馏,得到果烧酒,用于调整酒度和配制果酒。

⑥主发酵:每 100 kg 果汁加入 10 g 焦亚硫酸钾杀菌。也可用熏硫的方法,将二氧化硫通入缸中,同时将果汁泼入缸内,当果汁中含有 0.1% 的二氧化硫时,即可抑制杂菌活动。将果汁倒入釉缸,其数量为缸容量的 4/5,加入 5 ~ 10% 的酵母液,并充分搅拌,使酵母均匀地分布于发酵液中。发酵正常液温在 20 ℃ 左右,如温度较高,所得果酒香气较差。经过 2 ~ 3 星期发酵,尝一尝汁液,甜味变淡,酒味增加,则说明大部分糖已变为酒精,主发酵结束。

⑦倒酒:主发酵结束后,用虹吸管吸出澄清的新酒,转入经洗刷和杀菌处理后的另一发酵缸内进行后发酵。并加食用酒精将酒度调至 14 度,酒脚与果渣可用作蒸馏酒原料。

⑧后发酵:此次发酵时间为 25 ~ 30 d。后发酵期间,酒温应控制在 12 ~ 15 ℃,后发酵结束的新酒中要加入二氧化硫,使含硫量达 0.01%。若酒度过低,可加食用酒精,使酒度达 16 度以上。

⑨陈酿:优质梨酒陈酿需两年左右,普通酒也要一年之久。中间需倒缸几次,并过滤,除去浑浊物质。

⑩调配:加食用酒精、砂糖等,每 100 mL 普通梨酒含酒精 18 mL 左右,糖分 0.2 g 左右,总酸量 0.3 mL 左右。

⑪装瓶、杀菌:将酒装入经沸水消毒的玻璃罐,加盖时不得漏气,然后在 70 ~ 72 ℃ 的热水中加热杀菌。

3)质量标准

①感官指标:酒液澄清透明,有梨酒特有的色泽,有梨香及陈酒酯香,酸而不甜。

②理化指标:梨酒每 100 mL 含酒精 16 mL 以上,残糖量 0.2 g 以下,总酸量为 0.5 g 左右,挥发酸量为 0.07 g 以下,单宁 0.04 g 以下。

5.3.10 新型复合果汁果酒的生产

果酒的加工可以进一步延长水果加工的产业链,在果汁后面建立起发酵罐,生产高附加值的复合酒就是一条新的有效途径。复合果汁果酒在营养成分、香气及色泽上互补,以期为水果产业的发展开辟新的途径。复合果酒以其丰富的营养、较低的酒度、上乘的口感和良好的保健作用,将成为我国水果精深加工的一个新方向。

1)苹果山楂复合果酒的工艺研究

苹果性平,味甘酸甜,含有丰富的粗纤维、蛋白质、钾、钙、铁、锌、维生素、山梨醇等营养物质,具有生津润肺、除烦解暑、开胃醒酒、止泻、防治高血压的功效。以苹果和山楂为原料,对苹果山楂复合果酒的加工工艺进行了研究。结果表明:山楂最佳浸提条件为浸提温度75 ℃,浸提时间2 h,料水比1:5;苹果山楂复合果酒的最佳酿造工艺为:初始糖度24%,pH值4.0,发酵温度25 ℃,酵母菌用量0.015%。所得复合果酒色泽鲜艳,果香浓郁,酒体丰满,口味纯正,是一种值得开发的保健果酒。

研究结果表明,以新鲜苹果汁、山楂汁和葡萄汁为原料,按比例混合后进行复合果酒的酿造,并通过单因素水平试验和正交实验确定了复合果酒的最佳工艺参数。果汁的最佳配比为苹果汁:山楂汁:葡萄汁为7:2:1,酵母添加量为5.0 g/L,发酵温度为26 ℃。同时对复合果酒的稳定性进行了研究,确定以皂土作为澄清剂,用量为0.15%效果最佳。

2)香蕉和草莓复合果酒的酿造工艺研究

草莓含有丰富的糖、有机酸、游离氨基酸、多种维生素及微量元素等,尤其是富含铁、钾等;草莓果实不仅具有清胃消积、促进食欲等功效,还含有多种功能因子。香蕉含有丰富的营养素,膳食纤维也多,是相当好的营养食品。香蕉和草莓的混合果酒是单一口味果酒的升级产品,兼有香蕉和草莓两种水果的营养和口感,这种混合新型果酒很容易被消费者认知和接受,从而开创果酒市场的新局面。

以香蕉和草莓为原料,选用ZHK-I葡萄酒酵母作为发酵菌种进行发酵酿造香蕉和草莓复合果酒,对香蕉护色、原汁配比、发酵工艺及果酒澄清等工艺进行研究,确定最佳加工工艺参数。香蕉果肉的护色方法是热烫后按香蕉中质量的0.5%加入比例为2:1的柠檬酸和Vc混合打浆;香蕉汁、草莓汁混合体积比为1:1;酒精发酵的最优条件为发酵温度32 ℃、pH3.8、糖度18%、接种量8%;壳聚糖添加量为0.08%时,澄清效果较佳,透光率可达93.2%。在此工艺条件下得到的香蕉和草莓复合果汁的酒精度为(11.3±0.5)%,总糖(以葡萄糖计)≤4.5 g/L,可溶性固形物≥15.3 g/L,细菌总数<100 个/mL;大肠菌群、致病菌未检出。果酒澄清试验结果壳聚糖添加量对复合果汁透光率的影响。随着壳聚糖添加量的增大,果酒的透光率逐渐上升,当添加量达到0.06%时,透光率显著提高、达92.2%;当添加量为0.08%时,透光率达到最大值(93.2%);但随着添加量进一步加大,果酒的透光率的变化逐渐趋于平稳。因此,考虑原料成本的因素,壳聚糖的最佳添加量确定为0.08%。

3)梨姜复合果酒制作工艺的研究

梨是一种爽脆多汁、润肺清火的水果,含有丰富的氨基酸、维生素、矿物质等大量营养元素,具有润肺、消痰、止咳、保肝明目的药用价值。我国梨大多在每年的9—10月成熟,2011年总产量达841万t,季节过剩现象严重。在梨果酒中兑入姜汁,提高了其保健作用。姜是药食兼用的物质,能解表散寒、止呕、解毒,对伤寒杆菌、霍弧菌、肺炎等均有明显的抑制作用,还有很强的抗氧化作用,能消除人体自由基,抑制癌细胞的生长。果胶酶酶量对澄清效果的影响最显著。当1%果胶酶液用量为0.12%、酶作用pH值为3.5、作用时间为45 min、温度为42 ℃时,果汁的澄清效果最明显,透光率达90.0%。接种量、发酵温度和姜汁添加量对原酒品质均有不同程度的影响,其中发酵温度是最显著的影响因子。当接种量为0.12%,发酵温度为23 ℃,姜汁添加量为4%时,原酒的感官质量最好,发酵周期为7 d,酒度为9.5%。混合勾兑的最佳配方为:原酒70% ~75%,鲜姜汁0.5% ~1.5%,含糖85 ~100 g/L,此时成品酒的感官质量评分在90分以上;酒体澄清透明,色泽淡黄,具有梨子特有的香气、发酵酒香和姜香,持久而协调;味甜润而微有舒适辣感,风味独特,典型性突出;理化指标和细菌指标均符合国家标准的规定。

4)苹果菠萝复合果酒加工工艺的研究

苹果性平,味甘酸甜,含有丰富的蛋白质、粗纤维、钾、磷、钙、铁、锌、维生素等营养物质,具有生津、润肺,除烦解暑、开胃醒酒、防治高血压的功效。菠萝是热带、亚热带多年生草本水果,果实色泽鲜艳,风味芳香,含有丰富的葡萄糖、果糖、氨基酸、有机酸和维生素C等营养成分,是酿造果酒的良好原材料。研究以苹果、菠萝为原料,研制苹果菠萝复合果酒,使两者在营养成分、香气及色泽上互补,以期为苹果、菠萝产业的发展开辟新的途径。苹果菠萝复合果酒色泽呈金黄色光泽、澄清透明、无悬浮物,无沉淀;果香浓郁、协调舒畅、无异味;酒体丰满,醇厚协调、柔细轻快、回味绵长;典型完美、独具一格、优雅无缺。试验对苹果菠萝复合果酒通过单因素试验和正交试验确定其最佳发酵工艺为:V(苹果汁):V(菠萝汁)为3:2,初始糖度25%、pH值4.5、发酵温度24 ℃、接种量0.015%。苹果菠萝复合果酒具有独特的诱人风味和生物功能,是一种值得开发的营养型保健果酒。

5)柑橘梨汁复合酒的初步发酵工艺研究

柑橘作为世界水果之王,目前无论是面积,还是产量都雄踞各类水果之首。到2008年年底,全世界已有125个国家和地区生产柑橘。我国是世界柑橘的主要起源地、世界柑橘生产大国,种植面积和年产量分居世界第1位和第2位。柑橘类水果富含维生素C、蛋白质、有机酸等37种人体必需的元素,每100 g含有0.7 g蛋白质、0.6 g脂肪、238.26 J热量,是典型的高热量低脂肪的水果。其含有的生理活性物质皮苷,可降低血液的黏滞度,能较好地预防脑血管疾病。柑橘含有的香豆素是目前已被科学家充分肯定的抗癌物质。橘子肉含有类似胰岛素的成分,更是糖尿病患者的理想食品。柑橘主要用于鲜食,目前鲜果采后商品化处理率仅为5%,储藏保鲜、加工能力仅占产量的10%。因此,如何有效地开发和利用柑橘这一宝贵资源是柑橘深加工的重要课题。梨子是百果之宗,在果品中地位重要,有润肺、化痰、止咳、退热、降火、清心、解疮毒和酒毒的功效,常食可补充人体的营养。特点是多汁、不耐储运,易造成大量烂果,给果农带来损失,多途径利用梨就成为必要的发展方向。研制柑橘梨汁复合酒既能丰富饮料酒的市场,又能为柑橘、梨加工开辟一条新途径。果酒的加工可以进一步延长柑橘、梨加工的产业链,在果汁后面建立起发酵罐,生产高附加值的复合酒就是一条新的有效途径。柑橘梨汁复合酒以其丰富的营养、较低的酒度、上乘的口感和良好的保健作用,将成为我国柑橘梨汁精深加工的一个新方向。

以柑橘、梨为原料,采用单一果汁发酵后再混合的方式,研究柑橘梨复合果酒酿造工艺。

工艺流程如下：

柑橘→清洗→去皮→打浆→酶解→调糖调酸→灭菌→接种→前发酵⌉
　　　　　　　　　　　　　　　　　　　　　　　　　　├→混合→ 后发酵
梨→清洗→去皮→去核→压榨→酶解→调糖调酸→灭菌→接种→前发酵⌋

复合果酒成品←过滤←陈酿

研究表明，利用柑橘和梨鲜果发酵原酒混合酿造复合酒是可行的，获得的复合果酒色泽金黄、果香浓郁、口味协调、酒体厚实、酒精度最高可达 10.5%。梨汁初始 pH 值调为 5.25 有利于出酒，但在梨汁榨取过程中，一定要注意护色。起始糖度为 20% 的梨汁，初始 pH 值为 5.25 时与起始糖度 20% 的柑橘汁混合，获得的酒精浓度最高，柑橘汁起始糖度调至 20% 与不同 pH 值的梨汁发酵酒混合后发酵都可获得较高的酒精含量。过高糖分会影响酵母菌繁殖和代谢，延长发酵时间，增加生产成本。

[理论链接]

5.3.11　苹果酒概述

1) 苹果酒的发展

苹果酒（法语叫做 Cidre，从英语 Cider 音译也称为"西打酒"）是世界第二大果酒，产量仅次于葡萄酒，流行于欧、美、澳等国家，是国际饮料酒市场的一大热点。苹果酒是以苹果为主要原料，经破碎，压榨，低温发酵，陈酿调配而成的果酒。苹果酒是一种由纯果汁发酵制成的酒精饮料。除了苹果酒以外，也有梨酒、桃子酒或者其他水果制成的 Cider。苹果酒酒精含量低，一般为 2% ~ 8.5%。苹果内主要含果糖，鼻香清新为主并略带苹果气息，入口略带甜，伴随轻微果酸、果味或浓或淡。苹果是异花授粉植物，必须大片种植，产量大。

法国生产苹果酒到目前已有 800 多年的历史，产品主要有 Cidre，Pommudata-layout 和 Calvados。产区主要集中在诺曼底和布列塔尼地区，这些产品销往世界各地，并且享有一定的声誉。法国的苹果酒应用的新技术并非很多，一般都是延续着传统的工艺，但在选择原料、酿造技术上确有自己的独到之处，很值得我们借鉴。在法国用于酿酒的苹果品种有 800 多种，常见的有 500 多种，用于酿酒的品种不可鲜食。根据苹果的含酸量大体将苹果分为两类。酸度≥3 g/L(H₂SO₄) 为酸苹果，酸度 ≤3 g/L(H₂SO₄) 又按单宁含量不同分为甜苹果、甜苦苹果、苦苹果。制作苹果酒的酿酒师一般采用混合品种发酵，及少进行单品种发酵。苹果酒传统主要产于英国南部和法国东北诺曼底省和布列塔尼省不适宜种植葡萄的地方。英国是苹果酒人均消费量最大的国家。此外，德国、爱尔兰和其他西欧国家，以及澳大利亚、新西兰、加拿大、美国等国家都有出产苹果酒。

新中国成立以后，中国的酿酒技术有了长足的进步，果酒生产也有了很大的发展。苹果酒作为果酒中佼佼者也曾有过短暂的辉煌。在 1963 年、1979 年和 1984 年全国评酒会上，辽宁的熊岳苹果酒被评为国家优质酒。此外，辽宁瓦房店酿酒厂生产的"高级苹果酒"和四川江油酒厂生产的苹果酒也曾获得省优和部优称号。1981 年，一种半甜型的起泡酒——烟台苹果香槟在胶东半岛问世，标志着我国苹果酒的开发迈上了一个新的台阶。河南省济源市宫殿酒业公司,从 1996 年下半年开始苹果干酒的开发,并于 1998 年春节前夕推出了苹果干白。青岛琅琊台酒厂、烟台金波浪酿造公司、泰山生力源公司等企业也相继开发出各具特色的苹果酒,并且得到市场的认可。2000 年上半年,世界上最大的苹果酒生产商——英国的 HP Bulmer 公司与曲阜三孔啤酒厂合资,生产世界闻名的"啄木鸟"牌苹果酒。

2) 苹果酒的分类

(1)甜苹果酒

苹果汁在敞开的容器内经半发酵而成,是非起泡酒,当发酵到相当密度为 1.020 ~ 1.025时,用杀菌或冷却的方法停止发酵。它也可由全发酵的苹果酒(干苹果酒)内加糖或经杀菌的未发酵苹果汁制成。

(2)干苹果酒

一种全发酵的苹果酒,一般称为硬苹果酒。将苹果汁发酵,直至其比重达到 1.005 为止。它与非起泡的葡萄酒相似,但其酒精含量为 4.5% ~ 7%,而葡萄酒内的酒精含量为 7% ~ 14%。

(3)起泡甜苹果酒

将苹果汁发酵至刚起泡,其中酒精含量(体积含量)在 1% 以下,发酵是在封闭的容器内进行的,过滤、灌装也是在封闭系统内完成,以免发酵产生的二氧化碳气逸出。酒中二氧化碳的压力一般达到 0.2 ~ 0.3 MPa。

(4)起泡苹果酒

含有二氧化碳气体,但没有将发酵时所产生的二氧化碳全部保留下来。酒精含量较前一种苹果酒高,为 3.5%,含糖量低。

(5)苹果汽酒

各种苹果酒充入商业出售的二氧化碳气,即为汽酒或称碳酸苹果酒。要注意苹果汽酒与天然发酵的带汽苹果酒的区别。对于苹果汽酒而言,二氧化碳压力为 0.28 ~ 0.35 MPa。

3) 苹果酒营养成分

苹果酒是以苹果为主要原料,它包含苹果与生物发酵所产生的双重营养成分,人体所需的氨基酸,以及苹果酒特有的果类酸;能够帮助人体代谢,维持平衡。苹果中还含有钙、镁等众多矿物质,能帮助人体消化吸收,维持人的酸碱平衡,控制体内平衡。苹果酒为低度酒,含有较丰富的营养,适量饮用可舒筋活络,增进身体健康。尤其是苹果酒中含有的脂肪燃烧剂-丙酮酸,可以起到消耗脂肪的作用,适量的丙酮酸浓度可以使人体达到供需平衡和胖瘦适宜的状态,长期饮用,不失为健身、减肥的好方法。

[知识拓展]

5.3.12　工艺技术革新提高我国苹果酒品质

苹果酒是除葡萄酒外全球贸易量最大的果酒,也是苹果深加工的主要途径,而目前我国苹果酒产量很低。造成这种现象的原因有许多,其中苹果酒生产技术水平不高也是一个很重要的方面。在我国苹果主要用于鲜食,由于近年来,尤其是陕西省,苹果产量越来越高,年产600 多万 t,苹果销售出现供过于求,农民增产不增收的局面。利用苹果制成发酵果酒,将为苹果产业的稳步健康发展找到一条良好途径。

　　针对我国苹果酒生产的关键工艺技术问题,在苹果酒生产的理论与实践方面开展了较为系统的研究。首先通过苹果果汁与苹果酒中糖类、有机酸类、多酚类、醇酯类等风味物质分布与对比研究,针对我国东西部主要苹果产区现有的重要苹果品种的风味特点,采用快捷、准确的固相微萃取法分析技术和主成分分析方法,与感官评定相结合,研究苹果品种与苹果酒酒质的关系,首次系统研究适合酿造苹果酒的我国现有的主要苹果品种。通过对果汁处理技术的研究提出合理的苹果酒发酵用果汁的处理方案。在对苹果酒发酵动力学研究中得到了分别以苹果汁中的主要糖类物质为限制性底物的菌体生长,产物生成和底物消耗的动力学模型方程以及相关动力学参数,为苹果酒的生产提供工程参数和发酵工程的理论依据。针对苹果酒酿造容易褐变影响品质关键问题,系统地研究对我国苹果品种以及苹果酒发酵过程中酶促以及非酶促反应对苹果酒褐变的影响。该研究不仅丰富了苹果酒抗褐变和抗氧化的理论,而且提出苹果酒的防褐变技术措施。首次将苹果酸-乳酸发酵技术应用于我国苹果酒生产,使苹果酒口感有所改善,并对影响苹果酸乳酸发酵的因素进行了研究。此外,还对包括低度苹果酒等苹果酒在内的其他保质技术进行了研究。

　　该工艺革新为苹果酒酿造的一系列通用技术或关键技术,为开发多种适合我国的苹果酒品种、加深对苹果酒发酵工艺过程的认识与理解,生产出质量稳定、深受消费者喜爱的苹果酒具有明显的理论和实用价值。为进一步开发我国苹果资源,提高苹果酒生产的技术水平,提升企业的技术创新能力和科技成果的转化奠定了基础,对其他果酒的开发也具有一定的借鉴作用。目前该成果已在烟台张裕葡萄酿酒股份有限公司实现产业化,并取得了良好的经济和社会效益。部分攻关成果在其他企业的推广也证明了本项目产生的成果具有应用前景,部分苹果酒产品成功地走向国际市场。该研究成果中苹果酒氧化褐变机理单酚物质的研究和苹果酒发酵过程中香气物质的研究等达到国际先进水平。

　　苹果酒是以苹果为原料经破碎、压榨、低温发酵、陈酿老熟而成的国际通行的果酒。苹果酒的香气成分是构成苹果酒质量的重要因素,决定着苹果酒的风味和典型性。苹果的香气物质的含量和种类对苹果酒的品质有重要影响,研究原料和苹果酒品质之间的关系对于提高苹果酒的质量有重要价值。由于香气成分繁多的数量和种类都会对最终的产品质量产生影响,仅用单变量分析,过于笼统,缺少直观性,不能准确地判断浓缩果汁和新鲜苹果汁发酵的苹果酒,所以需要应用多元统计分析方法。研究发酵原料对苹果酒挥发性香气物质的影响采用固相微萃取和气相色谱-质谱联用(SPME/GC/MS)技术,对苹果浓缩汁及10个苹果品种鲜榨汁酿造的苹果酒的香气进行了定性定量分析。多元统计分析发现,93%的变量可用函数图像表示,用以区别浓缩汁和新鲜苹果汁酿造的苹果酒;乙酸乙酯和乙酸异戊酯分别是浓缩汁和新鲜果汁发酵的苹果酒的重要判定变量;酿酒专用品种发酵的苹果酒香气成分中,乙酸异戊酯、乙酸苯乙酯、乙酸丁酯的含量较高。而鲜食和制汁品种发酵的苹果酒香气成分中,正己醇、正丁醇、己酸的含量较高。本研究为判定苹果酒的发酵原料提供了有效的分析方法。

任务5.4 影响果酒质量重要因素分析

[任务要求]

了解影响果酒质量的主要因素,并学会分析解决果酒生产中易出现的质量问题。

[技能训练]

5.4.1 原料的影响

葡萄酒酿造通常讲"先天在原料,后天在工艺",可见原料在酿酒中的关键作用。目前我国酿造果酒使用的原料多为鲜食品种,其内在成分一般不能满足酿酒要求,尤其是糖、总酸和单宁。

1)含糖量

糖含量行业规定发酵酒的酒度不能小于7%,理论上17 g 糖发酵产生1% 酒,通常水果的糖度为9% ~12%,这样的糖度发酵后很难达到产品的最低酒度要求。因此发酵时一般通过添加果汁浓缩物或原汁进行冷冻浓缩,进行调节糖度。若加蔗糖,易产生使人饮后上头的物质,这些物质残留于酒中,势必造成质量影响。

2)含酸量

几乎所有的水果里总酸含量都偏高,影响各种微生物的发育繁殖及给酒带来尖酸感。因此发酵过程中要进行适当的调节。目前一般通过苹果酸-乳酸发酵技术解决。控制温度在25 ℃左右,诱导苹果酸-乳酸发酵自然进行,或者添加乳酸菌,促进发酵进行,每天可通过观察纸上层析情况,跟踪发酵进程,当滴定酸在5.5 g/L时添加亚硫酸终止发酵。生物降酸的优点是易保证酒的典型性,使酒的口感更柔和,更协调。

3)单宁

单宁达到一定浓度会阻滞酵母活力,甚至使发酵停止。但从果酒酿造要求来讲,原料中要有一定的单宁含量,否则酒的口感会显得有些单薄,缺少骨架感,因此,果酒酿造一般选择刚好成熟的水果。若用熟透的原料酿酒,可根据成品酒的酒体需要,在发酵前加入酒用单宁。

5.4.2 酵母菌种的影响

果酒酿造是以人工种植或野生果品为原料,通过酵母菌株的生理代谢作用,生成香气怡人、质地净爽的果酒,因此可以说,菌种的性能直接影响果酒的质量。在果酒生产中,厂家首先应选择适合自己产品特点、性能良好的菌株,如残糖低、沉降性好、耐酒精或 SO_2 能力强等。目前,活性干酵母的应用在我国正逐渐得到推广。在使用时应注意的是,在投入果汁进行发酵之前,活性干酵母必须先经过活化,即在35 ~40 ℃含糖5%的温水中加入6%的活性干酵母,混匀后静置,每隔10 min 轻轻搅拌一下,经20 ~30 min 该温度下不超过30 min 之后直接加入果汁中进行发酵。据试验,接种量为果汁量的2% ~5%时,发酵比较平稳,原酒质量上乘。国内使用的活性干酵母多为宜昌安琪牌葡萄酒酵母,该酵母性能优良,可与进口酵母相

媲美。

近年来,果酒主要生产国开始利用筛选的酵母进行纯种发酵或采用现代生物技术育种手段进行菌种的选育,改变传统自然发酵法,提高果酒的生产率、改善风味等特性。酵母的确定要考察其发酵特性及发酵结束后产生高级醇的含量。应选择发酵特性优良,高级醇含量最低的酵母作为生产用酵母。

1)自然酵母的筛选

用筛选的纯种酿酒酵母作为发酵菌种酿造的酒通常风味过于平淡。因此,选育果酒酵母已不只限于酿酒酵母而扩展到水果上存在的一些产香酵母、产酯酵母,如汉逊酵母属、克勒克酵母属等。研究发现这些酵母能生成很多芳香物质和特殊风味成分,使酒的风味特征明显改善。但纯种酿酒酵母具特异性,在生产棕榈酒的发酵液中分离的酿酒酵母的变异种,用于生产菠萝酒中,发酵产酒率降低2.8%。因此需要从相应的果酒发酵液中筛选出优良特性菌。

2)应用现代育种手段进行菌种选育

现代育种手段(诱变育种、杂交育种、原生质体融合、基因工程技术)进行菌种选育,使菌种的生产性状明显的改善和提高。诱变育种是以诱发突变为基础的育种,是迄今为止国内外提高菌种产量、性能的主要手段。如嗜杀酵母和SO_2抗性酵母的成功杂交;研究筛选出一株絮凝性强的酵母与一株不产SO_2酵母的杂交,获得了既不产SO_2同时凝聚性也较强的酵母用于葡萄酒的生产。原生质体融合技术在育种研究中应用较多。用酿酒酵母和克鲁维酵母进行属间原生质体融合,获得的融合子在45 ℃下能进行酒精生产。将干酪乳杆菌的乳酸脱氢酶基因导入酿酒酵母中,促进果汁中的葡萄糖向乳酸转化以解决过高的果汁酸化问题。

5.4.3 发酵工艺的条件控制

发酵果酒的生产和葡萄酒生产大体相同,都经过破碎、榨汁、发酵、澄清、陈酿、冷冻、除菌等工艺。但各步骤的处理方法却不尽相同,如果处理工艺不当,就会使产品不稳定,缺少典型性。

1)发酵方式选择

采用果浆还是果汁发酵主要视原料而定。酿制干红类型的酒一般可用果浆发酵,突出的是酒的浓厚感,香气的浓郁,如草莓酒、枣酒、李子酒等;酿制干白类型的酒一般可用果汁发酵,突出的是酒的纯净,香气的清雅,如苹果酒、梨酒、杏酒等。

2)防止果酒褐变

果酒易发生酶促褐变与非酶褐变,致使色泽加深,风味变差。导致果酒发生酶促反应的条件有3个:

①果酒中存在多酚类物质。

②接触O_2。

③存在多酚氧化酶和过氧化酶。

非酶褐变主要是由氨基酸与含有羰基的化合物(如还原糖、醛)发生羰氨反应引起的。例如,红葡萄酒变棕褐,成为巧克力色;白葡萄酒则变为不同程度的黄、橙棕褐,即出现奶咖啡色,继而产生混浊。因此加工时,尽量避免原汁、果酒长时间的暴露在空气中;分批加入适量的SO_2以抑制多酚氧化酶、过氧化酶活性,或通过加热破坏氧化酶(70 ~ 80 ℃加热5 min)和减少酒中铜的含量,来防止果酒的褐变。对已变色的酒,可采用酪蛋白澄清法或活性炭脱色处理,其中以酪蛋白法效果较好,也可采用特定的离子交换树脂脱去过度的颜色。

3) 温度

温度是影响酵母生长、繁殖、发酵的主要环境因素。酵母只能在一定的温度范围内才能生长并起发酵作用。在低于 10 ℃的温度条件下,酵母或孢子一般不发芽或极缓慢地发芽;随着温度的升高,发芽速度逐渐加快,以 20 ℃为最适繁殖温度;当温度超过 35 ℃时,酵母繁殖受阻,到 40 ℃时酵母停止发酵。温度对酵母发酵和生长的影响主要是两个方面:一是在一定范围内发酵速度随温度的升高而加快,13 ~ 14 ℃以下酵母较难发酵,随着温度升高酵母生长发酵加快,活力随之增强;在 25 ~ 30 ℃范围内,温度提高 1 ℃,单位时间内转化糖转为酒精的速度提高 10%;超过 35 ℃以后,虽然发酵速度快,但酵母衰老也快,发酵停止也提前。二是酵母能够转化的糖量或能生成的酒精量也受温度的影响,如果酿酒酵母在最适培养温度 25 ~ 28 ℃范围内起酵快,发酵速度也快,那么发酵停止得早,酵母衰老更快,产品酒度低,风味也欠佳;假如温度较低,虽发酵速度慢,但酵母不易衰老,发酵持续时间越长,发酵越彻底,最终生成的酒精浓度也最高,口感更柔和。

生产中通常选择低温发酵,低温陈酿,以最大限度地保留水果中固有的风味物质及营养成分,提高酒精含量,增加酒味的柔和性及果味的浓郁感。果酒发酵温度一般需控制在 16 ~ 23 ℃。对猕猴桃等水分含量较高、果味较淡的品种,发酵温度可控制在 27 ~ 32 ℃的较高温度范围内;综合考虑生产中通常选择低温发酵、低温陈酿。研究发现,同种水果酿制的甜型酒温度要比酿制干型酒高 1 ~ 2 ℃,带渣发酵的甜型酒温度比不带渣发酵的高了 3 ℃左右,后发酵的温度则低于主发酵温度 5 ℃左右。但发酵过程中会产生热量,使发酵液温度上升。生产中通常利用发酵罐中的冷却管、蛇形管或双层发酵罐罐体外层的夹套来输送冰水或制冷介质,达到降温的目的。因此,发酵过程中要严格控制好温度,最大限度地保留水果中固有的风味物质、营养成分,提高酒精含量,增加酒味的柔和性、浓郁感。

4) 含糖量与酵母繁殖及发酵的关系

果汁中的糖是酵母菌生长繁殖的碳源。当糖浓度适宜时,酵母菌的繁殖和代谢速度都比较快;当糖浓度增加酵母菌的繁殖和代谢速度反而变慢,浓度超过一定范围还会停止发酵。经观察,当果汁中的糖浓度在 1% ~ 2% 时,酵母的繁殖速度最快,而超过 5% 时每克葡萄糖产酒精率则开始下降。在正常情况下,当葡萄汁中糖浓度为 16% 左右时,可以得到最大的酒精生产率,如超过 25% 时,酒精生产率明显下降,随着糖度的增加,发酵液的残糖也逐渐增加,其主要原因是高浓度的糖具有较高的渗透压之故。为使果酒生成所需的酒精含量,在发酵前要进行糖度的调整,通常按 17 g 糖生成 1% 酒精计算。为使酵母尽快起酵作用,在发酵前只加入应加糖量的 60% 的白砂糖比较适宜,当发酵至糖度下降到 8 °Bx 左右再补加另外 2% 的白砂糖。调整后果汁含糖总量不得超过 25%,否则将影响果酒发酵质量。

5) 氧气

与其他生物一样,酵母发育生长需要有氧的存在。有微量 O_2 的存在,有利于酵母的生长繁殖和酵母各种功能的保持,但若发酵液中的氧气过多,则会使发酵液中多酚类物质氧化而导致发酵液的色泽升高,从而影响成品酒的感官质量,不利于果酒的陈酿。因此,在发酵的初期应适当地通入无菌空气。是酵母生长繁殖和发酵的限制因素。在供氧充足的条件下,酵母消耗糖,获得能量而生成大量的细胞;在无氧的条件下,酵母将糖发酵生成酒精和 CO_2。但厌氧发酵并不是绝对的不需氧,微量的氧对酵母吸收长链脂肪酸、合成醇类、维持发酵的进行是必不可少的,若绝对无氧,细胞内存在的微量氧被耗尽时,酵母就会窒息死亡,发酵也会随之停止。果酒发酵初期,为了获得足够的强壮酵母细胞以保证发酵工作顺利进行,发酵初期应适当通无菌空气,控制有微量氧气存在。避免过度供氧,酵母过多的好气繁殖,消耗糖降低酒精生成率,影响酒风味。在发酵中后期,合理利用醪的循环泵送、倒桶等操作,控制在有微量氧的厌氧发酵状态。如,红葡萄酒发酵初期,10 mg/L 果汁可加速发酵的起始,2 d 左右进入主发酵阶段,此时必须停止通无菌空气,进行无氧发酵。最后在陈酿储藏期间,须保证酒液不与空气接触。新酒必须添满酒桶密封储存,或在酒液表面放一层高度酒精以隔氧气。还可在后发酵和储存阶段采用"保鲜工艺",即不满的酒桶采用充 SO_2 或 CO_2 的方法,效果更好。

6) 压力与酵母菌繁殖及发酵的关系

酵母对压力的耐受力比较强,10 万 kPa 的高压也未必能杀死酵母菌,但稍加压力却能影响酵母的繁殖与发酵。一般酵母发酵时的压力是由发酵过程中产生的 CO_2 所造成。当 CO_2 达到一定浓度时,就会反馈抑制反应,影响发酵正常进行。实践证明,当发酵环境中的压力达到720 kPa 时,酵母菌不再繁殖,但酵母菌仍然可以进行缓慢地发酵。当 CO_2 的压力达到1 400 kPa 时,酒精的生成即会结束。当达到 3 000 kPa 时,酵母菌便会死亡。控制措施在果酒生产过程中,可利用 CO_2 对酵母菌所具有的抑制作用来调节果汁发酵速度。例如,当利用发酵罐生产葡萄酒时在发酵开始以后,关闭排气阀,罐内 CO_2 压力就会不断升高,抑制酵母菌的活动;需降压时即可打开排气阀降低压力,促进酵母的活动。还可利用高浓度的 CO_2 保存果汁。制作香槟酒及密闭发酵一般常把压力控制在 400 ~ 500 kPa 内以促进发酵。

7) SO_2

SO_2 是果酒酿造中很好的抑菌剂和抗氧化剂。在抑制有害微生物的同时,SO_2 可最大限度地保留原料原有的成分,如氨基酸、VC 等。由于 SO_2 自身易被氧化而消耗汁液中的 O_2,从而使芳香物质、色素、单宁、VC 等不易被氧化,抑制了氧化酶的活力,起到了停滞或延缓果酒氧化的作用,避免果酒颜色过深和失光,保持了酒的香气。SO_2 还可以和乙醛反应生成甘油,使果酒获得饱满口感。但在添加 SO_2 时应注意量的要求。若 SO_2 添加量过大,则会延迟起酵,甚至可能造成不起酵,而且过量的 SO_2 会生成亚硫酸加成物——硫醇(羟基磺酸盐),影响酒的风味。大多数国家将 200 mg/L SO_2 作为最高允许添加量。优良酿酒酵母可耐受 100 mg/L SO_2。因此,果酒的发酵一般控制在 50 mg/L SO_2 左右。果酒酿造除要选择优良的菌株,控制好发酵所需要的主要环境条件外,更重要的是要解决好如何在不影响酒体原有风味的基础上,达到除浑、防褐及抑菌。与传统工艺相比,微孔膜超滤在这方面有其突出的优势,其具备分离精度高、除菌能力强、不影响风味、可在常温低压下连续使用的特点。因此,在果酒酿造领域中具有广阔的应用前景。与酵母菌繁殖及发酵的关系在酿造果酒过程中抑制杂菌生长繁殖,保证果酒发酵的正常进行。如超量加入,会延缓发酵时间。在发酵过程中对酵母菌及其代谢无损害,只是在开始发酵时起作用。适量加入即对其他酵母和绝大部分杂菌起到杀死和抑制的作用,而且对经过驯化的优良酵母的繁殖与发酵又无不良影响。实践证明,优良酵母的耐受力很强,试验表明,在每升果汁中加入 100 ~ 120 mg SO_2,即可抑制有害微生物的活动,又能保持果酒酵母的发酵优势。因此可以断定,SO_2 和果酒工业有不解之缘。控制措施在

果酒生产中使用 SO_2 可以抑制有害微生物的同时,最大限度地保留原料的原有成分,如氨基酸、VC 等。但对有些腐败微生物,仍然起不到有效的作用,如拜耳接合酵母。因此,果实在破碎、榨汁后应马上添加,将它和其他杂菌都控制在萌芽时期。其添加量与原料品种、果汁成分、原料污染程度、成熟度、发酵温度等密切相关。在原料清洁、无病害、成熟度一般、酸度偏高时,可少量添加;而在果实成熟度过高、有破裂与病害等现象时,则需多加。为了有效地防止果酒氧化,保持其新鲜感,冷冻处理结束之前可另外添加的 $20 \sim 30$ mg/L SO_2,也可在灌装前再补 $60 \sim 70$ mg/L SO_2 加以防止果酒氧化。为确保果酒安全无害,我国规定果酒中总含量 $\leqslant 250$ mg/L SO_2,因此,在生产过程中应控制其添加量并监控含量的变化。

8)氮素与酵母菌繁殖及发酵的关系

氮是酵母细胞生长、繁殖和代谢不可缺少的营养物质。酵母只能利用化合态氮,不能利用空气中的氮气。在果汁中,氮以氨基酸及蛋白质的形式存在不同的果汁中各种氨基酸的比例不同,如葡萄汁中精氨酸含量高,梨汁中含量高的则是脯氨酸。在发酵过程中,大部分氨基酸和其他含氮物质可被酵母吸收,还有一部分蛋白质可以被酵母菌分解掉。酵母菌有时能够分离出蛋白质,使葡萄汁中的蛋白质含量极不稳定,这种现象多发生在压榨葡萄酒中。一般来讲,葡萄汁中的含氮物质可以满足发酵过程中酵母菌的生长、繁殖和积累各种酶的需要。而在其他品种果汁的发酵过程中,由于含氮量过低,根本不能满足发酵,如草莓、黑莓、地莓等果类含氮量很低苹果汁和梨汁含氮量最少。因此,以苹果汁和梨汁为原料酿酒时,如不外加氮素发酵就很困难,尤其是梨汁,所含的氮大部分是酵母菌难以利用的脯氨酸。椭圆酵母需要的基本碳源是氨态氮,其次是一些游离态氮(如谷氨酸)。有一些葡萄汁中可利用的碳源经 36 h 左右的发酵便消耗殆尽。在葡萄汁中以硝酸铵计,如低于 50 mg/L,可以添加硝酸铵、磷酸氢二铵、硫酸氨等铵盐,用量 $\leqslant 0.3$ g/L。在起酵之前添加 $0.1 \sim 0.2$ g/L 铵盐能增加酵母细胞数,加快发酵速度;在发酵缓慢的末期,醪中添加铵盐,促使发酵获得较高的酒精浓度。在酿造过程中,对其他品种果酒也允许添加磷酸铵、硫酸氨或氯化铵,加入量以不超过 40 g/L 为宜。

9)pH 值与酵母菌繁殖及发酵的关系

在适宜微酸性环境下,酵母菌生长、繁殖和发酵都很迅速。较低的 pH 值可以保证 SO_2 添加的以较多的游离态存在,更好地起抑制有害微生物的作用。但 pH 值太低,不但影响酵母发酵,还会促使乙酸酯的水解,生成挥发酸影响果酒的口味。控制措施在果酒生产中,为了抑制有害细菌的生长与繁殖,一般把 pH 控制在 $3.3 \sim 3.5$。未经调整的果汁往往不能满足该要求,因此,需要进行调酸处理。对 pH 值太低的果汁(如越桔汁)可添加 $CaCO_3$,或在接种酿酒酵母后,再接种裂殖酵母使之进行苹果酸乳酸发酵。两种方法降酸效果均很明显。如 pH 值太高,可用柠檬酸或苹果酸调整(以苹果酸计 $56 \sim 64$ g/L 果汁)为宜。

10)香气的控制

果酒的香气很复杂,有上百种物质构成果酒的香气成分,主要包括了醇类、酯类、酸类、羟基化合物、酚类、内酯、烃菇等几大类,这些物质气味各异,通过它们之间相互作用,使果酒的香气千变万化、多种多样。而影响香气成分的主要因素是原料、酵母菌种及发酵条件,因此,只要控制好发酵过程中的各项工艺参数,就能获得最佳香气的果酒。

11）果酒的澄清

果酒中含有较多的蛋白质、单宁、果胶、色素等，在长期的储藏过程易发生混浊并发生氧化变质，使果酒品质下降。果酒混浊形成的原因很多，主要与天然存在的酚类物质有关。当果酒中的蛋白质、果胶物质与多酚物质长期共存时，就会产生混浊的胶体，乃至发生沉淀。因此，需要加入澄清剂以除去一部分或大部分上述易形成沉淀的成分，保持酒体在较长时间内的澄清状态，使果酒获得好的风味，并且保持长期的稳定性。常见的果汁、果酒澄清剂有有机物质、矿物质、合成树脂、多糖类等。澄清剂选择依酵液情况而定，若原酒中单宁的含量较高，可采用明胶-单宁法下胶；原酒在储存过程中或在瓶储过程中易发生氧化反应，通常用 LBV1 结合皂土下胶；原酒中胶体含量较高，则用 JA 澄清剂下胶大多数都可取得较好的效果。此外，生产中还经常使用机械澄清、离心、过滤、超滤等。

12）陈酿时期的管理

原酒在陈酿时期的管理至关重要。在此期间酒是否满罐、游离 SO_2 量水平、是否被微生物浸染等需要进行定期检查，同时也和盛酒的容器有关，目前有的酒厂仍用坛子装酒，这种储存方法很容易使酒与空气接触，造成氧化。

● 项目小结 ●

本项目主要介绍了果酒的起源，我国果酒发展现状及现存问题；果酒极高的营养保健价值，果酒的种类；果酒的生产工艺流程及操作要点；酿酒酵母优选、发酵条件控制、果酒质量要求及果酒品质影响因素等相关知识。

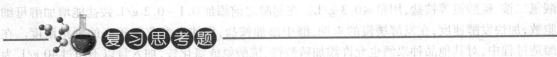

1.简述果酒定义及分类。

2.简述我国果酒发展现状及前景展望。

3.简述果酒发酵工艺流程。

4.试分析影响果酒质量的因素有哪些？生产实际中该如何控制？

5.什么是活性干酵母？生产中如何使用活性干酵母以及在使用中应该注意哪些问题？

6.简述果酒酵母优选的常用方法。

7.简述果酒评酒内容及意义。

8.列举新型果酒种类的特点。

9.尝试响应面法优化果酒发酵工艺条件。

10.通过调查，写出当地水果生产和利用情况的总结报告。

[1] 王传荣.发酵食品生产[M].北京:科学出版社,2006.

[2] 陈寿鹏.果酒工艺学[M].北京:中国轻工业出版社,1999.

[3] 逯家富.发酵产品生产实训[M].北京:科学出版社,2006.

[4] 刘明华,全永亮.食品发酵与酿造技术[M].武汉:武汉理工大学出版社,2011.

[5] 王文甫.啤酒生产工艺[M].北京:中国轻工业出版社,1997.

[6] 丁立孝.酿造酒技术[M].北京:化学工业出版社,2008.

[7] Lachat C,马兆瑞.苹果酒酿造技术[M].北京:中国轻工业出版社,2004.

[8] 高年发.葡萄酒生产技术[M].北京:化学工业出版社,2005.

[9] 岳春.食品发酵技术[M].北京:化学工业出版社,2008.

[10] 杨幼慧,张莉萍,郑素霞.影响果酒发酵质量的因素及其控制方法[J].中国酿造,2002,13(4):46-51.

[11] 白雪莲,岳田利,袁亚红.优良苹果酵母的筛选研究[J].食品研究与开发,2006,27(3):86-88.

[12] 熊海燕,陈兴勉,康玲,等.柑橘梨汁复合酒的初步发酵工艺研究[J].江苏农业科学,2010(5):414-416.

[13] 刘丽媛,刘延琳,李华.葡萄酒香气化学研究进展[J].食品科学,2011,32(5):310-316.

[14] 王英臣.苹果山楂葡萄复合果酒的工艺研究[J].北方园艺,2012(14):154-156.

[15] 孔瑾.复合果酒的开发与研究[J].酿酒,2001(6):80-82.

[16] 岳田利,彭帮柱,等.基于主成分分析法的苹果酒香气质量评价模型的构建[J].2007,23(6):223-227.

[17] 李记明,樊玺,阮士立,等.苹果酒香味成分与感官质量研究[J].品与发酵工业,2006,32(7):87-90.

[18] 傅祖康.黄酒生产200问[M].北京:化学工业出版社,2010.

[19] 何扩.酒类生产一本通[M].北京:化学工业出版社,2013.

[20] 赵树欣.酿制酒生产技术[M].北京:化学工业出版社,2012.

[21] 傅金泉.黄酒生产技术[M].北京:化学工业出版社,2005.

[22] 钱茂竹.绍兴黄酒丛谈[M].宁波:宁波出版社,2012.

[23] 谢广发.黄酒酿造技术[M].北京:中国轻工业出版社,2010.

[24] 汪建国.传统小曲的工艺特征及在黄酒酿造中的应用[J].中国酿造,2005,152(11):4-6.

[25] 权美萍.大曲发酵生产黄酒的工艺研究[J].湖北农业科学,2013,52(11):2634-2636.

[26] 毛青中,刘瑾. 黄酒酒药微生物和在酿造中的应用[J]. 食品工业科技,2004(4): 138-140.

[27] 胡卫明,高永强. 新工艺黄酒麦曲的工艺及性能检测[J]. 食品工业科技,2013,40(1): 103-106.

[28] 岳春,成玉莲,李继红. 玉米黄酒生产新工艺研究[J]. 食品工业,2006(4):24-27.

[29] 王国良. 嘉兴操作法新工艺黄酒生产技术[J]. 中国酿造,2010,217(4):136-138.

[30] 轻工业部科学研究院. 黄酒酿造[M]. 北京:中国轻工业出版社,1960.

[31] 潘海燕,徐岩,赵光鳌,等. 苹果酒苹果酸——乳酸发酵乳酸菌的筛选[J]. 食品与发酵工业,2004,30(10):11-16.

[32] 康孟利,凌建刚,林旭东. 果酒降酸方法的应用研究进展[J]. 现代农业科技,2008(24): 25-30.

[33] 马绍威. 我国果酒业的现状及发展对策[J]. 中国食物与营养,2005(3):37-38.

[34] 廖俊杰,潘兆年. 认清形势让果酒香飘市场[N]. 中国食品质量报,2007-05-12(5).

[35] 白镇江. 为发展果酒助力[J]. 中国酒业,2004(1):26-28.

[36] 王福荣. 酿酒分析与检测[M]. 北京:化学工业出版社,2005.

[37] Su M S, Silva J L. Antioxidant activity, anthocyanins, and phenolics of rabbiteye blueberry (Vaccinium ashei by-products as affected by fermentation [J]. Food Chemistry, 2006(9): 447-451.

[38] 于爱梅,徐岩,等. 发酵原料对苹果酒挥发性香气物质影响的分析[J]. 中国农业科学, 2006,39(4):786-791.

[39] 宋安东,贾翠英,陈红歌,等. 苹果酒酵母菌的诱变试验[J]. 西北农林科技大学学报, 2004,32(4):29-34.

[40] 林巧,杨永美,孙小波,等. 苹果酒发酵条件的控制与研究[J]. 中国酿造,2008(10): 60-63.